꽃차,
사상의학으로 만나다

김형기·임병학

도서
출판 中道

책을 내면서

꽃차와 사상의학의 만남은 우리 땅에 자라는 꽃과 우리나라에서 창안된 사상의학의 만남이다.

우리 선현들은 식물의 뿌리, 줄기, 잎, 꽃을 사용한 꽃차를 오래 전부터 널리 음다飮茶해 왔으며, 현대에는 꽃차를 이용한 마음치유와 몸의 건강에 관심이 높아지고 있다. 사상의학은 네 가지로 다른 장부臟腑의 이치에 따라 태음인太陰人·소음인少陰人·소양인少陽人·태양인太陽人을 밝히고, 사상인四象人의 마음론과 기론氣論을 바탕으로 마음과 몸의 건강을 논하고 있다.

『꽃차, 사상의학으로 만나다』는 2부로 구성되어 있다. 제1부는 '꽃차, 사상인을 만나다'로 사상인의 열증과 한증에 따른 꽃차를 분류하고, 꽃차의 약성, 꽃차와 사상인의 마음작용·몸 기운, 꽃차 블렌디드 한방꽃차, 꽃차의 제다법을 설명하였다. 제2부는 '사상의학, 근본을 익히다'로 동무 이제마와 『동의수세보원』, 사상인의 마음작용(心氣)과 몸 기운(生氣), 「사상인 변증론」과 사상인 변별에 대하여 서술하였다.

사상의학과 꽃차의 만남인 이 책은 다음과 같은 특징이 있다.

첫째, 원전에 바탕하여 꽃차의 약성을 서술하고 있다. 꽃차의 약성은 『동무유고』, 「동무약성가」를 기본으로 하고, 조선시대 대표적 본초학 저술인 『본초정화』와 허준의 『동의보감』 그리고 『향약집성방』 등의 내용을 보충하였다.

둘째, 사상의학의 근본인 마음과 기氣를 근거로, 물성物性인 꽃차의 형이상적인 작용을 설명하고 있다. 『동의수세보원』에서 밝힌 폐기肺氣·비기脾氣·간기肝氣·신기腎氣의 심기心氣와 수곡온기水穀溫氣·열기熱氣·량기凉氣·한기寒氣의 생기生氣를 통해 꽃차의 마음작용과 몸 기운을 설명하였다.

셋째, 『동의수세보원』의 대표적인 처방을 바탕으로 '블렌디드 한방꽃차'를 만들었다. 2~3개를 블렌딩하여 꽃차의 약효를 배가시키고, 꽃차의 아름다운 빛깔과 향기로운 맛을 더하였다.

넷째, 꽃차 사진과 블렌딩한 한방꽃차의 우림한 사진을 통해 직접 볼 수 있도록 하였고, 꽃차의 제다법을 서술하여 독자들이 꽃차를 직접 만들어 음다할 수 있도록 하였다.

이 책에서 인용한 『동의수세보원』은 1901년에 발간된 신축본辛丑本이며, 필요한 경우 1894년에 발간된 갑오본甲午本도 사용하였다. 기존의 한의학 관련 자료는 한국한의학 연구원에서 제공하는 '한의학고전DB'를 이용하였다.

공동저자는 원광대학교 동양학대학원에서 사제師弟의 인연으로 만나, 사상의학과 꽃차를 함께 연구하게 되었다. 2016년부터 '마음학 연구회'라는 학술 동아리를 만들어, 사상철학과 마음학, 『맹자』와 마음학, 선진유학과 마음학 등을 공부하고 있다.

이 책이 출판될 수 있도록 정성과 노고를 아끼지 않으신, 원광대학교 동양학대학원의 신은경 작가님, 사진작가 정이순님, 마음학연구회 선생님들 그리고 도서출판 中道중도의 신원식 대표님에게 감사의 마음을 전합니다.

2021년 청명淸明에 공동저자 근지謹識

3

차 례

꽃차, 사상인을 만나다

차 례

사상의학, 근본을 배우다

꽃차, 사상인을 만나다

꽃차와 태음인

태음인 열증熱症의 대표적인 꽃차는 『동의수세보원』 제4권에서 밝힌 태음인의 간수열이열병론(肝受熱裏熱病論, 이하 熱症)에서 사용된 '도라지 (길경桔梗)', '칡 (갈근葛根)', '맥문동麥門冬', '상백피桑白皮', '국화 (菊花, 감국甘菊)', '과체瓜蔕', '무씨 (나복자蘿葍子)' 등 7개를 선정하였다.

또 태음인 한증寒症의 대표적인 꽃차는 『동의수세보원』 제4권에서 밝힌 태음인의 위완수한표한병론(胃脘受寒表寒病論, 이하 寒症)에서 사용된 '율무 (의이인薏苡仁)', '승마升麻', '연꽃씨 (연육蓮肉)', '창포菖蒲', '머위꽃 (관동화款冬花)', '매실 (오매烏梅)', '오미자五味子', '마 (산약山藥)', '은행 (백과白果)', '밤 (율자栗子)' 등 10개를 선정하였다.

꽃차의 약성藥性은 이제마가 직접 약성을 밝힌 『동무유고東武遺藁』『동무약성가東武藥性歌』와 『동의수세보원』의 내용을 기본으로 하였다. 참고자료로 조선시대 대표적인 본초학本草學 저술인 『본초정화本草精華』와 허준의 『동의보감東醫寶鑑』 그리고 『향약집성방鄕藥集成方』 등으로 내용을 보충하였다.

태음인은 간의 기운이 크고 폐의 기운이 작은 '간대폐소肝大肺小'의 장국을 가지고 있다. 태음인의 꽃차는 기본적으로 작은 장부인 폐의 기운에 작용하는 폐약肺藥이다. 꽃차와 태음인의 마음작용(心氣) · 몸 기운(生氣)에서는 『동무약성가』에서 밝힌 꽃차의 약성을 바탕으로, 폐기肺氣의 마음작용과 수곡온기水穀溫氣를 위주로 설명하였다.

또한 선정한 블렌디드 한방꽃차는 『동의수세보원』 제4권 태음인론 마지막에서 밝힌 「새로 설정한 태음인의 병에 응용하는 중요한 약 24방문」과 「장중경의 『상한론傷寒論』 중에서 태음인의 병을 경험해서 만드는 약방문 4가지」, 「당 · 송 · 명 삼대 의가들의 저술 중에서 태음인의 병에 경험한 중요한 약 9가지 방문」을 기준으로 블렌딩하였다.

태음인 열증과 꽃차

도라지 (길경桔梗)

길경(도라지)의 약성

- 맛이 쓰며, 성질이 차다.
- 폐를 견실하게 한다.
- 목이 붓고 아픈 것을 치료한다.
- 기와 혈이 막힌 것을 열어준다.
- 폐의 기운을 맑게 해준다.

폐를 견실하게 하고 밖으로 물리치는 기세가 있다.
壯肺而有外攘之勢

길경은 맛이 쓰다. 목구멍이 붓고 아픈 것을 치료하며, 약을 싣고 위로 올라가고, 막힌 것을 열어주어 순조롭게 한다. 길경은 폐를 견실하게 하고 밖으로 물리치는 기세가 있다.
『동무유고』

여러 병증에서 눈이 아프고 콧속이 마르며 심한 오한과 고열이 있고 대변이 굳어 보기 어려운 경우에는 갈근해기탕, 천문동윤폐탕을 써야 한다. 머리, 얼굴, 목덜미, 볼이 붉게 부어오르는 경우에는 조각대황탕을 써야 하고, 몸에 열이 나며 배가 그득하고 설사를 하는 경우에는 길경생맥산을 써야 한다. 『동의수세보원』

길경은 폐의 기운을 맑게 해주고 인후를 부드럽게 해준다. 색이 희고 폐 부위로 이끌어준다. 마른 해수는 담화痰火가 폐 속에 뭉친 것이므로 맛이 쓴 길경으로 열어야 하고, 이질·복통은 맛이 쓴 길경으로 여는 것이 좋다. 이 약은 기와 혈이 막힌 곳을 열어서 들어 올려줄 수 있으므로 보기약補氣藥과 같이 쓰면 좋다. 『본초정화』

길경은 폐기를 다스리고, 폐열로 숨이 가쁜 것을 치료한다. 가루내어 먹거나 달여 먹는데, 모두 좋다. 『동의보감』

길경과 태음인의 마음작용·몸 기운(心氣·生氣)

태음인은 '간대폐소肝大肺小'로 간肝의 기운이 크고 폐肺의 기운이 작은 사람이다. 또 '희성락정喜性樂情'으로 희성기喜性氣와 락정기樂情氣의 성·정性情을 가지고 있다. 따라서 태음인은 작은 장국인 폐의 심기心氣나 생기生氣가 부족하고, 잘하지 못한다. 『동무유고』, 「동무약성가」에서 밝힌 길경의 약성은 '약을 싣고 위로 올라가고, 막힌 것을 열어주어 순조롭게 한다. …… 폐를 견실하게 하고 밖으로 물리치는 기세가 있다.(載藥上升, 開鬱利壅, … 壯肺而有外攘之勢)'이다. 길경은 폐약肺藥으로, 막힌 기운을 열어서 순조롭게 하고, 폐를 견실하게 하는 태음인의 꽃차이다.

먼저 태음인의 마음작용(心氣)과 길경을 보면, 「사단론」에서는 '폐의 기운은 곧고 펼쳐진다.(肺氣 直而伸)'고 하였다. 길경은 기운을 폐로 올려 견실하게 하여 정직한 마음을 열고 너그럽게 베풀게 한다.

또 태음인은 항상 겁내는 마음을 가지고 있는데, 길경은 폐의 기운을 견실하게 하고 막히는 것을 열어주기 때문에 밖으로 사람들의 행동을 살펴서 겁내는 마음을 고요하게 한다.

다음 태음인의 몸 기운(生氣)과 길경을 보면, 「장부론」에서는 "폐는 사무를 단련하고 통달하는 애哀의 힘으로 니해의 맑은 즙을 빨아내어 폐에 들어가 폐의 원기를 더해주고, 안으로는 진해를 옹호하여 수곡의 온기를 고동시킴으로써 그 진津을 엉겨 모이게 한다.(肺, 以鍊達事務之哀力, 吸得膩海之淸汁, 入于肺, 以滋肺元而內以擁護津海, 鼓動其氣, 凝聚其津.)"라고 하였다. 즉, 길경이 폐를 견실하게 하는 것은 진해津海를 옹호하여 진津이 잘 엉겨 모이게 하는 것이다. 참고로 진津은 양陽에 속하고 비교적 맑으며 멀겋고 위기衛氣와 함께 피부, 근육에 분포되어 피부와 근육을 온양溫養하고 녹여주는 역할을 한다. 옆의 그림을 보면, 폐에서 설하舌下로 가는 기 흐름을 좋게 하는 것이다.

또한 『동의수세보원』 제4권 「태양인 내촉소장병론太陽人 內觸小腸病論」에서는 "태음인의 희성기喜性氣가 귀(이, 耳)와 두뇌頭腦의 기운을 상하게 하고, 락정기樂情氣가 폐와 위완胃脘의 기운을 상하게 한다.(太陰人, 喜性傷鼻腰脊氣, 樂情傷肺胃脘氣.)"라고 하여, 태음인 희성락정喜性樂情의 성기性氣·정기情氣에 따른 표기(表氣, 겉의 기운)·리기(裡氣, 속의 기운)를 밝히고 있다.

즉, 태음인 열증은 이병裏病으로 락정기樂情氣와 연계되기 때문에 옆의 그림에서는 폐에서 설하舌下로 가는 이기裏氣에 해당된다. 따라서 길경은 태음인의 '간이 열을 받아서 속으로 열이 나는 병'인 '간수열이열병'에 음다하는 꽃차로, 폐당肺黨인 수곡온기水穀溫氣의 속 기운을 잘 흐르게 한다.

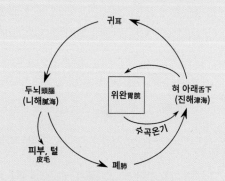

수곡온기水穀溫氣

수곡온기水穀溫氣는 위완胃脘에서 시작하여 혀 아래(舌下, 津海)로 들어가고, 귀(耳, 神)로 나와서 다시 두뇌(頭腦, 膩海)로 들어가고, 폐로 돌아가서 폐에서 다시 혀 아래로 고동하여 순환한다.

길경 블렌디드 한방꽃차

'길경 블렌디드 한방꽃차'는 『동의수세보원』 갑오구본 제4권 「새로 만든 태음인의 병에 응용할 수 있는 중요한 약 17가지 방문」에 있는 길경생맥산(桔梗生脈散, 맥문동 3돈, 산약·길경·황금·황율·오미자 각1돈, 백과 3개)을 근거로, 길경에 맥문동과 오미자를 블렌딩하였다.

길경생맥산에서 길경과 맥문동, 오미자를 블렌딩한 것은 맥문동은 폐의 원기를 보하기 위하여 추가하고, 도라지의 아린 맛(플라티코딘)을 조화롭게 하기 위하여 오미자를 추가한 것이다.

길경생맥산 용례

태음인 병에 한궐(양기가 허하고 음기가 왕성한 것)이 4일 동안 지속이 되어도 땀이 없는 것은 중증이며, 한궐이 5일 동안 지속이 되어도 땀이 없는 것은 위중이다. 갈근해기탕을 써야 하니 웅담 3푼을 타서 복용하고, 또 연이어 갈근해기탕을 써서 두세 번 복용한다. 그 다음날 낮에는 길경생맥산을 복용하고 밤에는 갈근해기탕을 복용하니, 매일 이렇게 복용하기를 혹은 8, 9일, 10여 일을 하면 병이 완전히 풀리게 된다. 『동의수세보원』 갑오구본

몸에 열이 나며 배가 그득하고 설사를 하는 경우에는 길경생맥산을 써야 한다. 『동의수세보원』 갑오구본

길경(도라지)에 오미자와 같이 쓰면 폐가 거두어들이려고 할 때는 급히 신맛을 먹어 거두어들여야 하니, 신맛으로 보한다. 작약과 오미자의 신맛으로 역기를 거두어들여 폐를 안정시킨다. 『본초정화』

길경(도라지)에 맥문동을 같이 쓰면 폐열을 치료하는 효과가 많다. 그 맛이 쓰고 다만 설泄하는 작용만 있고 수렴하는 작용이 있지 않으므로, 한寒이 많은 사람은 복용할 수 없다. 심폐의 허열 및 허로를 치료한다. 지황, 아교, 마인과 같이 사용하면 경락을 적시며 혈을 보태는 작용을 하여, 맥을 회복시키고 가슴을 통하게 하는 처방에 응용되며 오미자 구기자와 같이 사용하면 맥을 생生하게 하는 약제가 된다. 폐 속에 잠복된 화火를 치료하며, 폐 중의 원기가 부족한 것을 보한다. 『본초정화』

블렌딩한 맥문동과 오미자는 폐열을 치료하고, 심폐의 허열 및 허로를 치료한다. 폐 속에 잠복된 화를 치료하며, 폐 중의 원기가 부족한 것을 보힌다. '도라지 블렌디드 한방꽃자'는 폐에 열을 내려 맥을 통하게 하고 폐의 기운을 맑게 하며, 인후를 부드럽게 하고 수렴작용으로 폐를 안정시킨다.

길경(도라지) 꽃차의 제다법

길경(도라지꽃, 잎, 뿌리)차, 맥문동(꽃, 열매, 뿌리)차, 오미자(꽃, 열매)차를 블렌
딩한 한방꽃차의 우림한 탕색은 붉은 청색이고, 향기는 여린 청향으로 상큼하
다. 맛은 시고 아리하고 청순하다.

생약명
길경桔梗(뿌리를 말린 것)

이용부위
꽃, 잎, 뿌리

개화기
7~8월

채취시기
잎(봄~가을), 뿌리(가을~봄)

독성 여부
유독有毒

❶ 도라지는 꽃, 잎, 뿌리를 차로 제다하여 음다할 수 있다.

❷ 꽃은 7~8월에 보라색과 하얀색으로 꽃을 피운다.

❸ 봉오리나 갓 핀 꽃을 채취하여 저온에서 덖음을 하여 도라지 꽃차를 완성한다.

❹ 도라지 잎은 봄~가을에 채취하여 깨끗이 씻어서 살청 → 유념 → 건조 과정을 거쳐서 도라지 잎차를 완성한다.

❺ 뿌리는 가을~봄에 채취하여 깨끗이 씻어서 증제한다.

❻ 증제한 도라지 뿌리를 얇게 썰어서 반건조 하여 덖음과 식힘을 반복하여 도라지 뿌리차를 완성한다.

칡 (갈근葛根)

갈근(칡)의 약성

- 맛이 달고, 성질이 서늘하다.
- 상한표사를 발산시킨다.
- 한열 왕래를 치료한다.
- 술독을 풀어준다.
- 갈증을 멎게 한다.

갈근은 맛이 달다. 상한표사傷寒表邪를 발산시키고, 열을 받아서 발생하는 학질로 인한 한열왕래寒熱往來를 치료하며, 갈증을 그치게 하고 술독을 풀어준다. 『동무유고』

상한 초기에 머리가 아프고 추위를 싫어하며 고열이 나고 뱃속에서 열이 나고 맥이 홍대洪大한 것은 병이 난지 1~2일 된 것이니 갈근탕을 복용하는 것이 좋다. 승마갈근탕은 소아가 시기온역時氣溫疫으로 머리가 아프고 열이 나며 사지와 몸이 답답하면서 아픈 것을 치료하고 창진(瘡疹, 부스럼과 발진)이 이미 돋은 것과 돋지 않은 것, 막 돋으려고 하는 것에 모두 마땅히 복용해야 한다. 갈근탕은 시행역려에 풍열을 겸해서 눈이 아프고 가슴 속이 거북하고 답답한 것을 치료한다.

『향약집성방』

갈근(칡뿌리)은 소갈병과 몸에 열이 많은 증상과 구토와 모든 비증(뼈마디가 아프고 저리다)을 치료한다. 음기를 일으키고 모든 독을 풀어준다. 상한과 중풍으로 머리가 아픈 것을 치료하는데, 기육을 풀어주고 표사를 발산시켜 땀을 내게 하여 주리를 열어주는 효능으로 치료한다. 금창을 치료하고 풍사로 옆구리가 아픈 것을 그치게 한다. 갈근은 기미가 모두 박(薄, 가볍다)하므로 가벼워 상행하는 성질이 있으나, 뜨면서도 약간 하강하는 성질이 있으므로 양중에 음적인 약에 속한다. 4가지 쓰임새가 있는데, 갈증을 그치게 하며, 주독을 풀어주고, 표사를 발산시키며 창진이 밖으로 배출되지 않는 것을 나오게 한다.

『본초정화』

갈근(칡뿌리)은 상한중풍으로 인한 두통에 주로 쓴다. 달여서 먹는다. 입맛을 돋우고 음식을 내려 보내며 주독을 푼다. 물에 달여 먹거나, 수비하여 물에 뜨는 가루만 모아 물에 타서 먹는다.

『동의보감』

갈근과 태음인의 마음작용 · 몸 기운(心氣 · 生氣)

『동무유고』, 「동무약성가」에서 밝힌 갈근의 약성은 '상한표사傷寒表邪를 발산發散시키고, 열을 받아서 발생하는 학질로 인한 한열왕래寒熱往來를 치료하며, 갈증을 그치게 하고 술독을 풀어준다.(傷寒發表, 溫瘧往來, 止渴解酒)'이다. 갈근은 폐약肺藥으로, 갈증을 그치게 하고 술독을 풀어주는 태음인 열증의 꽃차이다.

먼저 태음인의 마음작용(心氣)과 갈근을 논하면, 갈근은 술독을 풀어준다고 하고, 또 『본초강목』에서는 간肝으로 귀경歸經한다고 하였기 때문에 간기肝氣와 관계됨을 알 수 있다. 「사단론」에서는 '간의 기운은 너그럽고 느슨하다.(肝氣 寬而緩)'고 하였으니, 갈근이 간의 기운을 풀어주어 급한 마음을 느슨하게 하는 것이다.

다음 태음인의 몸 기운(生氣)과 갈근의 작용을 보면, 「장부론」에서는 "간은 당여를 단련하고 통달하는 희흠의 힘으로 혈해의 맑은 즙을 빨아내어 간에 들어가 간의 원기를 더해주고, 안으로는 유해를 옹호하여 수곡의 량기를 고동시킴으로써 그 유油를 엉겨 모이게 한다.(肝, 以鍊達黨與之喜力, 吸得血海之淸汁, 入于肝, 以滋肝元而內以擁護油海, 鼓動其氣, 凝聚其油.)"라고 하였다. 갈근은 간肝의 기운을 풀어주어 유해油海를 옹호하여 유油가 잘 엉겨 모이게 하는 것이다. 유油는 진액津液에서 변화 생성된 액체 상태의 기름이다.

또 간이 속한 간당肝黨의 기는 수곡량기水穀涼氣로, 갈근은 간에서 배꼽으로 가는 기 흐름을 잘 흐르게 한다.

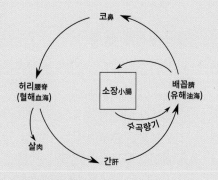

수곡량기水穀涼氣
수곡량기水穀涼氣는 소장小腸에서 시작하여 배꼽(臍, 油海)으로 들어가고, 코(鼻, 血)로 나와서 다시 허리(腰脊, 血海)로 들어가고, 간으로 돌아가서 간에서 다시 배꼽으로 고동하여 순환한다.

갈근 블렌디드 한방꽃차

'갈근 블렌디드 한방꽃차'는 『동의수세보원』 제4권 「새로 정한 태음인의 병에 응용하는 중요한 약 24가지 방문」에 있는 갈근승기탕(葛根承氣湯, 갈근 4돈, 황금·대황 각2돈, 길경·승마·백지 각1돈)을 근거로, 갈근에 길경과 승마를 블렌딩하였다.

갈근승기탕에서 갈근과 길경, 승마를 블렌딩한 것은, 갈근은 서늘하여 따뜻한 길경을 추가하고, 청기를 이끌어 땀을 내게 하여 속을 편하게 하기 위하여 승마를 추가한 것이다.

갈근승기탕 용례

10세 된 아이가 이열裏熱 온병에 걸렸다. 미음이거나 약도 전혀 입으로 넘기지 못하고 열이 가득차서 때로 냉수를 마시는 것이다. 이렇게 11일에 이르러서 대변을 못 본지 이미 4일이 되었다고 한다. 무서워서 겁을 내며 헛소리하기를 각종 벌레가 방안에 가득하다고 하며 또 내 몸으로 쥐가 들어온다고 하며 황급히 엎드려 엉금엉금 기며 놀라 소리 지르며 눈물을 흘리며 우는 것이다. 열이 극도에 이를 때는 동풍이 생겨 두 손이 차가워지는 것이다. 급히 갈근승기탕을 달여서 울고 있는 것도 꺼리지 않고 억지로 입안에 부어 넣었더니 그날로 미음을 곱으로 더 먹고 역기가 크게 풀려 요행으로 생명을 살린 것이다.

『동의수세보원』

갈근(칡뿌리)에 길경과 같이 쓰면 기와 혈이 막힌 곳을 열어서 들어 올려줄 수 있으므로 기약氣藥과 같이 쓰면 좋다. 마른 해수는 담화痰火가 폐 속에 뭉친 것이므로 맛이 쓴 길경으로 열어야 하고, 이질·복통은 폐의 금 기운이 대장에 울체된 것이므로 또한 맛이 쓴 길경으로 여는 것이 좋다. 폐옹과 고름을 뱉는 것을 치료할 때에는 길경의 쓰고 매운 맛을 취하여 폐를 식힌다. 단맛과 따뜻한 성질로 화의 기운을 빼주며, 피고름을 배출할 수 있고 내부의 새는 곳을 기울 수 있다.

『본초정화』

갈근(칡뿌리)에 승마를 같이 쓰면 양명경(소화기관과 밀접한 경락)의 땀을 낼 수 있다. 승마는 양명경의 청기淸氣를 이끌어서 상행시키며, 원래 약한 사람, 원기가 부족한 사람 및 힘든 노동을 하였거나, 굶주리거나, 찬 음식과 날 음식으로 속을 상한 사람들에게는 비위로 약의 힘을 이끌어주는 가장 좋은 약이다.

『본초정화』

블렌딩 하는 도라지와 승마는 기와 혈이 막힌 것을 열어 담화가 폐 속에 뭉친 것을 열어 이질·복통을 다스린다. 양명경에 땀을 내어 청기를 이끌어 음식으로 상한 비위에 약의 힘을 준다. '칡 블렌디드 한방꽃차'는 쓰고 매운 맛으로 폐를 식히고, 단맛과 따뜻한 성질로 화의 기운을 빼서 머리와 눈을 시원하고 부드럽게 한다.

갈근 꽃차의 제다법

갈근(칡꽃, 잎, 줄기, 뿌리)차, 길경(도라지꽃, 잎, 뿌리)차, 승마(꽃, 잎, 뿌리)차를
블렌딩한 한방꽃차의 우림한 탕색은 흑갈색이고, 향기는 은은한 꿀향이 난다.
맛은 묵직하고 달큰하며 매운 맛이 진하다.

생약명
갈근葛根(뿌리를 말린 것)

갈화葛花(개화하기 전의 꽃봉오리)

이용부위
꽃, 잎, 줄기, 뿌리

개화기
7~8월

채취시기
잎(봄~여름), 줄기(봄), 뿌리(가을~봄)

독성 여부
무독無毒

❶ 칡은 꽃, 잎, 칡순, 뿌리를 차로 제다하여 음다할 수 있다.

❷ 칡순(갈용)은 30~50cm 정도 자라면 채취한다.

❸ 칡순은 채취하여 1~2cm 길이로 잘라서 덖음과 식힘을 반복하여 구증구포의 원리로 칡순차를 완성한다.

❹ 칡꽃(갈화)은 7월에 피기 시작하는데 꽃을 꼬투리채 채취한다.

❺ 기다란 꽃 꼬투리를 잘라서 중온에서 덖음과 식힘을 반복하여 칡 꽃차를 완성한다.

❻ 잎은 채취하여 깨끗이 씻어서 살청 → 유념 → 건조 과정으로 잎차를 완성한다.

❼ 칡뿌리(갈근)는 가을~봄에 채취하여 얇고 작게 썰어서 덖고 식힘을 반복하는 과정으로 칡뿌리차를 완성한다.

맥문동麥門冬

맥문동의 약성

- 맛이 달고, 성질이 차다.
- 폐를 보하고 폐를 조화시킨다.
- 번조증을 치료한다.
- 폐열을 내린다.
- 갈증을 풀어 준다.

폐를 보하고 폐를 조화시킨다.
補肺和肺
맥문동은 맛이 달고 성질이 차다. 갈증을 풀고 가슴이 답답하여 불안한 증세를 없애며, 심心을 보하고 폐열을 씻어 허열이 스스로 안정되게 한다. 맥문동은 폐를 보하고 폐를 조화시킨다.　　　　　　　　　　　　　　　　　　　　　　　　　　　　『동무유고』

태음인의 과체(독성)약은 백병에 써 보아도 모두가 그 독이 위태로웠고 다만 담연이 옹색된 증만을 다스리는 성능이 있으나 또한 유명무실하고 더욱 약독이 위태로워 늘 걱정이 없지 않는 것이다. 만일에 길경·맥문동·오미자 등으로 3, 4첩을 복용하여 담연(가래)이 옹색(막힘)함을 치료하는 것만 같지 못하니 이것이 세상에 만 번 해롭고 소용이 없는 약이 아니겠는가. 이 두 가지 약은 외치外治에 쓸 수 있는 것이고 내복에는 쓰지 못할 약이다.　　　　　『동의수세보원』

맥문동은 폐열을 치료하는 효과가 많다. 그 맛이 쓰고 다만 설泄하는 작용만 있고 수렴하는 작용이 있지 않으므로, 한寒이 많은 사람은 복용할 수 없다. 심폐의 허열 및 허로를 치료한다. 지황, 아교, 마인과 같이 사용하면 경락을 적시며 혈을 보태는 작용을 하여, 맥을 회복시키고 가슴을 통하게 하는 처방에 응용되며 오미자, 구기자와 같이 사용하면 맥을 생생하게 하는 약제가 된다. 폐 속에 잠복된 화火를 치료하며, 맥기가 끊어지려는 자는 오미자, 인삼을 가하여 생맥산을 구성하는데, 폐 중의 원기가 부족한 것을 보한다.　　　　　『본초정화』

맥문동·인삼·오미자를 합치면 생맥산이 된다. 폐 속에 잠복한 화火로 기가 끊어지려 하는 것을 치료하고, 폐열을 치료한다.　　　　　『동의보감』

맥문동과 태음인의 마음작용 · 몸 기운(心氣·生氣)

『동무유고』, 「동무약성가」에서 밝힌 맥문동의 약성은 '심을 보하고 폐열을 씻어 허열이 스스로 안정되게 한다. …… 폐를 보하고 폐를 조화시킨다.(補心淸肺, 虛熱自安, …… 補肺和肺)'이다. 맥문동은 폐약肺藥으로, 폐의 열을 씻어주고 폐를 보하고 조화롭게 하는 태음인 열증의 대표적인 꽃차이다.

먼저 태음인의 마음작용(心氣)과 맥문동을 논하면, 「사단론」에서는 '폐의 기운은 곧고 펼쳐진다.(肺氣 直而伸)'고 하였다. 맥문동은 정직하게 펼치는 기운이 부족한 태음인의 심기心氣를 보하고 조화롭게 하여, 느슨하지만 널리 확산하여 베풀게 하고, 온화하게 포용하지만 정직한 마음을 놓치지 않게 한다.

특히 심心을 보하고 폐의 허열을 씻어 스스로 안정되게 하는 것은 항상 겁내는 마음을 가지고 있는 태음인에 직접 작용한다. 맥문동은 폐를 보하고 조화롭게 하기 때문에 밖으로 사람들의 행동을 살펴서 겁내는 마음을 고요하게 한다.

다음 태음인의 몸 기운(生氣)과 맥문동을 보면, 「장부론」에서는 "폐는 사무를 단련하고 통달하는 애哀의 힘으로 니해의 맑은 즙을 빨아내어 폐에 들어가 폐의 원기를 더해주고, 안으로는 진해를 옹호하여 수곡의 온기를 고동시킴으로써 그 진津을 엉겨 모이게 한다.(肺, 以錬達事務之哀力, 吸得膩海之淸汁, 入于肺, 以滋肺元 而內以擁護津海, 鼓動其氣, 凝聚其津.)"라고 하였다. 즉, 맥문동이 폐를 보하고 조화롭게 하는 것은 니해膩海의 맑은 즙을 잘 생성하게 하여, 폐의 원기를 더해주는 것이다. 니해는 번드르한 기름이 모이는 곳이다. 옆쪽의 그림을 보면, 두뇌에서 폐로 가는 니해의 맑은 즙을 생성시켜 폐에서 설하舌下로 가는 기 흐름을 좋게 하는 것이다.

또한 『동의수세보원』 제4권 「태양인 내촉소장병론太陽人 內觸小腸病論」에서 밝힌 것과 같이, 태음인 열증은 이병裏病으로, 옆의 그림에서는 폐에서 설하舌下로 가는 이기裏氣에 해당된다. 따라서 맥문동은 태음인의 '간수열이열병'에 음다하는 꽃차로, 폐당肺黨의 기인 수곡온기水穀溫氣의 속 기운을 잘 흐르게 한다.

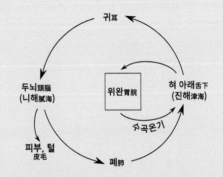

수곡온기水穀溫氣

수곡온기水穀溫氣는 위완胃脘에서 시작하여 혀 아래(舌下, 津海)로 들어가고, 귀(耳, 神)로 나와서 다시 두뇌(頭腦, 膩海)로 들어가고, 폐로 돌아가서 폐에서 다시 혀 아래로 고동하여 순환한다.

맥문동 블렌디드 한방꽃차

'맥문동 블렌디드 한방꽃차'는 『동의수세보원』 갑오구본 제4권 「새로 만든 태음인의 병에 응용할 수 있는 중요한 약 17가지 방문」에 있는 맥문동원지산(麥門冬遠志散 맥문동 3돈, 원지·석창포 각1돈, 오미자 5푼)을 근거로 맥문동에 원지와 석창포를 블렌딩하였다.

맥문동원지산에서 맥문동과 석창포, 원지를 블렌딩한 것은, 찬 성질을 완화하기 위하여 따뜻한 성질의 석창포와 원지를 추가한 것이다.

맥문동원지산 용례

태음인이 졸중풍에 걸리면 급히 청심원을 쓰면서 원지遠志·석창포石菖蒲 분말 각 1돈씩을 입에 넣어주고 이어서 조각皂角가루 3푼을 코에다가 불어넣는다. 이 병증에 손발에 경련을 일으키고 목이 뻣뻣해지면 위험한 것이다. 곁에 있는 사람들이 손으로 환자의 두 손목을 잡고 양쪽 어깨를 좌우로 운동시켜 주어야 하며 또 환자의 두 발목을 잡고서 양 무릎을 굴신시킨다. 태음인 중풍은 환자의 양쪽 어깨와 다리를 요동시켜 주는 것이 좋다.　　　　　　『동의수세보원』

귀와 눈을 밝게 한다.　　　　　　　　　　　　　　　　　　　　　　　　　　　　　　　　『동의사상신편』

맥문동에 원지를 같이 쓰면 기氣가 따뜻하니 능히 경계증을 물리치고, 신神을 편안하게 하며 심心을 진전시키고, 사람으로 하여금 기억력이 좋아지게 한다. 원지는 폐의 진기眞氣를 각성시킨다.　　　　　　『동무유고』

블렌딩한 석창포와 원지는 태음인의 졸중풍을 치료하고, 기억력을 좋아지게 하고 폐의 진기를 각성시킨다. '맥문동 블렌디드 한방꽃차'는 폐장의 화를 내리고 폐를 안정시키고 안색을 좋게 한다.

맥문동 꽃차의 제다법

맥문동(꽃, 열매, 뿌리)차, 창포(꽃, 뿌리)차, 원지(꽃, 줄기, 뿌리)차 블렌딩한 한방 꽃차의 우림한 탕색은 맑은 흑갈색이고, 향기는 순수한 청향이 난다. 맛은 쌉쓰름하면서 새콤달콤하고 담백하다.

생약명
맥문동麥門冬(덩이뿌리를 말린 것)

이용부위
꽃, 잎, 뿌리

개화기
5~7월

채취시기
잎(봄~여름), 뿌리(가을~봄)

독성 여부
무독無毒

❶ 맥문동은 꽃, 열매, 뿌리를 차로 제다하여 음다할 수 있다.

❷ 꽃은 5~7월에 보라색 꽃이 기다랗게 피어올라 간다.

❸ 꽃대를 길게 잘라 채취를 하여 저온에서 덖음으로 꽃차를 완성한다.

❹ 열매가 가을에 보라색으로 익으면 채취하여 반건조하고 덖음으로 열매차를 완성한다.

❺ 뿌리는 가을~봄에 채취하여 깨끗이 씻어서 뿌리 속에 심을 제거한다.

❻ 어슷어슷하게 썰어서 덖음과 식힘을 반복하여 맥문동 뿌리차를 완성한다.

상백피桑白皮

상백피 (뽕나무 뿌리 껍질) 의 약성

- 맛이 달고 맵다. 성질이 차다.
- 폐의 가래를 녹여준다.
- 기침을 멎게 한다.
- 폐의 열을 식혀준다.
- 천증을 치료한다.

폐의 가래를 녹여준다.

閏肺痰

상백피는 맛이 달고 맵다. 기침을 멎게 하고 숨이 몹시 찬 증상을 안정시키며, 폐의 화사火邪를 쏟아내게 히는데, 그 공효가 얕지 않다. 상백피는 폐의 가래를 녹여준다.   『동무유고』

상한傷寒 4일에 배와 옆구리가 부어오르며 그득하고 가슴이 답답하고 사지가 아프고 기침과 오한이 있고 숨이 촉급하게 차며 심한 열을 치료한다. 백출, 전호뇌두 제거, 갈근, 상백피, 자금 각3푼, 승마 0.5냥, 적작약 1냥, 석고 1.5냥, 형개 0.5냥을 절구에 찧고 체에 쳐서 가루로 만들어 5돈씩을 물 1큰 잔에 생강 0.5푼과 두시 50알과 함께 달여, 물이 50%가 되면 찌꺼기를 버리고 시간에 관계없이 따듯하게 복용한다. 『향약집성방』

상백피(뽕나무의 뿌리껍질)는 폐중의 수기를 없애고 타혈과 열갈·수종·복만·노창을 치료한다. 폐기천만·허열·객열로 인한 두통을 치료하고 안으로 부족한 것을 보한다. 폐를 사하고, 대소장을 통하게 하며 기를 내리고 혈을 흩는다.
상엽(뽕나무 잎)의 즙은 금창을 치료한다. 달여서 복용하면 곽란으로 인한 복통과 토사를 그치게 한다. 고아서 고膏로 만들면 오래된 풍병과 묵은 피를 제거한다.
상엽은 음력 4월 뽕나무가 무성할 때에 잎을 채취한다. 또 음력 10월 서리가 내린 후 2/3 정도 잎이 이미 떨어지고 1/3 정도 붙어있는 잎을 '신선엽'이라 하는데 이것을 채취하여 먼저 채취한 잎과 함께 찧어서 가루로 낸 후 환으로 빚어 복용한다고 하였다. 혹은 달여서 차 대신에 마신다.
상심자(뽕나무 열매, 오디)는 오장과 관절을 이롭게 하고, 혈기를 통하게 한다. 오랫동안 복용하면 배고프지 않고, 안혼진신安魂鎭神하여 사람으로 하여금 총명하고 늙지 않게 한다. 강한 햇볕에 말려 가루 낸 후 꿀로 환을 만들어 매일 복용한다.
상지(뽕나무 가지)는 음식을 소화시키고, 소변을 통하게 하며 구건과 옹저 후 갈증을 치료한다. 어린 가지를 달여서 오래 복용하면 몸을 가볍게 하고, 눈과 귀를 총명하게 하며 사람으로 하여금 광택이 나게 하고 죽을 때까지 편풍을 앓지 않게 한다. 또한 금하거나 꺼릴 것이 없다. 『본초정화』

상백피는 폐를 사하여 폐 속의 수기水氣를 없앤다. 달여서 먹는다. 『동의보감』

상백피와 태음인의 마음작용·몸 기운(心氣·生氣)

『동무유고』, 「동무약성가」에서 밝힌 상백피의 약성은 '폐의 화사火邪를 사瀉하는데, 그 공효가 얕지 않다. 폐의 가래를 녹여준다.(瀉肺火邪, 其功不淺, 閏肺痰)'이다. 상백피는 폐약肺藥으로, 폐의 불같은 사기邪氣를 쏟아버리고 가래를 녹여주는 태음인 열증의 꽃차이다.

먼저 태음인의 마음작용(心氣)과 상백피를 논하면, 「사단론」에서는 '폐의 기운은 곧고 펼쳐진다.(肺氣 直而伸)'고 하였다. 상백피는 폐의 삿된 기운을 쏟아내고 가래를 녹여 주기 때문에 정직한 마음으로 온화하게 감싸는 작용을 한다.

또 태음인은 항상 겁내는 마음을 가지고 있는데, 상백피는 폐의 사기를 쏟아내어 폐의 기운을 안정시킴으로써 밖으로 사람들의 행동을 살펴서 겁내는 마음을 고요하게 한다.

다음 태음인의 몸 기운(生氣)과 상백피를 보면, 「장부론」에서는 "폐는 사무를 단련하고 통달하는 애哀의 힘으로 니해의 맑은 즙을 빨아내어 폐에 들어가 폐의 원기를 더해주고, 안으로는 진해를 옹호하여 수곡의 온기를 고동시킴으로써 그 진津을 엉겨 모이게 한다.(肺, 以鍊達事務之哀力, 吸得膩海之淸汁, 入于肺, 以滋肺元而內以擁護津海, 鼓動其氣, 凝聚其津.)"라고 하였다. 상백피가 폐의 사기를 쏟아내는 것은 폐의 원기를 더해주어 진해津海를 옹호하고 진津을 엉겨 모이게 하는 것이다. 옆의 그림을 보면, 폐에서 설하舌下로 가는 기 흐름을 좋게 하는 것이다.

태음인 열증은 이병裏病으로, 옆의 그림에서는 폐에서 설하舌下로 가는 이기裏氣에 해당된다. 따라서 상백피는 태음인의 '간수열이열병'에 음다하는 꽃차로, 폐당肺黨인 수곡온기水穀溫氣의 속 기운을 잘 흐르게 한다.

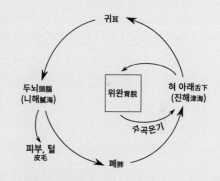

수곡온기水穀溫氣

수곡온기水穀溫氣는 위완胃脘에서 시작하여 혀 아래(舌下, 津海)로 들어가고, 귀(耳, 神)로 나와서 다시 두뇌(頭腦, 膩海)로 들어가고, 폐로 돌아가서 폐에서 다시 혀 아래로 고동하여 순환한다.

상백피 블렌디드 한방꽃차

'상백피 블렌디드 한방꽃차'는 『동의수세보원』 제4권 「새로 정한 태음인의 병에 응용하는 중요한 약 24가지 방문」에 있는, 마황정천탕麻黃定喘湯, 마황 3돈, 행인 1돈5푼, 황금·반하·상백피·소자·관동화·감초 각1돈, 백과 21개(껍질을 벗겨 부순 후에 볶아 누런색이 되도록 한다)를 근거로, 상백피(뽕나무의 뿌리껍질)에 관동화와 행인을 블렌딩하였다.

마황정천탕에서 관동화, 행인을 블렌딩한 것은 관동화는 폐와 심장에 경락을 잘 통하기 위하여 추가하고, 상백피의 찬 성질을 조화롭게 하기 위하여 행인을 추가한 것이다.

마황정천탕 용례

태음인 병증에 효천병(천식이 발작하면서 호흡이 급격히 가빠지는 증상)이 있으니 중증이다. 마땅히 마황정천탕을 써야 한다. 병은 원래 처방이 있지만, 코 고는 소리가 나는 천식이 근심이 되니 제일 감당하기 어렵다. 환자가 이 선단의 약을 만나 복용한 후에 정천탕을 알 것이다. 효천을 치료하는 신묘한 처방이다.
『동의수세보원』

상백피에 관동화를 같이 쓰면 해역과 상기와 잦은 천식과 후비와 경간과 한사나 열사에 사용한다. 소갈과 천식으로 호흡이 가쁜 것을 치료한다.
『본초정화』

상백피에 행인(살구씨)을 같이 쓰면 행인은 맺힌 것을 풀고 마른 것을 윤택하게 하여, 폐중의 풍열해수를 제거한다. 행인이 천식을 내려주는 것은 기를 치료한다. 그 쓰임새는 3가지인데 폐를 윤택하게 하고, 식적食積을 소화시키고 옹체된 기운을 풀어준다.
『본초정화』

블렌딩한 행인과 관동화는 소갈과 천식으로 호흡이 가쁜 것을 치료하고, 폐중의 풍열해수를 제거하고 폐를 윤택하게 한다. '상백피 블렌디드 한방꽃차'는 폐장에 열을 내려 천식과 해수가 치료되어 눈을 밝게 하고 정신을 맑게 한다.

28

상백피 꽃차의 제다법

상백피(잎, 열매, 가지, 뿌리피)차, 관동화(꽃, 잎, 뿌리)차, 행인(꽃, 잎, 씨)차를 블렌딩한 한방꽃차의 우림의 탕색은 등황색으로 향기는 중후한 진향이다. 맛은 약간 쓰면서 달달하고 부드럽다.

생약명
상엽(잎을 말린 것)
상지(가지를 말린 것)
상백피(뿌리 껍질을 말린 것)
상심자(덜 익은 열매를 말린 것)

이용부위
꽃, 잎, 뿌리

개화기
4~5월

채취시기
잎(봄~여름), 뿌리(가을~봄)

독성 여부
무독無毒

❶ 상백피(뽕나무 뿌리 피)는 가지, 잎, 열매, 뿌리를 차로 제다하여 음다할 수 있다.

❷ 뽕나무 잎 상엽은 봄에 여린 잎을 채취하여 살청 → 유념 → 건조 과정으로 잎차를 완성한다.

❸ 오디(열매)는 덜 익은 열매를 채취하여 반건조한다.

❹ 반건조한 열매는 고온에서 덖음과 식힘을 반복하여 오디차를 완성한다.

❺ 뽕나무 가지 상지는 채취하여 깨끗이 씻어서 1cm 길이로 잘라시 3분정도 증제하여 덖음과 식힘을 반복하여 구증 구포의 원리에 의하여 상지차를 완성한다.

❻ 뽕나무 뿌리껍질 상백피는 가을에 흙 속에서 채취하여 껍질을 벗겨서 1~2cm 길이로 잘라서 덖음과 식힘의 반복으로 상백피차를 완성한다.

❼ 서리가 내린 후 2/3 정도 잎이 이미 떨어지고 1/3 정도 붙어있는 잎을 '신선엽'이라 한다.

❽ 신선엽을 채취하여 깨끗이 씻어서 1cm 간격으로 썰어서 살청 → 유념 → 건조 과정으로 신선엽차를 완성한다.

국화菊花 (감국甘菊)

국화(감국)의 약성

- 맛은 달고 성질은 차다.
- 피부와 터럭을 열어준다.
- 풍과 열을 내보낸다.
- 머리가 어지러운 것을 치료한다.
- 충혈된 눈을 치료한다.

감국은 피부와 터럭을 열어준다.
　甘菊開皮毛
국화는 맛이 달다. 열을 없애고 풍을 내보내며, 머리가 어지러운 것과 눈이 붉은 것을 치료한다. 눈물을 거두게 하는 데 특히 효과가 있다. 감국은 피부와 터럭을 열어준다.

『동무유고』

감국화는 남자가 신이 허하여 흐리고 어둡게 보이고 혹은 검은 꽃 같은 것이 보이는 증상을 치료한다. 항상 복용하면 눈이 밝아지고 혈액을 활기 있게 하고 젊은 얼굴을 그대로 유지하게 하고 수장인 신을 따뜻하게 한다. 감국화 2냥, 구기자 4냥, 숙지황 3냥, 건산약 0.5냥을 가루 내어 꿀로 오동나무 씨앗 크기의 알약을 만들어, 매번 30~50알씩 공복과 식후에 각번씩 따뜻한 물로 복용한다.

『향약집성방』

감국은 머리와 눈이 풍으로 빙빙 도는 증상·풍열로 뇌와 골이 동통하는 것·몸 위에 돌아다니는 일체의 풍을 치료한다. 오래 복용하면 혈기를 보태며, 몸을 가볍게 하고 노화를 억제하며 장수하게 한다. 머리와 눈이 풍으로 빙빙 도는 증상·풍열로 뇌와 골骨이 동통하는 것·몸 위에 돌아다니는 일체의 풍風을 치료한다. 눈의 혈을 기르고 예막(눈병의 막)을 제거한다. 베개를 만들면 눈을 밝게 하며 잎도 또한 눈을 밝게 하고, 날것이나 익힌 것이나 모두 먹을 수 있다.

『본초정화』

감국은 여러 가지 풍과 풍현을 치료한다. 몸을 가볍게 하고 늙지 않고 오래 살게 한다. 싹·잎·뿌리·꽃을 모두 먹는다. 마른 감국을 달여서 마시거나, 술에 담가 먹거나, 술을 빚어 먹는다.

『동의보감』

국화와 태음인의 마음작용·몸 기운(心氣·生氣)

『동무유고』, 「동무약성가」에서 밝힌 국화의 약성은 '머리가 어지러운 것과 눈이 붉은 것을 치료한다. …… 피부와 터럭을 열어준다.(頭眩眼赤, …… 開皮毛)'이다. 국화는 폐약肺藥으로, 머리의 어지러움과 붉은 눈을 치료하고, 피부와 터럭의 기운을 열어주는 태음인의 꽃차이다.

먼서 태음인의 마음작용(心氣)과 국화를 논하면, 「사단론」에서는 '폐의 기운은 곧고 펼쳐진다.(肺氣 直而伸)'고 하였다. 국화는 폐의 기운을 안정시켜 마음을 편안하게 하기 때문에 느슨하면서도 널리 베푸는 작용을 한다.

또 태음인은 항상 겁내는 마음을 가지고 있는데, 국화는 폐의 기운을 안정시킴으로써 밖으로 사람들의 행동을 살펴서 겁내는 마음을 고요하게 한다.

다음 태음인의 몸 기운(生氣)과 국회를 보면, 「장부론」에서는 "니해의 탁한 찌꺼기는 머리가 곧게 펴는 힘으로 단련하

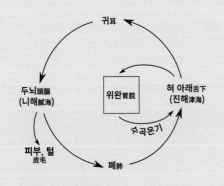

수곡온기水穀溫氣

수곡온기水穀溫氣는 위완胃脘에서 시작하여 혀 아래(舌下, 津海)로 들어가고, 귀(耳, 神)로 나와서 다시 두뇌(頭腦, 膩海)로 들어가고, 폐로 돌아가서 폐에서 다시 혀 아래로 고동하여 순환한다.

여 피부와 터럭을 이루게 하고(膩海之濁滓則頭, 以直伸之力, 鍛鍊之而成皮毛.)"라고 하였다. 국화가 피부와 터럭의 기운을 열어주는 것은 두뇌에 있는 니해膩海의 탁한 찌꺼기를 생성시켜 주는 것이다. 옆의 그림을 보면, 두뇌의 니해에서 피모皮毛로 가는 기를 좋게 하는 것이다. 참고로 태음인은 폐의 기운이 작아 머리털이 약해 대머리가 많은데, 국화와 함께 피부와 터럭을 열어주는 대표적인 약재는 천문동天門冬과 용안육龍眼肉이 있다.

또 태음인 열증은 이병裏病으로, 옆의 그림에서는 폐에서 설하舌下로 가는 이기裏氣에 해당된다. 따라서 국화는 태음인의 '간수열이열병'에 음다하는 꽃차로, 폐당肺黨인 수곡온기水穀溫氣의 속 기운을 잘 흐르게 한다.

국화 블렌디드 한방꽃차

'국화 블렌디드 한방꽃차'는 『동의수세보원』 제4권 「새로 정한 태음인의 병에 응용하는 중요한 약 24가지 방문」에 있는, 청심연자탕(淸心蓮子湯, 연자육·산약 각2돈, 천문동·맥문동·원지·석창포·산조인·용안육·백자인·황금·나복자 각1돈, 감국화 3푼)을 근거로, 국화에 석장포와 연자육을 블렌딩하였다.

청심연자탕에서 국화, 석장포, 연자육을 블렌딩한 것은 약간의 찬 성질인 국화에 따뜻한 성질의 석장포를 추가하고, 심신안정을 다스리기 위하여 연자육을 추가한 것이다.

청심연자탕의 용례

태음인 병증으로 복통과 하리가 없으면서 혀가 말리고 말을 못하는 중풍병은 위급증이니 아주 짧은 동안이라도 지체해서는 안 되며 급히 치료해야 한다. 우황을 써서 위급한 것을 구하여야 하고 이어서 청심산약탕, 청심연자탕을 쓴다.

『동의수세보원』

허로, 몽설이 잦아 헤아릴 수 없는 경우, 복통 및 설사, 혀가 말린 것, 중풍, 식체, 흉복통을 치료한다. 　『동의사상신편』

감국은 온갖 풍風으로 생기는 두현·종통·눈이 빠질 듯하고 눈물이 나오는 증상 그리고 악풍과 습비를 다스린다. 오래 복용하면 혈기를 보태며, 몸을 가볍게 하고 노화를 억제하며 장수하게 한다.

『본초정화』

감국에 석창포를 같이 쓰면 심공心孔을 열고 건망을 치료하며 머리를 좋게 한다. 몸을 가볍게 하고 늙지 않고 오래 살게 한다. 심공心孔을 열고 지혜를 더해 주어, 총명하게 한다.

『동의보감』

감국에 연자육을 같이 쓰면 이질을 멎게 하고 금구리(이질을 앓아 밥맛이 없고 구역질이 나서 음식을 먹지 못하는 증상)를 치료한다. 껍질은 벗기고 심은 남긴 채 가루 내어 미음에 2돈씩 타서 먹는다.

『동의보감』

블렌딩한 석창포와 연자육은 건망증을 치료하고, 이질과 구역질을 멎게 한다. '국화 블렌디드 한방꽃차'는 열을 내려 풍을 몰아내고 혈액을 활기 있게 하여, 심공을 열어 지혜를 디해주고 총명하게 한다.

국화 꽃차의 제다법

국화(꽃, 잎)차, 석창포(꽃, 잎, 뿌리)차, 연자육(꽃, 열매, 잎, 뿌리)차를 블렌딩한 한방꽃차의 우림한 탕색은 연미색이고, 향기는 싱그러운 청향이 나고 맛은 부드럽고 담백하다.

생약명
감국甘菊(꽃을 말린 것)

이용부위
꽃, 잎, 뿌리

개화기
9~10월

채취시기
잎(봄~여름), 뿌리(가을~봄)

독성 여부
무독無毒

❶ 감국은 꽃, 잎을 차로 제다하여 음다할 수 있다.

❷ 잎은 봄에는 어린 순을 채취하고 가을에는 센 잎을 채취하여 살청 → 유념 → 건조 과정으로 국화 잎차를 완성한다.

❸ 꽃은 가을에 갓 핀 꽃을 채취하여 중온에서 덖음과 식힘을 반복하여 국화 꽃차를 완성한다.

참외꼭지 (과체瓜蒂)

과체(참외꼭지)의 약성

- 맛이 쓰고, 성질이 차다.
- 가래를 잘 토하게 한다.
- 부종을 치료한다.
- 황달을 치료한다.
- 서병(더위로 생긴 병)을 치료한다.

과체는 맛이 쓰고 성질이 차다. 가래를 토吐하게 하는 것에 능하고, 몸의 부종을 사라지게
하며, 아울러 황달을 치료한다.   『동무유고』

태음인이 졸중풍(卒中風, 갑자기 풍을 맞아 의식을 잃는 증세)병이 있는데 가슴이 꽉 막혀 숨이 통하지 못하고 가래 끓는 소리가 나고 두 눈을 딱 부릅뜨고 있는 자에게는 반드시 과체산을 써야 한다.
『동의수세보원』

과체는 서병(더위로 생긴 병)으로 몸이 열나며 아프고 무거우면서 맥이 미약한 것을 치료하니, 이는 여름철에 냉수에 손상되어 물이 피부 속으로 침범하였기 때문에 나타나는 것으로, 일물과체탕으로 치료한다.
『향약집성방』

과체는 대수大水와 몸과 얼굴 사지의 부종을 치료하고, 물을 빼내고 고독을 없앤다. 해역상기 및 과일을 먹고 병이 흉복중에 생긴 것을 모두 토하시킨다. 콧속의 식육을 없애고 황달을 치료한다. 풍열담연을 토하게 하여 풍현 두통을 치료하고, 머리와 눈의 습기를 제거한다.
『본초정화』

고체는 담이 가슴을 막아서 답답하여 기절했을 때는 과체산으로 토하게 하면 곧 깨어난다.
『동의보감』

과체와 태음인의 마음작용 · 몸 기운(心氣 · 生氣)

『동무유고』, 「동무약성가」에서 밝힌 과체의 약성은 '가래를 잘 토吐하게 하는 것에 능하고, 몸의 부종을 사라지게 한다.(善能吐痰, 消身浮腫.)'이다. 과체는 폐약肺藥으로, 가래를 잘 토하게 하고 피부의 부종을 사라지게 하는 태음인 열증의 꽃차이다.

먼저 태음인의 마음작용(心氣)과 과체를 논하면, 「사단론」에서는 '폐의 기운은 곧고 펼쳐진다.(肺氣 直而伸)'고 하였다. 과체는 폐의 가래를 잘 토하게 하기 때문에 정직한 마음을 열어서 너그럽게 베푸는 작용을 한다.

또 태음인은 항상 겁내는 마음을 가지고 있는데, 과체는 폐의 기운을 안정시킴으로써 밖으로 사람들의 행동을 살펴서 겁내는 마음을 고요하게 한다.

다음 태음인의 몸 기운(生氣)과 과체를 보면, 「장부론」에서는 "폐는 사무를 단련하고 통달하는 애哀의 힘으로 니해의 맑은 즙을 빨아내어 폐에 들어가 폐의 원기를 더해주고, 안으로는 진해를 옹호하여 수곡의 온기를 고동시킴으로써 그 진津을 엉겨 모이게 한다.(肺, 以鍊達事務之哀力, 吸得膩海之淸汁, 入于肺, 以滋肺元而內以擁護津海, 鼓動其氣, 凝聚其津.)"라고 하였다. 과체가 폐의 가래를 잘 토하게 하는 것은 폐의 원기를 더해주어 진해津海를 옹호하고 진津을 엉겨 모이게 하는 것이다. 옆의 그림을 보면, 폐에서 설하舌下로 가는 기 흐름을 좋게 하는 것이다.

또 「장부론」에서는 "니해의 탁한 찌꺼기는 머리가 곧게 펴는 힘으로 단련하여 피부와 터럭을 이루게 하고(膩海之濁滓則頭, 以直伸之力, 鍛鍊之而成皮毛.)"라고 하였다. 과체가 피부의 부종을 사라지게 하는 것은 두뇌에 있는 니해膩海의 탁한 찌꺼기를 생성시켜 주기 때문인 것이다.

따라서 과체는 태음인 열증에 음다하는 꽃차로, 수곡온기의 속 기운을 잘 흐르게 한다.

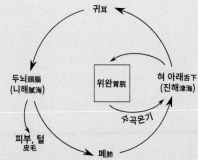

수곡온기水穀溫氣

수곡온기水穀溫氣는 위완胃脘에서 시작하여 혀 아래(舌下, 津海)로 들어가고, 귀(耳, 神)로 나와서 다시 두뇌(頭腦, 膩海)로 들어가고, 폐로 돌아가서 폐에서 다시 혀 아래로 고동하여 순환한다.

과체 블렌디드 한방꽃차

'과체 블렌디드 한방꽃차'는 『동의수세보원』 제4권 「새로 정한 태음인의 병에 응용하는 중요한 약 24가지 방문」에 있는 과체산(瓜蔕散, 과체·적소두)을 근거로, 과체에 적소두를 블렌딩하였다.

과체산에서 참외꼭지와 적소두(붉은팥)를 블렌딩한 것은, 과체의 쓴맛을 팥의 단맛으로 감미롭게 하고, 효율성을 높이는 것이다.

과체산 용례

태음인이 졸중풍병이 있는데 가슴이 꽉 막혀 숨이 통하지 못하고 가래 끓는 소리가 나고 두 눈을 딱 부릅뜨고 있는 자에게는 반드시 과체산을 써야 한다.　　『동의수세보원』

과체는 담연(가래와 침)이 목구멍에 막혀 내려가지 않는 것을 토하게 할 때는 과체산을 써야만 한다.　　『동의보감』

과체산(과체 적소두 각0.3g)을 코에 불어넣어 온역을 치료할 때 사용하는 것은 이 약이 기를 통하게 하고 습을 제거하고, 열을 흩뜨리는 점을 취하였을 뿐이다. 상부에 맥이 있고 하부에는 맥이 없으면, 그 사람을 토하게 해야 하는데 토하지 못하면 죽는다. 이것은 음식내상으로 흉중이 막혀 음식물이 태음을 손상하여 풍목의 생발하는 기가 아래에서 잠복한 것이므로, 마땅히 과체산으로 토하게 하여야 한다.　　『본초정화』

과체(참외꼭지)에 적소두를 같이 쓰면 기를 바르게 하고 풍을 운행시키며, 근골을 단단하게 하고, 기육을 잡아당긴다. 오래 먹으면 사람을 마르게 한다.　　『본초정화』

블렌딩한 참외꼭지와 붉은팥은 담과 식적食積을 치료하고, 풍을 운행시키며 근골을 단단하게 한다. '과체 블렌디드 한 방꽃차'는 몸에 열이 나는 것을 내려서기를 통하게 하여 답답한 가슴을 열어 준다.

과체(참외꼭지) 꽃차의 제다법

과체(꽃, 잎, 열매, 씨)차, 붉은팥(꽃, 잎, 열매)차를 블렌딩한 한방꽃차의 우림한 탕색은 맑은 자주빛이고, 향기는 구수한 화향이 난다. 구수한 숭늉의 맛이 그리운 향수에 젖게 한다.

생약명
과체瓜蔕(참외꼭지 말린 것)

이용부위
꽃, 잎, 열매, 씨앗

개화기
6~7월

채취시기
잎(여름), 열매(여름)

독성 여부
열매는 무독無毒, 열매꼭지 유독有毒

❶ 과체는 꽃, 잎, 열매, 씨를 차로 제다하여 음다할 수 있다.

❷ 참외는 파란 꼭지를 사용한다.

❸ 파란 참외는 꼭지를 썰어서 덖음과 식힘을 반복하여 참외 꼭지차를 완성한다.

❹ 아침에 갓 피어난 꽃을 채취한다.(참외꽃은 심통해열을 치료한다.)

❺ 중온에서 꽃을 덖어서 참외 꽃차를 완성한다.

❻ 참외 잎은 채취하여 깨끗이 씻어서 물기를 제거하고, 고온에서 살청 → 유념 → 건조의 과정으로 참외 잎차를 완성한다.(잎은 중초를 보익하고 타박상 치료에 사용한다.)

❼ 참외 씨는 씻어서 덖음과 식힘을 반복하여 덖어서 참외 씨차를 완성한다.

무씨 (나복자蘿葍子)

나복자 (무씨)의 약성

- 맛이 맵고, 성질이 평온하다.
- 천해를 치료한다.
- 장만증을 낫게 한다.
- 폐위와 토혈을 치료한다.

나복자는 맛이 맵다. 천해喘欬를 치료하고 기氣를 아래로 내려가게 하는 것이 마치 담벽(수음이 오래 정체되어 담이 되어 통증이 있는 것)을 넘어뜨리는 듯하다. 장만증(腸滿症 배가 불러오는 병)이 사라지게 한다. 『동무유고』

태음인 병증에 설사병이 있으니 표한증설사表寒證泄瀉에 태음조위탕太陰調胃湯을 쓰고, 표열증설사表熱證泄瀉에 갈근나복자탕葛根蘿葍子湯을 쓴다.

『동의수세보원』

나복자 약은 기를 순조롭게 해주는 효능이 강하다. 날것은 기운을 올리는 효능이 있고, 익힌 것은 기운을 내려준다. 기운이 올라가면 풍담을 토하게 하고, 풍한을 흩어지게 하고, 창진을 없앨 수 있고, 기운이 내려가면 담으로 숨을 헐떡거리는 것과 기침을 멎게 하고, 하리와 후중을 풀어 줄 수 있다. 기운을 내리는 효능이 빠르므로 허약한 사람은 복용을 금한다. 담을 없애어 기침을 멈추고, 폐위와 토혈을 치료하고 속을 따뜻하게 하고 부족한 것을 보태준다.

『본초정화』

나복자는 식적담食積痰을 토하게 한다. 나복자(볶아서 간다) 5홉을 좁쌀죽 윗물과 섞어서 즙을 짜내고, 여기에 기름과 꿀 약간을 넣고 잘 저어서 따뜻하게 먹는다. 배가 불러 오르는 경우를 치료한다. 볶은 것을 갈아 물에 달여 차 마시듯 늘 먹으면 묘한 효과가 있다. 나복자나 묵은 뿌리를 달여 먹어도 좋다.

『동의보감』

나복자와 태음인의 마음작용 · 몸 기운 (心氣 · 生氣)

『동무유고』, 「동무약성가」에서 밝힌 나복자의 약성은 '천해喘欬를 치료하고 기氣를 아래로 내려가게 한다. …… 장만증이 사라지게 한다.(喘欬下氣. …… 腸滿消去.)'이다. 나복자는 폐약肺藥으로, 기침을 치료하고 기를 아래로 내리며, 장만증을 사라지게 하는 태음인 열증의 꽃차이다.

먼저 태음인의 마음작용(心氣)과 나복자를 논하면, 「사단론」에서는 '폐의 기운은 곧고 펼쳐진다.(肺氣 直而伸)'고 하였다. 나복자는 폐의 기침을 치료하여 폐의 기운을 안정되게 하기 때문에 태음인이 널리 베푸는 마음과 정직하게 포용하는 마음으로 삭용한다.

또 태음인은 항상 겁내는 마음을 가지고 있는데, 나복자는 폐의 기운을 안정시킴으로써 밖으로 사람들의 행동을 살펴서 겁내는 마음을 고요하게 한다.

다음 태음인의 몸 기운(生氣)과 나복자를 보면, 「장부론」에서는 "폐는 사무를 단련하고 통달하는 애哀의 힘으로 니해의 맑은 즙을 빨아내어 폐에 들어가 폐의 원기를 더해주고, 안으로는 진해를 옹호하여 수곡의 온기를 고동시킴으로

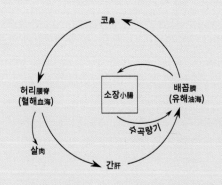

수곡량기水穀凉氣

수곡량기水穀凉氣는 소장小腸에서 시작하여 배꼽
(臍, 油海)으로 들어가고, 코(鼻, 血)로 나와서 다시
허리(腰脊, 血海)로 들어가고, 간으로 돌아가서 간
에서 다시 배꼽으로 고동하여 순환한다.

써 그 진津을 엉겨 모이게 한다.(肺, 以鍊達事務之哀力, 吸得膩海之淸汁, 入于肺, 以滋肺元而內以擁護津海, 鼓動其氣, 凝聚其津.)"라고 하였다. 나복자는 폐의 기침을 치료하는 것은 폐의 원기를 더해주어 진해津海를 옹호하고 진津을 엉겨 모이게 하는 것이다.

또 나복자가 기운을 내려 장腸의 소화를 도와주는 것은 중하초中下焦의 소장小腸의 기운으로 이해할 수 있다. 「장부론」에서는 "유해의 탁한 찌꺼기는 소장이 소화시켜 내려 보내는 힘으로 그 탁한 찌꺼기를 취하여 소장을 보익해주고(油海之濁滓則小腸, 以消導之力, 取其濁滓而以補益小腸.)"라고 하여, 배꼽에 있는 유해油海의 탁한 찌꺼기가 소장을 보하여 더해줌을 알 수 있다. 따라서 나복자는 유해의 탁한 찌꺼기를 생성시키는 작용을 하는 것이다. 소장이 속한 간당肝黨은 수곡량기水穀凉氣로, 나복자는 배꼽에서 소장으로 가는 기 흐름을 잘 흐르게 한다.

나복자 블렌디드 한방꽃차

'나복자 블렌디드 한방꽃차'는 『동의수세보원』 제4권 「새로 정한 태음인의 병에 응용하는 중요한 약 24가지 방문」에 있는 태음조위탕(太陰調胃湯, 의이인·건율 각3돈, 나복자 2돈, 오미자·맥문동·석창포·길경·마황 각1돈)에 바탕하여, 나복자에 의이인과 맥문동을 블렌딩하였다.

태음조위탕에서 의이인과 맥문동를 블렌딩한 것은, 무씨의 매운 맛을 부드럽게 하기 위하여 의이인을 추가하고, 간열肝熱을 내려 윤폐작용으로 마음을 편안하게 하기 위하여 맥문동을 추가한 것이다.

태음조위탕 용례

태음인이 위완한증胃脘寒證의 온병瘟病을 치료한 적이 있다. 태음인 한 사람이 평소에 정충怔忡, 무한無汗, 기단氣短, 결해結咳가 있었는데 갑자기 한 증세가 더하여 설사가 수 십일이 되어도 멎지 않는데 이것은 표병表病으로 중증이다. 태음조위탕에 저근백피樗根白皮 1돈을 가하여 매일 2첩씩 10일간 썼더니 설사가 멎으므로 계속 30일을 쓰니 매일 얼굴에서 땀이 흐르고 본디 갖고 있던 병증도 나아갔다.

『동의수세보원』

태음인 설사에 표한증이 있을 때는 태음조위탕을 쓴다. 표열증에 설사가 있을 때는 갈근나복자탕을 쓴다.

『동의사상신편』

나복자에 의이인을 같이 쓰면 비위肺痿와 폐기肺氣, 피고름이 쌓인 증상, 기침과 콧물, 상기 등을 치료한다. 달여 복용하면 종독(종기의 독)을 터뜨린다. 견권 건각기(풍습風濕을 받아 허리와 다리의 힘줄이 당기고 아픈 증상)와 습각기(습열로 다리가 붓고 아픈 증상)를 제거하는 데 큰 효험이 있다. 맹선 비위를 더욱 튼튼하게 하고, 폐를 보하고 열을 식히며, 풍을 제거하고 습을 억누른다.

『본초정화』

나복자에 맥문동을 같이 쓰면 몸이 무겁고 눈이 누런 증상과 허로에 열이 침입하여 입이 건조하고 갈증이 나는 증상을 치료하며, 폐기를 안정시키고 오장을 편안히 하며 사람을 살찌고 건강하게 하며, 안색을 좋게 한다. 『본초정화』

블렌딩한 의이인과 맥문동은 폐를 보하고 열을 식히며, 풍을 제거하고 습을 억누르고, 갈증이 나는 증상을 치료한다. '나복자 블렌디드 한방꽃차'는 폐장에 열을 식혀 폐기를 안정시키고 오장을 편안하게 하여 안색을 좋게 한다.

나복자(무씨) 차의 제다법

생약명
나복자(씨를 말린 것)

이용부위
꽃, 잎, 씨, 뿌리

개화기
4~5월

채취시기
열매(여름), 잎(가을), 뿌리(가을)

독성 여부
무독無毒

나복자(꽃, 잎, 열매, 뿌리)차, 의이인(잎, 열매)차, 맥문동(꽃, 열매, 뿌리)차를 블렌딩한 한방꽃차의 우림한 탕색은 청갈색으로 향기는 농후한 진향으로 깔끔하다. 약간의 톡 쏘는 듯한 강하지 않은 꽃향과 과일향으로 부드럽다.

❶ 무는 꽃, 씨, 잎, 뿌리를 차로 제다하여 음다할 수 있다.

❷ 꽃은 4~5월에 십자 모양의 연한 보라빛 핑크로 핀다.

❸ 갓 피어난 꽃을 채취하여 저온에서 덖음을 하여 무 꽃차를 완성한다.

❹ 꽃이 지고 나면 꼬투리 속에 씨가 들어 있다.

❺ 7~8월에 익은 갈색 씨를 채취하여 중온에서 덖음과 식힘을 반복하여 나복자차를 완성한다.

❻ 무는 채 썰어 반건조하여 고온에서 덖음과 식힘을 반복으로 구증구포의 원리에 의하여 무차를 완성한다.

❼ 무 잎은 깨끗이 씻어서 1cm 길이로 잘라서 살청 → 유념 → 건조 과정을 거쳐서 무 잎차를 완성한다.

▌ 태음인 한증과 꽃차

율무 (의이인薏苡仁)

의이인(율무)의 약성

- 맛이 달고 성질은 조금 차다.
- 폐의 위기를 열어준다.
- 폐옹과 폐위를 치료한다.
- 풍과 습비濕痹를 제거한다.
- 음식을 소화시키고 식욕을 당기게 한다.

폐의 위기를 열어주어 음식을 소화시키고 식욕을 당기게 한다.
開肺之胃氣而消食進食
의이인은 맛이 달다. 습기로 말미암아 뼈가 저리는 것을 전적으로 제거하고, 근육과 혈맥이 잡혀서 경련이 일어나는 것을 풀어주며, 폐옹肺癰과 폐위肺痿를 치료한다. 의이인은 폐의 위기胃氣를 열어주어 음식을 소화시키고 식욕을 당기게 한다.　　　　　　　　　　『동무유고』

태음인 병이 한궐(양기가 허하고 음기가 왕성해서 생긴 궐증) 4일에 무한자無汗者는 중증이고, 한궐 5일에 무한자는 험증이니, 마땅히 웅담산을 쓰거나 혹 한다열소탕에 제조(蠐螬) 5, 7, 9개를 가하되 대변이 묽으면 반드시 건율·의이인 등을 써야 하고 대변이 굳으면 갈근·대황 등속을 써야 한다. 만약 이마, 눈두덩 위에서 땀이 보이면 스스로 병이 낫기를 기다리며 병이 나은 뒤에도 약을 써서 조리해야 한다. 그렇지 않으면 후유증이 생길 우려가 있다. 『동의수세보원』

율무는 비를 건장하게 하고 위를 보익하며, 폐를 보하고 열을 내리고, 풍을 제거하고 습을 물리친다. 밥을 지어 먹으면 냉기를 치료한다. 달여서 마시면 열림에 오줌을 잘 나오게 한다. 허하면 그 어미가 되는 장부를 치료해야 하므로, 폐위·폐옹에 이 약을 사용한다. 『본초정화』

율무는 폐위肺痿나 폐기肺氣로 피고름을 토하고 기침하는 데 주로 쓴다. 또, 풍습비로 근맥이 당기는 것과 건각기·습각기에 주로 쓴다. 『동의보감』

의이인과 태음인의 마음작용·몸 기운(心氣·生氣)

태음인은 '간대폐소肝大肺小'로 간肝의 기운이 크고 폐肺의 기운이 작은 사람이다. 또 희성락정喜性樂情으로 희성기喜性氣와 락정기樂情氣의 성·정性情을 가지고 있다. 따라서 태음인은 작은 장국인 폐의 심기心氣나 생기生氣가 부족하고, 잘하지 못한다.

『동무유고』, 「동무약성가」에서 밝힌 율무의 약성은 '폐옹肺癰과 폐위肺痿를 치료 한다. 율무는 폐의 위기를 열어 주어 음식을 소화시키고 식욕을 당기게 한다.(肺癰肺痿, 薏苡仁, 開肺之胃氣, 而消食進食.)'이다. 율무는 폐약肺藥으로, 폐의 고름 섞인 가래나 마비증상을 치료하고, 폐의 위기胃氣를 열어주는 태음인 한증의 꽃차이다.

먼저 태음인의 마음작용(心氣)과 율무를 보면, 「사단론」에서는 '폐의 기운은 곧고 펼쳐진다.(肺氣 直而伸)'고 하였다. 율무는 폐의 나쁜 기운을 몰아내기 때문에 태음인이 느슨하게 널리 베푸는 작용을 한다.

또 태음인은 항상 겁내는 마음을 가지고 있는데, 율무는 폐의 가래나 마비증상을 치료하여 밖으로 사람들의 행동을 살펴서 겁내는 마음을 고요하게 한다.

다음 태음인의 몸 기운(生氣)과 율무를 보면, 「장부론」에서는 "폐는 사무를 단련하고 통달하는 애哀의 힘으로 니해의 맑은 즙을 빨아내어 폐에 들어가 폐의 원기를 더해주고, 안으로는 진해를 옹호하여 수곡의 온기를 고동시킴으로써 그 진津을 엉겨 모이게 한다.(肺, 以鍊達事務之哀力, 吸得膩海之淸汁, 入于肺, 以滋肺元而內以擁護津海, 鼓動其氣, 凝聚其津.)"라고 하였다. 즉, 율무가 폐를 청소하는 것은 니해膩海의 맑은 즙을 폐가 잘 흡득하게 하는 것이다.

특히 율무가 폐의 위기胃氣를 열어주는 것은 태음인 폐약肺藥이면서 중상초中上焦인 위胃에 작용한다는 것이다. 「장부론」에서는 "수곡의 열기가 위로부터 고膏로 변화하여 양 젖가슴(兩乳) 사이로 들어가 고해膏海가 되니, 고해는 고가 있는 곳이다. 고해의 청기가 목目에서 나와 기氣가 되고(水穀熱氣, 自胃而化膏, 入于膻間兩乳, 爲膏海, 膏海者, 膏之所舍也, 膏海之淸氣, 出于目而爲氣.)"라고 하고, "고해의 탁한 찌꺼기는 위가 머물러 쌓는 힘으로 그 탁한 찌꺼기를 취하여 위를 보익해주고(膏海之濁滓則胃, 以停畜之力, 取其濁滓而以補益胃.)"라고 하였다.

즉, 율무는 수곡의 열기가 생성되는 위胃의 기운을 열어주는 것으로, 고해膏海의 탁한 찌꺼기가 위에 머물러 쌓는 힘을 길러주는 것이다. 고해는 진액津液이 변화 생성된 고체 상태의 기름이다. 따라서 율무는 중상초中上焦인 수곡열기에 작용하는 꽃차로, 옆의 그림에서 양 젖가슴(양유, 兩乳)에 있는 고해膏海의 탁한 찌꺼기가 위胃를 잘 보익하게 한다.

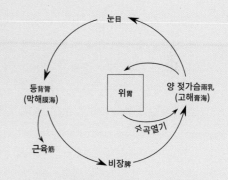

수곡열기水穀熱氣

수곡열기水穀熱氣는 위胃에서 시작하여 양 젖가슴(兩乳, 膏海)로 들어가고, 눈(目, 氣)로 나와서 다시 등(背膂, 膜海)으로 들어가고, 비장으로 돌아가서 비장에서 다시 양 젖가슴으로 고동하여 순환한다.

율무 블렌디드 한방꽃차

'율무 블렌디드 한방꽃차'는 『동의수세보원』제4권 「새로 정한 태음인의 병에 응용하는 중요한 약 24가지 방문」에 있는 한다열소탕(寒多熱少湯, 의이인 3돈, 나복자 2돈, 맥문동·길경·황금·행인·마황 각1돈, 건율 7개)을 근거로 하여, 율무에 행인과 건율을 블렌딩하였다.

한다열소탕에서 율무와 행인(살구씨), 건율(밤)을 블랜딩한 것은 율무는 성질이 한寒해서 따뜻한 성질의 행인을 추가하고, 폐에 기를 열어 마음을 안정시키는 밤을 추가한 것이다.

한다열소탕 용례

태음인 한 사람의 평소 병이 목안이 건조하고 얼굴빛이 청백하며 몸이 차고 설사를 하는 증세가 있었다. 목안이 건조한 것은 간열이고 얼굴이 청백하며 몸이 차고 혹 설사 하는 것은 위완한胃脘寒이다. 이 병은 표리가 모두 병이 된 것이니 평소 병이 매우 중重한 것이다. 이 사람이 온병이 전염되었는데 그 증세가 병이 시작하여 풀리기까지 20일 사이에 대변이 처음에는 활 혹 설사하기도 하고 중간은 활하다가 끝에 가서는 건조한 대변을 보기도 한다. 이와 같이 하기를 매일 3, 4회씩 보지 않는 날이 없었다. 그리하여 처음 약은 한다열소탕을 쓴다.　　　　　『동의수세보원』

한궐寒厥을 앓은 지 4, 5일이 지나도 땀이 없는 것을 치료한다. 태음인에게 한궐이 생긴지 4일이 되어도 땀이 나지 않는 것은 중증重症이다. 5일이 되어도 땀이 나지 않는 것은 험증險症이니 웅담산 혹은 한다열소탕에 제조蠐螬 5~7개를 더해 쓴다.　　　　　『동의사상신편』

율무에 살구씨를 같이 쓰면 폐열을 치료하고, 상초의 풍조를 치료하고, 흉격의 기운이 거스르는 것을 이롭게 하고, 대장의 기비氣秘를 치료한다. 맺힌 것을 풀고 마른 것을 윤택하게 하여, 폐중의 풍열해수를 제거한다.　　　　　『본초정화』

율무에 밤을 같이 쓰면 기를 보하고 장위腸胃를 두텁게 하며, 신기腎氣를 보하고 배고프지 않게 한다.　　　　　『동의보감』

블렌딩한 살구씨와 밤은 폐에 열을 치료하여 대장의 기비氣秘를 치료하고, 맺힌 것을 풀어 폐 가운데 풍열과 해수를 제거한다. '율무 블렌디드 한방꽃차'는 폐장의 위기를 열어 소화를 시켜 속이 편안하게 하고, 땀이 나게 하여 얼굴을 윤택하게 한다.

의이인(율무) 꽃차의 제다법

생약명
의이인薏苡仁(열매를 말린 것)

이용부위
열매, 잎

개화기
6월

채취시기
잎(여름), 열매(가을)

독성여부
무독無毒

의이인(열매, 잎)차, 살구씨(꽃, 과육, 씨)차, 밤(꽃, 열매)차를 블렌딩한 한방꽃차의 우림한 탕색은 맑은 갈색으로 향기는 밤꽃의 꿀향기가 코끝을 촉촉하게 한다. 맛은 구수하면서 감칠맛의 지속성이 높다.

❶ 율무는 열매, 잎을 차로 제다하여 음다할 수 있다.

❷ 잎은 여름에 채취하여 깨끗이 씻어서 물기를 제거한다.

❸ 살청 → 유념 → 건조하여 율무 잎차를 완성한다.

❹ 율무는 증제하여 구증구포의 원리에 의하여 덖음과 식힘을 반복하여 율무차를 완성한다.

승마升麻

승마의 약성

- 맛이 달고 쓰며, 성질이 차다.
- 독을 풀어준다.
- 치통을 치료한다.
- 위열을 내려준다.
- 독한 역병을 치료한다.

승마는 성질이 차다. 위열胃熱을 씻고 독을 풀며, 아래로 빠진 것을 끌어올리고, 치통齒痛을
몰아낸다. 『동무유고』

온병에 전염되어 입맛을 잃고 아무것도 먹지를 못한다. 곧, 태음조위탕에 승마·황금 각돈을 가하여 계속 10일간 복약하게 하였더니 얼굴에서 땀이 흐르고 역기도 약간 덜 하는데 대변을 이틀간 보지 못하므로 곧 갈근승기탕을 5일간 썼더니 5일 동안 죽을 2배로 먹고 역기도 대감하면서 병이 풀리는 것이다. 또한 태음조위탕에 승마·황금을 가하여 40일간 조리시켰더니 역기는 이미 풀렸고 본래 앓던 병증도 완치되었다.

『동의수세보원』

승마는 온갖 독을 풀고, 온갖 정로물精老物과 앙귀殃鬼를 없애며, 온역을 일으키는 사기邪氣와 장기를 물리치고, 고독이 입에 들어간 것을 다 토해내게 하며 중악복통과 계절적으로 유행하는 독한 역병과 머리가 아프고 오한 발열이 있는 것과 풍으로 붓는 것과 모든 독과 목구멍이 아프고 입에 부스럼이 생긴 것 등을 치료한다. 오래 복용하면 요절하지 않는다.

『본초정화』

비비(脾痺 비장의 병증)는 승마가 아니면 없앨 수 없다. 썰어서 물에 달여 먹는다.

『동의보감』

승마와 태음인의 마음작용 · 몸 기운(心氣·生氣)

『동무유고』, 「동무약성가」에서 밝힌 승마의 약성은 '위열을 씻고 독을 풀어준다.(淸胃解毒.)'이다. 승마는 폐약肺藥으로, 위열胃熱을 맑게 씻어주고 독을 풀어주는 태음인의 꽃차이다.

먼저 태음인의 마음작용(心氣)과 승마를 논하면, 「사단론」에서는 '폐의 기운은 곧고 펼쳐진다.(肺氣 直而伸)'고 하였다. 승마는 태음인의 약으로 폐의 기운을 안정되게 하기 때문에 느슨한 마음으로 널리 확산하여 베풀게 한다.

다음 태음인의 몸 기운(生氣)과 승마를 보면, 승마는 태음인의 위기胃氣와 관계되는 것으로, 「장부론」에서는 "수곡의 열기가 위로부터 고膏로 변화하여 양 젖가슴(兩乳) 사이로 들어가 고해膏海기 되니, 고해는 고가 있는 곳이다. 고해의 청기가 목目에서 나와 기氣가 되고(水穀熱氣, 自胃而化膏, 入于膻間兩乳,

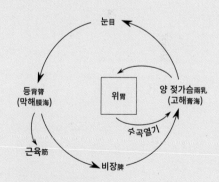

수곡열기水穀熱氣
수곡열기水穀熱氣는 위胃에서 시작하여 양 젖가슴(兩乳, 膏海)로 들어가고, 눈(目, 氣)로 나와서 다시 등(背膂, 膜海)으로 들어가고, 비장으로 돌아가서 비장에서 다시 양 젖가슴으로 고동하여 순환한다.

爲膏海, 膏海者, 膏之所舍也, 膏海之淸氣, 出于目而爲氣.)"라고 하고, "고해의 탁한 찌꺼기는 위가 머물러 쌓는 힘으로 그 탁한 찌꺼기를 취하여 위를 보익해주고(膏海之濁滓則胃, 以停畜之力, 取其濁滓而以補益胃.)"라고 하였다.

즉, 승마는 위胃의 열을 맑게 해주어 수곡열기가 잘 생성되게 하고, 양 젖가슴에 있는 고해膏海의 탁한 찌꺼기가 위에 머물러 쌓는 힘을 길러주는 것이다. 따라서 승마는 비당脾黨의 기인 수곡열기에 작용하는 꽃차로, 앞의 그림에서 양 젖가슴(양유, 兩乳)에 있는 고해膏海의 탁한 찌꺼기가 위胃를 잘 보익하게 한다.

승마 블렌디드 한방꽃차

'승마 블렌디드 한방꽃차'는 『동의수세보원』 갑오구본 제4권 「새로 만든 태음인의 병에 응용할 수 있는 중요한 약 17가지 방문」에 있는 승마개뇌탕(升麻開腦湯, 승마 3돈, 맥문동·천문동·오미자·산조인·길경·황금·마황·행인·갈근·관동화·백지·대황 각1돈)에 바탕하여, 승마에 산조인과 관동화를 블렌딩하였다.

승마개뇌탕에서 산조인(멧대추 씨)과 관동화를 블렌딩한 것은 산조인은 승마의 쓴맛을 유연하게 하기 위하여 추가하고, 관동화는 한증을 완화하기 위하여 추가한 것이다.

승마개뇌탕 용례

태음인 병에 한궐이 4일 동안 지속이 되어도 땀이 없는 것은 중증이며, 한궐이 5일 동안 지속이 되어도 땀이 없는 것은 위중이다. 갈근해기탕을 써야 하니 웅담 3푼을 타서 복용하고, 또 연이어 갈근해기탕을 써서 두세 번 복용한다. 그 다음날 낮에는 길경생맥산을 복용하고 밤에는 갈근해기탕을 복용하니, 매일 이렇게 복용하기를 혹은 8, 9일, 10여 일을 하면 병이 완전히 풀리게 된다. 만약 웅담이 없으면 승마개뇌탕을 써야 하니 두세 번 복용한다.　　　　『동의수세보원』

승마개뇌탕은 한궐 증상이 4–5일 되도록 땀이 나오지 않는 것을 치료한다.   『동의사상신편』

승마에 산조인을 같이 쓰는 것은 가슴이 답답하여 잠을 이루지 못할 때이다. 배꼽 위아래가 아프고 하혈이 장기간
지속되거나, 허해서 땀을 흘리거나 갑갑하면서 갈증이 날 때 쓴다. 중초를 보하고 간기를 북돋고, 근골을 단단하게 하
며 음기를 도와 사람으로 하여금 살찌고 튼튼하게 한다.   『본초정화』

승마에 관동화를 같이 쓰면 관동화 해역과 상기와 잦은 천식과 후비와 경간과 한사나 열사에 사용한다. 소갈과 천식
으로 호흡이 가쁜 것을 치료한다. 한열허실에 다 사용할 수 있다.   『본초정화』

블렌딩한 산조인과 관동화는 중초를 보하고 간기를 북돋아 열로 인해 피곤하고 기침이 나는 증상, 소갈, 천식, 호흡
이 가쁜 것을 치료한다. '승마 블렌디드 한방꽃차'는 폐장을 윤택하게 하고, 간을 깨끗하게 하여 눈을 밝게 한다.

승마 꽃차의 제다법

승마(꽃, 잎, 뿌리)차, 산조인(꽃, 잎, 씨)차, 관동화(꽃, 잎, 뿌리)차를 블렌딩한 한
방꽃차의 우림한 탕색은 맑은 오렌지색이고, 향기는 싱그러운 청향이 난다. 맛
은 쓰면서 달콤하고 농후하다.

생약명
승마(뿌리 줄기를 말린 것)

이용부위
꽃, 잎, 뿌리

개화기
8~9월

채취시기
잎(봄~여름), 뿌리(가을~봄)

독성 여부
무독無毒

❶ 승마는 꽃, 잎, 뿌리를 차로 제다하여 음용할 수 있다.

❷ 꽃은 8~9월에 갓 피어나는 하얀꽃을 채취한다.

❸ 채취한 승마 꽃은 저온으로 덖음을 하여 승마 꽃차를 완성한다.

❹ 승마 잎도 채취하여 다듬어 2~3cm로 잘라서 고온에서 살청 → 유념 → 건조과정으로 잎차를 완성한다.

❺ 뿌리는 가을~겨울에 채취하여 깨끗이 씻어서 얇게 썰어서 덖음과 식힘을 반복하여 승마 뿌리차를 완성한다.

연꽃씨 (연육蓮肉)

연육(연꽃씨)의 약성

- 맛이 달고 떫으며, 성질이 평온하다.
- 위기를 열어준다.
- 음식을 소화시키고 식욕을 촉진한다.
- 비장을 튼튼하게 한다.
- 설사를 멈추게 한다.

폐의 위기를 열어주어 음식을 소화시키고 식욕을 당기게 한다.
開肺之胃氣而消食進食

연육은 맛이 달다. 비장을 튼튼하게 하고 위기胃氣를 다스리며, 설사를 멈추고 정액精液이 쉽게 나가지 않게 한다. 심열心熱을 씻어내고 기를 보양補養한다. 연육은 폐의 위기胃氣를 열어주어 음식을 소화시키고 식욕을 당기게 한다.

『동무유고』

태음인 병증에 몽설병(태음인의 간열열증온병으로 간조열증을 치료하는 처방으로 다스린다.)이 있는데 그 병은 허로인 것으로 생각과 근심이 많은 것에 상한 것이니 매우 중하고 어려워 급히 치료하지 않으면 안 되며 반드시 탐욕을 금하고 치락을 경계해야 한다. 이 병증에는 청심산약탕, 청심연자탕에 용골 1돈을 가해서 써야 한다.　　　　　『동의수세보원』

연자육은 심신을 서로 교통하게 하고 장위를 두텁게 하고, 정기를 굳건하게 하고, 근골을 강하게 하고 허손한 것을 보하고, 귀와 눈을 통하게 하고, 한습을 제거하여 비설구리(脾泄久痢 설사)와 적백탁(피고름 섞인 대변)·여인대하·붕중(자궁출혈)과 모든 혈병을 치료한다. 복령 산약 백출 구기자 등과 같이 사용하면 좋다. 검은 껍데기를 잘라 제거하고, 물에 담가 적피赤皮와 청심靑心을 제거하고 날로 먹으면 아주 좋다. 오장부족과 중초를 손상한 것을 치료하고, 12경맥의 혈기를 보익한다.　　　　　『본초정화』

연자육은 갈증을 멎게 하고 포를 떨어지게 하고 어혈을 깨며, 출산 후에 입이 마르는 것과 심폐조번心肺躁煩을 치료한다.　　　　　『본초정화』

연자육은 주로 오장의 기가 부족한 데 쓴다. 정신과 혼백을 안정시키고 눈을 밝게 하며, 심을 열어 지혜를 더하고 허손을 치료하며, 곽란으로 구토하고 딸꾹질하는 것을 멎게 하고 폐위로 고름을 토하는 것을 치료하며, 담을 삭인다.　　　　　『동의보감』

연육과 태음인의 마음작용 · 몸 기운(心氣 · 生氣)

『동무유고』, 「동무약성가」에서 밝힌 연육의 약성은 '비장을 튼튼하게 하고 위기胃氣를 다스리며, 설사를 멈추고 정액精液이 쉽게 나가지 않게 한다. 심열心熱을 씻어내고 기를 보양補養한다. 연육은 폐의 위기胃氣를 열어주어 음식을 소화시키고 식욕을 당기게 한다.(健脾理胃, 止瀉澁精, 淸心養氣, 開肺之胃氣而消食進食.)'이다. 연육은 폐약肺藥으로, 폐의 위기胃氣를 열어주고, 비장을 튼튼하게 하고 정액을 껄끄럽게 하는 태음인 한증의 꽃차이다.

먼저 태음인의 마음작용(心氣)과 연육을 보면, 「사단론」에서는 '폐의 기운은 곧고 펼쳐진다. 비장의 기운은 엄숙하지만 감싸 안는다.(肺氣 直而伸, 脾氣 栗而包)'고 하였다. 율무는 폐와 비장의 기운에 작용하는 것으로 태음인이 느슨하지만 널리 확산하여 베풀게 하고, 온화하게 포용하지만 정직한 마음을 놓치지 않게 한다.

또 태음인은 항상 겁내는 마음을 가지고 있는데, 연육은 마음의 열을 씻어주고 기운을 보양하여 밖으로 사람들의 행동을 살펴서 겁내는 마음을 고요하게 한다.

다음 태음인의 몸 기운(生氣)과 연육을 보면, 「장부론」에서는 "폐는 사무를 단련하고 통달하는 애哀의 힘으로 니해의 맑은 즙을 빨아내어 폐에 들어가 폐의 원기를 더해주고, 안으로는 진해를 옹호하여 수곡의 온기를 고동시킴으로써 그 진津을 엉겨 모이게 한다.(肺, 以鍊達事務之哀力, 吸得膩海之淸汁, 入于肺, 以滋肺元而內以擁護津海, 鼓動其氣, 凝聚其津.)"라고 하였다. 즉, 연육이 니해膩海의 맑은 즙을 폐가 잘 흡수하여 얻게 하는 것이다.

특히 연육은 비장을 튼튼하게 하고 위를 다스리는데, 「장부론」에서는 "비장은 교우를 단련하고 통달하는 노怒의 힘으로 막해의 맑은 즙을 빨아내어 비에 들어가 비의 원기를 더해주고, 안으로는 고해를 옹호하여 수곡의 열기를 고동시킴으로써 그 고膏를 엉겨 모이게 한다.(脾, 以鍊達交遇之怒力, 吸得膜海之淸汁, 入于脾, 以滋脾元而內以擁護膏海, 鼓動其氣, 凝聚其膏.)"라 하고, "수곡의 열기가 위胃로부터 고膏로 변화하여 양 젖가슴(兩乳) 사이로 들어가 고해膏海가 되니, 고해는 고가 있는 곳이다. 고해의 맑은 기운이 목目에서 나와 기氣가 되고(水穀熱氣, 自胃而化膏, 入于膻間兩乳, 爲膏海, 膏海者, 膏之所舍也, 膏海之淸氣, 出于目而爲氣.)"라고 하였다.

또 연육은 율무와 같이 폐의 위기胃氣를 열어주는데, 「장부론」에서는 "고해의 탁한 찌꺼기는 위가 머물러 쌓는 힘으로 그 탁한 찌꺼기를 취하여 위를 보익해주고(膏海之濁滓則胃, 以停畜之力, 取其濁滓而以補益胃.)"라고 하였다.

즉, 연육은 수곡열기가 생성되는 위胃의 기운을 열어주는 것으로, 고해膏海의 탁한 찌꺼기가 위에 머물러 쌓는 힘을 길러주는 것이다. 따라서 연육은 비당脾黨의 기인 수곡열기水穀熱氣에 작용한 꽃차로, 옆의 그림에서 양 젖가슴(양유, 兩乳)에 있는 고해膏海의 탁한 찌꺼기가 위胃를 잘 보익하게 한다.

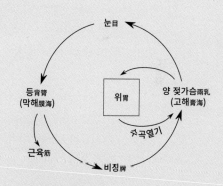

수곡열기水穀熱氣
수곡열기水穀熱氣는 위胃에서 시작하여 양 젖가슴(兩乳, 膏海)로 들어가고, 눈(目, 氣)로 나와서 다시 등(背膂, 膜海)으로 들어가고, 비장으로 돌아가서 비장에서 다시 양 젖가슴으로 고동하여 순환한다.

연육 블렌디드 한방꽃차

'연육 블렌디드 한방꽃차'는 『동의수세보원』 갑오구본 제4권 「새로 만든 태음인의 병에 응용할 수 있는 중요한 약 17가지 방문」에 있는 청심산약탕(淸心山藥湯, 연자육·산약 각2돈, 천문동·맥문동·원지·석창포·산조인·용안육·백자인·황금·나복자 각 1돈, 감국화 3푼)에 바탕하여, 연육에 황금과 국화를 블렌딩하였다.

청심산약탕에서 황금과 국화를 블렌딩한 것은 황금(속썩은 풀)은 찬 성질로서 간열을 내려 눈을 맑게 하기 위하여 추가하고, 국화는 폐열을 내려 머리를 맑게 하기 위하여 추가한 것이다.

청심산약탕 용례

태음인 병증에 몽설병이 있는데 그 병은 허로인 것으로 생각과 근심이 많은 것에 상한 것이니 매우 중하고 어려워 급히 치료하지 않으면 안 되며 반드시 탐욕을 금하고 치락(사치를 즐김)을 경계해야 한다. 이 병증에는 청심산약탕, 청심연자탕에 용골 1돈을 가해서 써야 한다. 　　『동의수세보원』

허로몽설과 복통이 없는 설사, 중풍으로 혀가 말려 말을 못하는 것을 치료한다. 　　『동의수세보원』

연자육에 황금을 같이 쓰면 모든 열과 황달·장벽으로 인한 설리(泄痢)를 다스리고, 수기를 빼내며 혈이 막힌 것을 내리고, 고질적인 창저(온갖 부스럼)로 썩어 들어간 것·불에 데인 것을 다스리며 담열과 위중의 열을 치료하고, 아랫배가 꼬이면서 아픈 것을 치료하며 음식을 소화시키고 소장을 유익하게 하며, 여자가 혈이 막힌 것·소변을 방울방울 보는 것·하혈을 하는 것 등을 치료하고, 소아의 복통을 다스린다. 　　『본초정화』

연자육에 감국을 같이 쓰면 예막(붉은색이나 푸른색 또는 흰색의 막이 눈자위를 덮는 눈병)을 없애고 눈을 밝게 하며, 눈의 혈을 길러준다. 내장(內障)을 치료하고 바람 불면 눈물이 나는 것을 멎게 한다. 　　『동의보감』

블렌딩한 황금과 국화는 혈이 막힌 것을 내리고, 담열과 위중의 열을 치료한다. 눈을 밝게 하고, 눈의 혈을 길러준다. '연육 블렌디드 한방꽃차'는 담에 열을 내려 중초를 보호하여 몸을 가볍게 하고 머리를 맑게 한다.

연 꽃차의 제다법

생약명
연육, 연실(익은 씨를 말린 것)

이용부위
꽃, 잎, 씨, 뿌리

개화기
7~8월

채취시기
씨(8~9), 잎(여름), 뿌리(가을~봄)

독성 여부
무독無毒

연육(연꽃, 연자, 잎, 연근)차, 황금(꽃, 잎, 뿌리)차, 국화(꽃, 잎)차를 블렌딩한 한 방꽃차의 우림한 탕색은 연미색으로 향기는 산뜻한 청향이 난다. 맛은 달콤하고 신선하며 청량감이 있다.

❶ 연꽃은 꽃, 잎, 뿌리, 연자육을 차로 제다하여 음용할 수 있다.

❷ 연꽃은 7~8월에 갓 피어난 꽃이나 피려고 하는 꽃봉오리를 채취하여 통꽃으로 덖는 방법과 꽃잎을 한 잎 한 잎 떼어서 덖는 방법이 있다.

❸ 통꽃으로 덖을 때에는 시간이 오래 걸린다.

❹ 연잎은 8~9월에 채취하여 깨끗이 씻어서 1cm 간격으로 잘라서 살청 → 유념 → 건조 과정으로 연잎차를 완성한다.

❺ 연근은 가을~봄에 채취하여 껍질을 벗겨서 얇게 썰어서 끓는 물에 살짝 튀겨서 물기를 제거하고 덖음하여 연근차를 완성한다.

❻ 연자육은 연꽃의 씨로써 증제를 하여 납작납작하게 썰어서 덖음으로 연자육차를 완성한다.

창포菖蒲

창포의 약성

- 맛이 쓰고, 성질이 따뜻하다.
- 폐기를 고르게 조절한다.
- 심규를 열어 통하게 한다.
- 풍을 제거한다.
- 목청을 좋게 해준다.

석창포는 뒤섞인 폐기肺氣를 가지런히 하고 고르게 조절한다.

石菖蒲 錯綜肺氣 參伍匀調

창포는 성질이 따뜻하다. 마음을 열어 구멍이 통하게 하고, 비증과 풍을 제거하며, 목청이 고와지게 하는 기묘한 약이다. 석창포는 뒤섞인 폐기를 가지런히 하고 고르게 조절한다.

『동무유고』

원지·석창포 분말 각돈씩을 입에 넣어주고 이어서 조각가루 3푼을 코에다가 불어넣는다. 이 병증에 손발에 경련을 일으키고 목이 뻣뻣해지면 위험한 것이다. 곁에 있는 사람들이 손으로 환자의 두 손목을 잡고 양쪽 어깨를 좌우로 운동시켜 주어야 하며 또 환자의 두 발목을 잡고서 양 무릎을 굴신시킨다. 태음인 중풍은 환자의 양쪽 어깨와 다리를 요동시켜 주는 것이 좋다.

『동의수세보원』

창포는 풍한습으로 인한 비증과 기침을 하면서 기가 위로 치솟는 것을 치료하며, 심공을 열어주고 오장을 보하며 구규를 통하게 하고 눈과 귀를 밝게 해주며, 오래 복용하면 몸이 가볍고 건망증을 없애주고 기억력을 더해주며 마음을 높이 갖게 하고 수명을 늘려주고 늙지 않게 한다.

『본초정화』

창포는 주로 오장의 기가 부족한 데 쓴다. 정신과 혼백을 안정시키고 눈을 밝게 하며, 심을 열어 지혜를 더하고 허손을 치료하며, 곽란으로 구토하고 딸꾹질하는 것을 멎게 하고 폐위로 고름을 토하는 것을 치료하며, 담을 삭인다.

『동의보감』

창포와 태음인의 마음작용·몸 기운(心氣·生氣)

『동무유고』, 「동무약성가」에서 밝힌 창포의 약성은 '마음을 열어 구멍이 통하게 하고, 비증과 풍을 제거하며, …… 뒤섞인 폐기를 가지런히 하고 고르게 조절한다.(開心通竅, 去痺除風, …… 錯綜肺氣, 參伍均調)'이다. 창포는 폐약肺藥으로, 마음을 열고 구멍을 통하게 하며, 착종된 폐의 기운을 가지런히 고르게 하는 태음인의 꽃차이다.

먼저 태음인의 마음작용(心氣)과 창포를 논하면, 「사단론」에서는 '폐의 기운은 곧고 펼쳐진다.(肺氣 直而伸)'고 하였다. 창포는 폐의 기운을 가지런히 하고 고르게 하기 때문에 마음의 기운을 열어 편안한 마음으로 온화하면서노 정직하게 한다. 또 태음인은 항상 겁내는 마음을 가지고 있는데, 창포는 폐의 기운을 가지런히 하고 고르게 하여 밖으로 사람들의 행동을 살펴서 겁내는 마음을 고요하게 한다.

다음 태음인의 몸 기운(生氣)과 창포를 보면, 「장부론」에서는 "폐는 사무를 단련하고 통달하는 애哀의 힘으로 니해의 맑은 즙을 빨아내어 폐에 들어가 폐의 원기를 더해주고, 안으로는 진해를 옹호하여 수곡의 온기를 고동시킴으로써 그 진津을 엉겨 모이게 한다.(肺, 以鍊達事務之哀力, 吸得膩海之淸汁, 入于肺, 以滋肺元 而內以擁護津海, 鼓動其氣, 凝聚其津.)"라고 하였다. 즉, 창포가 폐의 기운을 고르 게 하여 진해津海를 옹호하고 그 기운을 움직여서 진액津液을 엉겨 모이게 하 는 것이다.

또한 『동의수세보원』 제4권 「태양인 내촉소장병론太陽人 內觸小腸病論」에서는 "태음인의 희성喜性이 귀(이, 耳)와 두뇌頭腦의 기운을 상하게 하고, 락정樂 情이 폐와 위완胃腕의 기운을 상하게 한다.(太陰人, 喜性傷鼻腰脊氣, 樂情傷肺胃 腕氣.)"라고 하여, 태음인의 한증은 희성기喜性氣와 관계됨을 밝히고 있다. 즉, 태음인 한증은 표병表病으로 희성기性氣와 연계되기 때문에 옆의 그림에 서는 귀(이, 耳)에서 두뇌頭腦로 가는 표기表氣에 해당된다. 따라서 창포는 태 음인의 '위완수한표한병'에 음다하는 꽃차로, 폐당肺黨의 기인 수곡온기水穀 溫氣의 겉 기운을 잘 흐르게 한다.

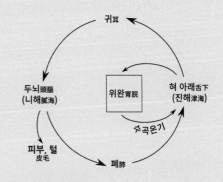

수곡온기水穀溫氣
수곡온기水穀溫氣는 위완胃腕에서 시작하여 혀 아래(舌下, 津海)로 들어가고, 귀(耳, 神)로 나와서 다시 두뇌(頭腦, 膩海)로 들어가고, 폐로 돌아가서 폐 에서 다시 혀 아래로 고동하여 순환한다.

창포 블렌디드 한방꽃차

'창포 블렌디드 한방꽃차'는 『동의수세보원』 제4권 「새로 정한 태음인의 병에 응용하는 중요한 약 24가지 방문」에 있는 석창포원지산(石菖蒲遠志散, 원지·석창포 각1돈)에 바탕하여, 석창포에 원지를 블렌딩하였다.
석창포원지산에서 석창포에 원지를 블렌딩한 것은 태음인의 한증寒症을 돕기 위하여 원지를 추가한 것이다.

석창포원지산 용례

졸중풍병으로 가슴이 가로막혀 틀어 막힌 소리가 있으면서 눈을 부릅뜨는 경우에는 반드시 써야 한다. 이 약은 이 병과 증에는 쓸 수 있으나, 다른 병과 증에 써서는 안 된다. 얼굴빛이 푸르거나 희면서 평소에 한증으로 표허한 사람이 중풍에 걸린 경우에는 웅담산·우황청심환·석창포원지산 등을 써야 하며, 과체산을 써서는 안 된다. 『동의수세보원』

갑작스런 경풍으로 아관긴급(이가 꽉 물려 입을 벌리지 못하는 병증)한 것을 치료한다. 졸중풍에 눈을 뜨지 못하며 손발이 오그라드는 것을 치료한다. 『동의사상신편』

창포에 원지를 같이 쓰면 원지는 태음인 원지·석창포 분말 각1돈씩을 입에 넣어주고 이어서 조각白角가루 3푼을 코에다가 불어넣는다. 이 병증에 손발에 경련을 일으키고 목이 뻣뻣해지면 위험한 것이다. 곁에 있는 사람들이 손으로 환자의 두 손목을 잡고 양쪽 어깨를 좌우로 운동시켜 주어야 하며 또 환자의 두 발목을 잡고서 양 무릎을 굴신시킨다. 태음인 중풍은 환자의 양쪽 어깨와 다리를 요동시켜 주는 것이 좋다. 『동의수세보원』

원지는 구규九竅를 통하게 하며 지혜를 더해주고, 눈과 귀를 밝혀주며 잊지 않게 하고, 의지를 굳게 하며, 힘을 배가한다. 오래 복용하면 몸이 가벼워지고 늙지 않는다. 장부에게 이로우며 심기를 안정시키고, 경계를 그치게 하며, 정精을 보익한다. 명치의 그득한 기운과 피부 속 열을 제거한다. 『본초정화』

블렌딩한 창포와 원지는 손발에 경련을 일으키고 목이 뻣뻣해시는 중풍을 치료하고, 구규를 통하게 하여 눈과 귀를 밝게 한다. '창포 블렌디드 한방꽃차'는 장부에 열을 식혀 심기를 안정시켜 지혜롭게 한다.

창포 꽃차의 제다법

생약명
석창포(뿌리, 줄기를 말린 것)

이용부위
꽃, 잎, 뿌리

개화기
5~7월

채취시기
잎(봄~가을), 뿌리(8~10월)

독성 여부
무독無毒

석창포(꽃, 뿌리)차, 원지(꽃, 줄기, 뿌리)차를 블렌딩한 한방꽃차의 우림한 탕색은 진한 오렌지색이고 향기는 순향이다. 맛은 약간 쓰고 매콤하다.

❶ 창포는 꽃, 잎, 뿌리차로 제다하여 음용할 수 있다.

❷ 꽃은 5~7월에 꽃이 필려고 하는 꽃봉오리나 갓 핀 꽃을 채취하여 덖음과 식힘을 반복하여 창포 꽃차를 완성한다.

❸ 잎은 봄~가을에 채취하여 1~2cm 길이로 잘라서 살청 → 유념 → 건조 과정으로 잎차를 완성한다.

❹ 뿌리는 가을과 겨울에 채취하여 깨끗이 씻어서 비늘잎과 잔뿌리를 제거한다.

❺ 다듬은 뿌리는 얇게 썰어서 덖음과 식힘을 반복하여 구증구포의 원리에 의하여 뿌리차를 완성한다.

머위꽃 (관동화款冬花)

관동화 (머위꽃)의 약성

- 맛이 달고 맵고 쓰며, 성질이 따뜻하다.
- 폐의 표사를 풀어준다.
- 가래를 삭인다.
- 폐옹과 천해를 치료한다.
- 기침을 치료한다.

폐의 표사를 풀어준다.

解肺之表邪

관동화는 맛이 달고 성질이 따뜻하다. 폐를 다스리고 가래를 삭이며, 폐옹肺癰과 천해喘欬를 치료하고, 열을 보補하며 속이 답답한 것을 없앤다. 관농화는 폐의 표사表邪를 풀어 준다.   『동무유고』

폐를 적시고 담을 삭이며 기침을 멎게 한다. 폐위肺痿와 폐옹肺癰으로 피고름을 토하는 것을 치료하고, 답답한 것을 없애며, 허로를 보한다. 한기寒氣로 서로 통하지 못하여 폐기肺氣가 통하지 못해 기침을 하고 가래가 많은 경우를 치료한다. 마황·패모·아교주 각2돈, 행인·감초(굽는다) 각돈, 지모·상백피·반하·관동화 각5푼. 이 약들을 썰어 1첩으로 하여 생강 3쪽을 넣어 물에 달여 먹는다.

『동의보감』

관동화는 해역과 상기와 잦은 천식과 후비와 경간과 한사寒邪나 열사熱邪에 사용한다. 소갈과 천식으로 호흡이 가쁜 것을 치료한다. 폐기肺氣와 심이 촉급한 것과 열과 노로 인한 기침과 폐위肺痿·폐옹肺癰으로 피고름을 토하는 것 등을 치료한다. 옛 처방에서는 폐를 따뜻하게 하여 기침하는 것을 치료하는 중요한 약재로 사용하였다. 기침을 앓은 지 오래된 경우에 연기를 마시고 삼키면 매우 효과가 좋다.

『본초정화』

관동화는 폐를 적시고 담을 삭이며 기침을 멎게 한다. 폐위와 폐옹으로 피고름을 토하는 것을 치료하고, 답답한 것을 없애며, 허로를 보한다.

『동의보감』

관동화와 태음인의 마음작용·몸 기운(心氣·生氣)

『동무유고』, 「동무약성가」에서 밝힌 관동화의 약성은 '폐를 다스리고 가래를 삭이며, 폐옹肺癰과 천해喘欬를 치료하고, 열을 보補하며 속이 답답한 것을 없앤다. 폐의 표사表邪를 풀어준다.(理肺消痰, 肺癰喘欬, 補熱除煩, 解肺之表邪.)'이다. 관동화는 폐약肺藥으로, 폐의 고름 섞인 가래나 거친 기침을 치료하고, 폐의 표사表邪를 풀어주는 태음인의 꽃차이다.

먼저 태음인의 마음작용(心氣)과 관동화를 보면, 「사단론」에서는 '폐의 기운은 곧고 펼쳐진다.(肺氣 直而伸)'고 하였다. 관동화는 폐를 다스리고 가래를 삭이며, 폐의 나쁜 기운을 몰아내기 때문에 널리 확산하여 베푸는 마음과 정직하게 포용하는 마음으로 작용한다.

또 태음인은 항상 겁내는 마음을 가지고 있는데, 관동화는 폐의 가래나 천식을 치료하여 밖으로 사람들의 행동을 살펴서 겁내는 마음을 고요하게 한다.

다음 태음인의 몸 기운(生氣)과 관동화를 보면, 「장부론」에서는 "폐는 사무를 단련하고 통달하는 애哀의 힘으로 니해의 맑은 즙을 빨아내어 폐에 들어가 폐의 원기를 더해주고, 안으로는 진해를 옹호하여 수곡의 온기를 고동시킴으로써 그 진津을 엉겨 모이게 한다.(肺, 以鍊達事務之哀力, 吸得膩海之淸汁, 入于肺, 以滋肺元而內以擁護津海, 鼓動其氣, 凝聚其津.)"라고 하였다. 관동화가 폐를 다스리고 폐의 가래와 기침을 치료하는 것은 폐의 원기를 더해 주어 진해津海를 옹호하고 진津을 엉겨 모이게 하는 것이다.

또한 관동화는 폐의 표사表邪를 풀어주는 약재로 폐당肺黨의 수곡온기水穀溫氣와 관계되고, 태음인 한증은 표병表病이기 때문에 옆의 그림에서는 귀(이, 耳)에서 두뇌頭腦로 가는 표기表氣에 해당된다. 따라서 관동화는 태음인의 '위완수한표한병'에 음다하는 꽃차로, 폐당肺黨의 기인 수곡온기水穀溫氣의 겉기운을 잘 흐르게 한다.

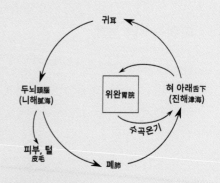

수곡온기水穀溫氣

수곡온기水穀溫氣는 위완胃脘에서 시작하여 혀 아래(舌下, 津海)로 들어가고, 귀(耳, 神)로 나와서 다시 두뇌(頭腦, 膩海)로 들어가고, 폐로 돌아가서 폐에서 다시 혀 아래로 고동하여 순환한다.

관동화 블렌디드 한방꽃차

'관동화 블렌디드 한방꽃차'는 『동의수세보원』 제4권 「새로 정한 태음인의 병에 응용하는 중요한 약 24가지 방문」에 있는 마황정천탕(麻黃定喘湯, 마황 3돈, 행인 1돈 5푼, 황금·나복자·상백피·길경·맥문동·관동화 각1돈, 백과(볶아서 누런빛을 띄는 것) 21개)에 바탕하여, 관동화(머위꽃)에 백과(은행)와 나복자(무씨)를 블렌딩하였다.

마황정천탕에서 백과와 나복자를 블렌딩한 것은, 관동화의 쓴맛을 완화하기 위하여 나복자를 추가하고, 폐의 한증寒症을 보하기 위하여 백과를 추가한 것이다.

마황정천탕 용례

태음인 병증에 효천병이 있으니 중증重證이다. 마땅히 마황정천탕을 써야 한다. 태음인 병증에 흉복통병이 있으니 위험증이다. 마땅히 마황정천탕을 써야 한다. 모든 병은 원래 처방이 있지만, 코 고는 소리가 나는 천식이 근심이 되니 제일 감당하기 어렵다. 환자가 이 선단의 약을 만나 복용한 후에 마황정천탕을 알 것이다. 효천을 치료하는 신묘한 처방이다.

『동의수세보원』

흉복통, 천식 기운을 다스린다.

『동의사상신편』

관동화에 나복자를 같이 쓰면, 더위 먹거나 중풍이 되어 말을 하지 못하고 사람을 알아보지 못하는 것을 치료한다.

『향약집성방』

관동화에 백과를 같이 쓰면 은행을 익혀 먹으면 쓴맛과 단맛이 조금씩 나고, 성질이 따뜻하고 약한 독이 있다. 많이 먹으면 여창(膓脹, 배가 불러오는 증상)이 생기게 된다. 폐를 따뜻하게 하고 기를 보익하여, 해수 천식을 멎게 하고 소변을 줄어들게 하고, 백탁을 멈추게 한다. 날것으로 먹으면, 담을 내리고 독을 없애고 살충한다.

『본초정화』

블렌딩한 나복자(무씨)와 백과(은행)는 대소변이 막혀 보지 못하는 증상을 치료하며, 해수 천식을 치료하고, 독을 없애고 살충한다. '관동화 블렌디드 한방꽃차'는 폐장을 따뜻하게 하여 기를 보익하고, 깔깔하고 답답한 가슴을 풀어 준다.

관동화(머위꽃) 꽃차의 제다법

관동화(꽃, 잎, 뿌리)차, 나복자(꽃, 씨, 잎, 무)차, 백과(여린잎, 단풍잎, 열매)차를
블렌딩한 한방꽃차의 우림한 탕색은 맑은 갈색이고 향기는 풋풋한 풀 향기가
난다. 매콤하면서 무직하게 담백한 맛이 난다.

생약
관동화(꽃봉오리 말린 것)
봉두근(뿌리 말린 것)
봉두채(줄기 말린 것)

이용부위
꽃, 잎, 줄기, 뿌리

개화기
4월

채취시기
잎(봄), 줄기(여름), 뿌리(가을)

독성 여부
무독無毒

① 관동화는 꽃, 잎, 뿌리를 차로 제다하여 음용할 수 있다.

② 관동화(머위꽃)는 4월에 흙 속에서 올라오는 꽃봉오리를 채취한다.

③ 꽃딩이를 한 숭이씩 딴다.

④ 중온에서 덖음과 식힘을 반복하여 머위 꽃차를 완성한다.

⑤ 머위 잎은 4월에 채취하여 깨끗이 씻어서 1cm 간격으로 썰어서 고온에서 살청 → 유념 → 건조과정으로 잎차를
완성한다.

⑥ 뿌리는 가을에 채취하여 깨끗이 씻어서 1cm 길이로 잘라서 고온에서 덖음과 식힘을 반복하여 뿌리차를 완성한다.

매실 (오매烏梅)

오매(매실)의 약성

- 맛이 시고, 성질이 따뜻하다.
- 폐기를 수렴한다.
- 진액이 생기게 한다.
- 설사와 이질을 치료한다.
- 기침을 치료한다.

오매는 맛이 시고 성질이 따뜻하다. 폐기를 수렴하고 갈증을 멈추며, 진액을 생기게 하고, 설사와 이질을 치료하여 편안하게 한다. 『동무유고』

해수(기침)를 치료한다. 오매육 3돈, 길경 행인 2돈, 상백피 관동화 1돈 반, 백과(볶은 것) 20개를 사용한다.

『동의수세보원』

경계는 생각이 많거나 크게 놀라서 생긴다. 심하면 가슴이 두근거리고 기절할 듯하다. 청심보혈탕·진사묘향산을 써야 한다. 기혈이 모두 허하면 양심탕을 써야 한다. 발작했다가 그쳤다가 하는 것은 담이 화火로 인해 움직이기 때문이다. 이때는 이진탕에 지실·맥문동·죽여·황련·치자·인삼·백출·당귀·오매, 생강 3쪽, 대추 1개를 넣고 달인 것에 죽력 3숟갈, 주사 가루 3푼을 타서 먹는다.

『동의보감』

오매는 폐기를 수렴하고 장을 껄끄럽게 한다. 오래된 해수와 설사와 이질·반위(구토)와 열격噎膈 및 회충으로 인한 구토와 설사를 멎게 하고, 종기를 없애고 벌레를 죽이고 생선독·마한독·유황독을 해독한다. 쪽빛이 짙은 매실을 따서 굴뚝 위에서 연기를 쐬어 검게 만든다. 만약 태운 벼를 담근 물에 적셔 쪄내면 매실이 통통하고 윤택해지고 좀이 슬지 않는다. 오매는 비와 폐 두 경락의 혈분약이다. 폐기를 거두어 마른기침을 멎게 할 수 있다. 폐는 수렴하고자 하므로 급히 신맛을 먹어 수렴시켜 주어야 한다.

『본초정화』

오매는 담을 없애고 갈증을 멎게 한다. 폐기를 수렴한다. 불면을 치료한다. 차로 마신다

『동의보감』

오매와 태음인의 마음작용·몸 기운(心氣·生氣)

『동무유고』, 「동무약성가」에서 밝힌 오매의 약성은 '폐기를 수렴하고 갈증을 멈추며, 진액을 생기게 하고, 설사와 이질을 치료하여 편안하게 한다.(收斂肺氣, 止渴生津, 能安瀉痢.)'이다. 오매는 폐약肺藥으로, 폐의 기운을 거두어들이고 진액을 생성시키는 태음인의 꽃차이다.

먼저 태음인의 마음작용(心氣)과 오매를 보면, 「사단론」에서는 '폐의 기운은 곧고 펼쳐진다.(肺氣 直而伸)'고 하였다. 오매는 폐의 기운을 거두어들이기 때문에 온화하면서도 정직한 마음으로 작용한다.

또 태음인은 항상 겁내는 마음을 가지고 있는데, 오매는 폐의 기운을 거두어늘여서 밖으로 사람들의 행동을 살펴서 겁내는 마음을 고요하게 한다.

다음 태음인의 몸 기운(生氣)과 오매를 보면, 「장부론」에서는 "폐는 사무를 단련하고 통달하는 애衰의 힘으로 니해의 맑은 즙을 빨아내어 폐에 들어가 폐의 원기를 더해주고, 안으로는 진해津海를 옹호하여 수곡의 온기를 고동시킴으로써 그 진津을 엉겨 모이게 한다.(肺, 以鍊達事務之哀力, 吸得膩海之淸汁, 入于肺, 以滋肺元而內以擁護津海, 鼓動其氣, 凝聚其津.)"라고 하였다. 오매는 폐의 원기를 더해 주어 진해津海를 옹호하고 진津을 엉겨 모이게 하는 것이다.

또 「장부론」에서는 "진해의 탁한 찌꺼기는 위완이 위로 올라가는 힘으로 그 탁한 찌꺼기를 취하여 위완을 보익해주고(津海之濁滓則胃脘, 以上升之力, 取其濁滓而以補益胃脘.)"라고 하였다. 오매는 갈증을 멈추고 진액津液을 생기게 하기 때문에 상초上焦에 진해津海가 가득하게 하고, 진해의 탁한 찌꺼기가 위완胃脘을 잘 보익하게 하는 것이다. 따라서 오매는 태음인의 '위완수한표한병'에 음다하는 꽃차로, 폐당肺黨의 기인 수곡온기水穀溫氣에서 설하舌下의 진해津海를 생성시키고, 위완胃脘을 잘 보익한다.

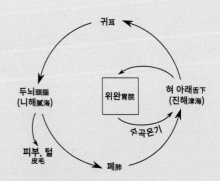

수곡온기水穀溫氣

수곡온기水穀溫氣는 위완胃脘에서 시작하여 혀 아래(舌下, 津海)로 들어가고, 귀(耳, 神)로 나와서 다시 두뇌(頭腦, 膩海)로 들어가고, 폐로 돌아가서 폐에서 다시 혀 아래로 고동하여 순환한다.

오매 블렌디드 한방꽃차

'오매 블렌디드 한방꽃차'는 『동의수세보원』 제4권 「새로 정한 태음인의 병에 응용하는 중요한 약 24가지 방문」에 있는 공진흑원단(拱辰黑元丹, 녹용 4·5·6냥, 산약·천문동 각4냥, 제조 1·2냥, 사향 5돈, 오매육)에 바탕하여, 오매에 천문동과 녹용을 블렌딩하였다.

공진흑원단에서 천문동과 녹용을 블렌딩한 것은, 오매는 시고 떫은맛이 강하여 단맛이 있는 천문동을 추가하고, 천문동의 쓴맛을 부드럽게 하기 위하여 녹용을 추가한 것이다.

공진흑원단 용례

태음인의 병에 몽설병이 있는데 1개월에 3–4회를 발설하는 것은 허로로서 중증이다. 대변이 하루 변비가 되면 열다한소탕에 대황 1돈을 가하고 대변이 매일 굳지 않으면 대황을 빼고 용골을 가하여 쓴다. 혹은 공진흑원단·녹용대보탕을 쓴다. 허약한 사람의 리증이 많은 경우에 써야 한다. 태음인 병증에 해수병이 있으니 마땅히 태음조위탕·녹용대보탕·공진흑원단을 써야 한다.

『동의수세보원』

태음인으로 음혈이 소모되어 귀가 들리지 않고 눈이 어두우며 다리에 힘이 없고 허리가 아플 때는 공진흑원단·녹용대보탕을 쓴다.

『동의사상신편』

오매에 천문동을 같이 쓰면 쓴맛은 적체된 혈을 배출하여 주고 단맛은 원기를 도와 혈이 망행하는 것을 치료하니 이것이 천문동의 효능이다. 폐기를 보호하고 안정시키며, 혈열이 폐를 침범하여 기가 위로 치밀며 숨을 헐떡이는 것을 치료하는데, 인삼 황기를 위주로 가하게 되면 신효가 있다.

『본초정화』

오매에 녹용을 같이 쓰면 녹용은 맛이 달고 성질이 따뜻하며 독이 없다. 붕루(崩漏, 자궁출혈)로 악혈이 나오는 것·한열·경간을 치료한다. 기운을 늘리고 의지를 강하게 한다. 치아가 생기게 하고 늙지 않게 한다. 허로병으로 비쩍 마르고 팔다리와 허리·등줄기가 아프고 정액이 새고 오줌으로 피가 나오는 것을 치료한다. 복중腹中의 어혈을 깨고 석림의 옹종을 흩뜨린다. 포태胞胎를 안정시키고 기를 하강시킨다. 귀기鬼氣와 정물을 죽인다. 오래 먹으면 노화를 늦춘다.

『본초정화』

블렌딩한 천문동과 녹용은 폐기를 보하여 숨이 헐떡이는 것을 치료하고, 두면부의 유풍을 없애고 요통과 허로를 치료한다. '오매 블렌디드 한방꽃차'는 쓴맛은 적체된 혈을 배출하고 단맛은 혈이 원활하게 통하게 하여 폐장을 안정시킨다.

오매(매화) 꽃차의 제다법

생약명
오매 · 매실(열매를 가공한 것)
매근(뿌리를 말린 것)

이용부위
꽃, 열매

개화기
3~4월

채취시기
열매 6~7월

독성 여부
무독無毒

오매(매화꽃, 열매)차, 천문동(꽃, 잎줄기, 뿌리)차, 녹용차를 블렌딩한 한방꽃차
의 우림한 탕색은 연한 갈홍색이고, 매화의 향긋한 화향으로 마음까지 향기롭
다. 맛은 새콤달콤하고 진귀하다.

❶ 매화는 꽃, 열매를 차로 제다하여 음용할 수 있다.

❷ 오매는 덜 익은 푸른 매실을 연기에 그을려 말려서 만든 한약재이다.

❸ 매화꽃은 4월에 피려고 하는 꽃봉오리를 채취하고, 갓 피어난 꽃도 채취하여 차로 덖어도 좋다.

❹ 매화꽃을 덖는 온도는 아주 낮은 온도에서 덖음을 하여 완성한다.

❺ 매실은 덜 익은 푸른 열매를 채취한다.

❻ 덜 익은 매실은 과육과 씨를 분리하여 씨는 제거한다.

❼ 과육을 채 썰어서 시들리기를 한다.

❽ 고온에서 덖음과 식힘을 반복하여 매실 열매차를 완성한다.

오미자五味子

오미자의 약성

- 맛이 시고, 성질은 따뜻하다.
- 폐를 튼튼하게 한다.
- 폐를 곧게 한다.
- 오랜 기침과 허로를 낫게 한다.
- 폐위와 토혈을 치료한다.

폐를 튼튼하게 하고 폐를 곧게 한다.
健肺直肺

오미자는 맛이 시고 성질이 따뜻하다. 정액精液을 생기게 하고 갈증을 멈추며, 오랜 기침과 허로虛勞를 낫게 하고, 금수金水가 고갈枯渴된 것을 치료한다. 오미자는 폐를 튼튼하게 하고 폐를 곧게 한다.

『동무유고』

태음인 병증에 복창 부종병이 있는데 그 병은 매우 중하고 위태로워 급하게 치료하지 않으면 안 되니 황율 오미자고를 써야 한다. 부종이 처음 발할 때 황율 2~3말을 구워 먹거나 삶아 먹으면 설사를 5~6일 동안 크게 하고 나서 병이 낫는다. 그러나 부종은 위증으로 3년 내에 재발하지 않은 연후에야 살 수 있음을 논할 수 있으니 탐욕을 경계하고 치락을 경계하며 조양하고 몸을 다스리는 도를 반드시 갖추어야 한다. 『동의수세보원』

오미자는 폐가 거두어들이려고 할 때는 급히 신맛을 먹어 거두어들여야 하니, 신맛으로 보한다. 작약과 오미자의 신맛으로 역기를 거두어들여 폐를 안정시킨다. 폐기를 거두어들이고 기가 부족한 것을 보태주며, 올라가는 성질이 있다. 신맛으로써 거슬러 오르는 기를 거두어들이는데, 폐가 차서 기가 거슬러 오르는 경우에는 건강乾薑을 함께 써서 치료한다. 오미자는 폐기를 거두어들이니 화열증에 반드시 써야 하는 약이므로 기침을 치료하는 군약(주인이 되는 약)으로 삼는다. 다만, 외사가 풀리지 않은 경우에는 바로 쓸 수 없는데 사기를 막을까 염려되기 때문이다. 반드시 먼저 발산을 한 후에 써야 좋다. 담이 있을 때는 반하로 좌약(주인을 보조하는 약)을 삼고, 숨을 헐떡일 때는 아교로 좌약을 삼는다. 『본초정화』

오미자는 폐기를 수렴한다. 차나 환으로 만들어 늘 먹는다. 『동의보감』

오미자와 태음인의 마음작용·몸 기운(心氣·生氣)

『동무유고』, 「동무약성가」에서 밝힌 오미자의 약성은 '정액精液을 생기게 하고 갈증을 멈추며, 오랜 기침과 허로虛勞를 낫게 하고, 금수金水가 고갈枯渴된 것을 치료한다. 폐를 튼튼하게 하고 폐를 곧게 한다.(生精止渴, 久嗽虛勞, 金水枯渴, 健肺直肺.)'이다. 오미자는 폐약肺藥으로, 폐를 튼튼하게 하고 곧게 하며, 정액을 생기게 하는 태음인의 꽃차이다.

먼저 태음인의 마음작용(心氣)과 오미자를 보면, 「사단론」에서는 '폐의 기운은 곧고 펼쳐진다.(肺氣 直而伸)'고 하였다. 오미자는 폐의 기운을 건강하고 곧게 하기 때문에 태음인이 정직한 마음으로 온화하고 포용하게 한다.

또 태음인은 항상 겁내는 마음을 가지고 있는데, 오미자는 폐의 기운을 튼튼하고 곧게 하여 밖으로 사람들의 행동을 살펴서 겁내는 마음을 고요하게 한다.

다음 태음인의 몸 기운(生氣)과 오미자를 보면, 「장부론」에서는 "폐는 사무를 단련하고 통달하는 애哀의 힘으로 니해의 맑은 즙을 빨아내어 폐에 들어가 폐의 원기를 더해주고, 안으로는 진해津海를 옹호하여 수곡의 온기를 고동시킴으로써 그 진津을 엉겨 모이게 한다.(肺, 以鍊達事務之哀力, 吸得膩海之淸汁, 入于肺, 以滋肺元而內以擁護津海, 鼓動其氣, 凝聚其津.)"라고 하였다. 오미자는 폐의 원기를 튼튼하게 하여 진해津海를 옹호하고 진津을 엉겨 모이게 하는 것이다.

또 「장부론」에서는 "신장은 거처를 단련하고 통달하는 락樂의 힘으로 정해의 맑은 즙을 빨아내어 신에 들어가 신장의 원기를 더해주고, 안으로는 액해를 옹호하여 수곡의 한기를 고동시킴으로써 그 액을 엉겨 모이게 한다.(腎, 以鍊達居處之樂力, 吸得精海之淸汁, 入于腎, 以滋腎元而內以擁護液海, 鼓動其氣, 凝聚其液.)"라 하고, "정해의 탁한 찌꺼기는 발이 구부리는 강한 힘으로 단련하여 뼈(骨)를 이루게 한다.(精海之濁滓則足, 以屈强之力, 鍛鍊之而成骨.)"라고 하였다.

즉, 오미자가 갈증을 멈추고 정액精液을 생기게 하는 것은 신장腎臟이 속한 하초下焦의 수곡한기水穀寒氣와 관계가 된다. 또 오미자는 하초下焦에 정해精海가 가득하게 하고, 정해의 탁한 찌꺼기가 뼈를 잘 이루게 하는 것이다. 따라서 오미자는 태음인의 '위완수한표한병'에 음다하는 꽃차로, 신당腎黨의 기인 수곡한기水穀寒氣에서 방광膀胱의 정해를 생성시키고, 뼈를 잘 이루게 한다.

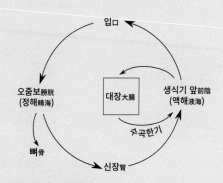

수곡한기水穀寒氣
수곡한기水穀寒氣는 대장大腸에서 시작하여 생식기 앞(前陰, 液海)으로 들어가고, 입(口, 精)으로 나와서 다시 오줌보(膀胱, 精海)로 들어가고, 신장으로 돌아가서 신장에서 다시 생식기 앞으로 고동하여 순환한다.

오미자 블렌디드 한방꽃차

'오미자 블렌디드 한방꽃차'는 『동의수세보원』 제4권 「새로 정한 태음인의 병에 응용하는 중요한 약 24가지 방문」에 있는 마황발표탕(麻黃發表湯, 길경 3돈, 황금·맥문동 각2돈, 오미자·마황·행인 각1돈, 백과 3개)에 바탕하여, 오미자에 백과와 마황을 블렌딩하였다.

마황발표탕에서 백과(은행)와 마황을 블렌딩한 것은, 오미자의 신맛을 유연하게 하기 위하여 백과를 추가하고, 한증에 열을 보하기 위하여 마황을 추가한 것이다.

마황발표탕 용례

태양병 상한에 두통이 있고 열이 나며 전신이 쑤시고 요통이 있고 뼈마디가 쑤시고 아프며 오한이 있으나 땀이 나지 않고 기침을 하면 마황탕을 쓴다. 상한에 두통이 나고 몸과 허리가 아픈 증세를 오래 끌어오다가 골절이 쑤시고 아프면 이는 태양병 상한으로 영혈營血이 고르지 못한 연고다. 이를 태음인의 상한 배추표병경증이라 하였다. 이 병증에 마황탕이 사용되었으나 계지와 감초는 불필요한 것이며 마땅히 마황발표탕을 사용해야 한다. 　『동의수세보원』

오미자에 백과를 같이 쓰면 폐로 들어가 폐기를 보익하고, 날것을 찧은 것은 기름기를 씻어낼 수 있으므로, 담탁(淡濁, 탁한 담)을 제거하는 효능이 있다는 것을 유추할 수 있다. 은행의 꽃은 밤에 피어 사람들이 보지 못하는데, 이는 음독이 있는 것이다. 그러므로 살충하고 독을 제거할 수 있다. 　『본초정화』

오미자에 마황을 같이 쓰면 마황은 폐경을 전담하는 약이므로 폐경의 병을 치료할 때에 많이 사용된다. 상한의 무한無汗에 마황을 사용하였고, 유한有汗에 계지를 사용하였다. 대개 풍한사기는 모두 피모를 경유하고, 그 사열邪熱은 안으로 침공하여 폐기를 분울(膹鬱, 분하여 속이 답답하다)되게 하므로, 마황 감초를 계지와 같이 사용하여, 영분의 사기를 끌어내어, 기표로 도달하게 하며, 행인을 좌약으로 사용하여 폐를 설하고 기를 부드럽게 한다. 　『본초정화』

블렌딩한 백과와 마황은 폐를 보하고 독을 제거하며, 폐경을 전담하는 약으로 폐경의 병을 치료할 때에 쓴다. '오미자 블렌디드 한방꽃차'는 한사를 제거하고 구규(아홉개 구멍)를 통하게 하여 양기를 설하여 눈이 충혈 되지 않게 한다.

오미자 꽃차의 제다법

오미자(꽃, 열매), 백과(은행잎, 은행), 마황(잎, 줄기, 뿌리)을 블렌딩한 한방꽃차
의 우림한 탕색은 다홍색으로 향기는 싱그러운 청향이 난다. 맛은 청순한 느낌
이 깊고 산뜻하다.

생약명
오미자(익은 열매를 말린 것)

이용부위
꽃, 어린 순, 열매

개화기
5~6월

채취시기
열매(가을), 어린 순(봄)

독성 여부
무독無毒

❶ 오미자는 꽃, 어린순, 열매를 차로 제다하여 음다할 수 있다.

❷ 꽃은 5~6월에 하얗게 꽃이 필 때에 채취한다.

❸ 저온에서 덖음과 식힘을 반복하여 오미자 꽃차를 완성한다.

❹ 오미자 열매는 9월에 채취하여 반건조하고 중온으로 덖음을 하여 오미자 열매차를 완성한다.

마 (산약山藥)

산약(마)의 약성

- 맛이 달고, 성질이 따뜻하다.
- 폐위를 견실하게 한다.
- 설사를 멈추게 한다.
- 졸중풍을 치료한다.

폐를 견실하게 하고 안으로 지키는 힘이 있다.

壯肺而有內守之力

서여(薯蕷. 마)는 맛이 달고 성질이 따뜻하다. 비장을 다스리고 설사를 멈추며, 신장을 돕고 중기中氣를 보한다. 모든 허증虛證에 두려울 것이 없다. 일명一名 산약이다. 산약은 폐를 견실하게 하고 안으로 지키는 힘이 있다. 「동무유고」

졸중풍으로 정신을 잃고 사지를 쓰지 못하며 혹 쓰러지기도 하고 혹 쓰러지지 않으며 혹은 입가에서 침이 약간 흘러나오는 것을 치료한다. 잠깐 사이에 치료하지 않으면 큰 병이 되니 이 증상은 풍연風涎이 가슴 위에 고여서 비기脾氣가 불통한 것이다. 저아조각 4개 통통하게 열매 맺고 벌레 먹지 않은 것으로 검은 껍질은 버림. 광명백반 1냥. 위의 것을 함께 곱게 가루내고 다시 갈아서 산약을 만들어 매회 0.5돈씩 먹는데 병이 심한 자는 3자字분량의 숟가락 4자字가 1돈이니 3자字는 4분의 3돈 분량이다. 약 2.81g으로 따뜻한 물에 타서 입에 넣어준다. 크게 토하지 않고 단지 약간씩 침이 흘러나오는데 1~2되 정도 나오면 깨어난다. 깨어난 뒤에는 천천히 조치하고 너무 토하게 해서는 안 되니 지나치게 기운을 손상시킬까 염려되기 때문이다.　　　　　　　　　　　　　　　　　　　　　　『향약집성방』

산약은 중초가 손상된 것을 치료하고, 허하고 야윈 것을 보익하고 한열의 사기를 제거하고, 중초를 보익하고, 기력을 북돋아 주고 기육(肌肉, 근육)을 길러주고 음을 강하게 한다. 오래 복용하면 몸을 가볍게 하고 수명을 연장해 준다. 두면부의 유풍을 없애고 요통을 멎게 하고, 허로를 치료하고 오장을 충실하게 한다.　　　　　　　　　　　　　　　　　　　『본초정화』

산약은 비위脾胃가 상한 증상을 치료하고, 몸이 허虛하고 여윈 것을 보補하며, 한열사기寒熱邪氣를 없앤다. 속을 보하고 기력氣力을 증익하며, 살찌게 한다. 두면유풍頭面遊風, 두풍風頭, 안현眼眩 등을 치료한다. 기氣를 내리고, 요통腰痛을 멎게 하며, 허로虛勞로 몸이 여윈 것을 보하고, 오장五藏을 충실하게 하며, 번열煩熱을 제거하고, 음陰을 강화한다. 장복長服하면 귀와 눈이 밝아지고, 몸이 거뜬해지며, 배고픔을 모르게 되고, 장수長壽한다.　　　　　　　　『향약집성방』

산약은 허로로 야윈 것을 보하고 오장을 채우며, 기력을 더해 주고 살찌우며, 근골을 튼튼하게 하고 심규를 열어서 정신을 안정시키며, 의지를 강하게 한다.　　　　　　　　　　　　　　　　　　　　　　　　　　　　『동의보감』

산약과 태음인의 마음작용 · 몸 기운(心氣 · 生氣)

『동무유고』, 「동무약성가」에서 밝힌 산약의 약성은 '비장을 다스리고 설사를 멈추며, 신장을 돕고 중기中氣를 보한다. …… 폐를 견실하게 하고 안으로 지키는 힘이 있다.(理脾止瀉, 益腎補中, …… 壯肺而有內守之力)'이다. 산약은 폐약肺藥으로, 폐를 건실하게 하고 비장을 다스리고, 신장을 돕는 태음인의 꽃차이다.

먼저 태음인의 마음작용(心氣)과 오미자를 보면, 「사단론」에서는 '폐의 기운은 곧고 펼쳐진다. 신장의 기운은 온화하고 쌓는다.(肺氣 直而伸, 腎氣 溫而畜)'고 하였다. 산약은 폐의 기운을 건실하게 하고, 신장의 기운을 돕기 때문에 태음인이 정직한 마음으로 온화하게 포용하고, 느슨하게 펼치게 한다.

또 태음인은 항상 겁내는 마음을 가지고 있는데, 산약은 폐의 기운을 견실하게 하기 때문에 밖으로 사람들의 행동을 살펴서 겁내는 마음을 고요하게 한다.

다음 태음인의 몸 기운(生氣)과 산약을 보면, 「장부론」에서는 "폐는 사무를 단련하고 통달하는 애哀의 힘으로 니해의 맑은 즙을 빨아내어 폐에 들어가 폐의 원기를 더해주고, 안으로는 진해津海를 옹호하여 수곡의 온기를 고동시킴으로써 그 진津을 엉겨 모이게 한다.(肺, 以鍊達事務之哀力, 吸得膩海之淸汁, 入于肺, 以滋肺元而內以擁護津海, 鼓動其氣, 凝聚其津.)"라고 하였다. 산약은 폐의 원기를 건실하게 하여 진해津海를 옹호하고 진津을 엉겨 모이게 하는 것이다.

또 「장부론」에서는 "신장은 거처를 단련하고 통달하는 락樂의 힘으로 정해의 맑은 즙을 빨아내어 신에 들어가 신장의 원기를 더해주고, 안으로는 액해를 옹호하여 수곡의 한기를 고동시킴으로써 그 액을 엉겨 모이게 한다.(腎, 以鍊達居處之樂力, 吸得精海之淸汁, 入于腎, 以滋腎元而內以擁護液海, 鼓動其氣, 凝聚其液.)"라고 하였다.

산약이 신장을 돕고 중기中氣를 보하는 것은 신장腎臟이 속한 하초下焦의 수곡한기水穀寒氣에 해당된다. 산약은 신장의 원기를 더해주고 액해液海를 옹호하여 그 기운이 액液을 엉겨서 모이게 하는 것이다. 따라서 산약은 태음인의 '위완수한표한병'에 음다하는 꽃차로, 신당腎黨의 기인 수곡한기水穀寒氣에서 전음(前陰, 생식기 앞)에 있는 액해液海의 맑은 기운이 가득하게 한다.

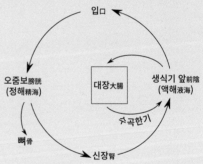

수곡한기水穀寒氣
수곡한기水穀寒氣는 대장大腸에서 시작하여 생식기 앞(前陰, 液海)으로 들어가고, 입(口, 精)으로 나와서 다시 오줌보(膀胱, 精海)로 들어가고, 신장으로 돌아가서 신장에서 다시 생식기 앞으로 고동하여 순환한다.

산약 블렌디드 한방꽃차

'산약 블렌디드 한방꽃차'는 『동의수세보원』 갑오구본 제4권 「새로 만든 태음인의 병에 응용할 수 있는 중요한 약 17가지 방문」에 있는 청심산약탕(淸心山藥湯, 산약 3돈, 원지 2돈, 천문동·맥문동·연자육·백자인·산조인·용안육·길경·황금·석창포 각 1돈, 감국화 5푼)에 바탕하여, 산약에 감국과 백자인(측백나무 열매)을 블렌딩하였다.

청심산약탕에서 감국과 백자인을 블렌딩한 것은, 산약의 따뜻한 성질에 찬 성질인 감국을 추가하고 오장을 안정시키는 백자인을 추가한 것이다.

청심산약탕 용례

태음인 병증으로 복통과 하리가 없으면서 혀가 말리고 말을 못하는 중풍병은 위급증이니 아주 짧은 동안이라도 지체해서는 안 되며 급히 치료해야 한다. 우황을 써서 위급한 것을 구하여야 하고 이어서 청심산약탕, 청심연자탕을 쓴다.

『동의수세보원』 갑오본

태음인 병증에 몽설병이 있는데 그 병은 허로인 것으로 생각과 근심이 많은 것에 상한 것이니 매우 중하고 어려워 급히 치료하지 않으면 안 되며 반드시 탐욕을 금하고 치락侈樂을 경계해야 한다. 이 병증에는 청심산약탕, 청심연자탕에 용골 1돈을 가해서 써야 한다.

『동의수세보원』 갑오본

산약에 감국을 같이 쓰면 온갖 풍風으로 생기는 두현·종통·눈이 빠질 듯하고 눈물이 나오는 증상, 그리고 악풍과 습비를 다스린다. 오래 복용하면 혈기를 보태며, 몸을 가볍게 하고 노화를 억제하며 장수하게 한다. 머리와 눈이 풍으로 빙빙 도는 증상, 풍열로 뇌와 골骨이 동통하는 것, 몸 위에 돌아다니는 일체의 풍風을 치료한다.   『본초정화』

산약에 백자인을 같이 쓰면 놀라서 두근거리는 것을 치료하고 기를 북돋고 풍습을 없애며 오장을 안정시킨다. 정신이 몽롱하고 허약한 상태를 치료하고 피를 보補하며 땀을 그치게 한다. 관절이 좋지 않고 허리 속이 무겁고 아픈 증상을 치료한다. 오래 복용하면 얼굴이 윤택해지고 눈과 귀가 총명해지고 배가 고프지 않으며 늙지 않는다. 두풍을 치료하고 허리와 신장·방광이 냉한 것을 치료하며 남성 성기능을 향상시킨다. 모든 나쁜 기운을 제거하고 소아의 경간을 치료한다. 『본초정화』

블렌딩한 감국과 백자인은 온갖 풍으로 인하여 생기는 머리와 눈 등의 일체 풍증을 치료하고, 신장·방광이 냉한 것을 치료하며, 나쁜 기운을 제거하고 소아의 경간을 치료한다. '산약 블렌디드 한방꽃차'는 간장에 열을 없애 오장을 보하여 정신을 안정시켜 의지를 강하게 한다.

산약(마) 꽃차의 제다법

생약명
산약(덩이뿌리 말린 것)
주아(잎겨드랑이에 달린 열매)

이용부위
잎, 주아, 뿌리

개화기
6~7월

채취시기
주아(가을), 잎(봄~여름), 뿌리(가을)

독성 여부
무독無毒

산약(마잎, 주아, 뿌리)차, 감국(꽃, 잎)차, 백자인(측백잎, 열매)차를 블렌딩한 한 방꽃차의 우림한 탕색은 맑은 연미색으로 향기는 신선한 그윽함이 깃든 순향이 다. 맛은 산뜻한 단맛과 쓴맛의 어우러짐이 담백하고 순하다.

❶ 산약은 잎, 주아, 뿌리를 차로 제다하여 음용할 수 있다.

❷ 잎은 여름에 채취하여 깨끗이 씻어서 물기를 제거하고 덖음을 한다.

❸ 살청 → 유념 → 건조과정으로 산약 잎차를 완성한다.

❹ 주아는 가을에 채취하여 증제를 하여 시들리기를 한다.

❺ 시든 주아는 잘라서 구증구포의 원리에 의하여 덖음으로 산약 주아차를 완성한다.

❻ 뿌리 마는 썰어서 시들리기를 한다.

❼ 시든 마는 고온에서 잘 익혀가며 덖음과 시힘을 반복하여 산약차를 완성한다.

은행 (백과白果)

백과 (은행)의 약성

- 맛이 달고 쓰며, 성질이 따뜻하다.
- 기침을 치료한다.
- 백탁(白濁, 소변이 탁함)을 치료한다.
- 폐의 위기를 열어준다.
- 음식을 소화시킨다.

폐의 위기를 열어주어 음식을 소화시키고 식욕을 당기게 한다.
開肺之胃氣而消食進食
백과는 맛이 달고 쓰다. 기침과 백탁(소변이 탁함)을 치료하고, 차를 넣으면 술기운을 누르는
데, 많이 먹으면 안 된다. 은행이다. 백과는 폐의 위기胃氣를 열어 음식을 소화시키고 식욕
을 당기게 한다.   「동무유고」

태음인 약 여러 종류 중에 행인은 두 개의 씨알맹이와 피첨(알맹이 끝의 씨눈)을 제거하고, 맥문동과 원지는 심을 빼버리며, 백과와 황율을 껍질을 제거하고, 대황은 술로 찌거나 날것으로 쓰며, 녹용과 조각은 졸인 젖을 발라서 볶고, 산조인, 행인 백과는 볶아서 쓴다.

『동의수세보원』

학질이 여러 해 동안 낫지 않는 것을 치료하는데 가히 주과법(呪菓法, 菓는 복숭아·살구·밤·대추·자두를 말한다.)을 사용할 수 있다.

『향약집성방』

백과는 익혀 먹으면 쓴맛과 단맛이 조금씩 나고, 성질이 따뜻하고 약한 독이 있다. 많이 먹으면 여창(臚脹, 배가 부르다)이 생기게 된다. 폐를 따뜻하게 하고 기를 보익하여, 해수 천식을 멎게 하고 소변을 줄어들게 하고, 백탁을 멈추게 한다. 날것으로 먹으면, 담痰을 내리고 독을 없애고 살충한다. 으깨어 코와 얼굴과 손발에 바르면, 사포·간증·준추 및 개선·감닉(疳䘌, 단맛을 즐겨 먹으면 장위에 기생하는 충이 발동하여 장과 부를 침식하는 병증)을 없앤다. 은행은 송宋나라 초기에 이름이 알려졌는데, 기가 박하고 미가 후하고, 성질이 깔깔하여 수렴하고, 흰색으로 금에 속한다. 그러므로 폐로 들어가 폐기를 보익하고, 날것을 찧은 것은 기름기를 씻어낼 수 있으므로, 담탁을 제거하는 효능이 있다는 것을 유추할 수 있다. 은행의 꽃은 밤에 피어 사람들이 보지 못하는데, 이는 음독이 있는 것이다. 그러므로 살충하고 독을 제거할 수 있다. 그러나 많이 먹으면 수렴하는 기운이 지나쳐, 기가 옹체되어 혼돈하게 될 수 있다. 일명 백과·압각자라고도 한다.

『본초정화』

백과는 폐위肺胃의 탁한 기운을 맑게 하고 천식과 기침을 멎게 한다.

『동의보감』

백과와 태음인의 마음작용·몸 기운(心氣·生氣)

『동무유고』, 「동무약성가」에서 밝힌 백과의 약성은 '기침과 백탁(소변이 탁함)을 치료하고, …… 폐의 위기胃氣를 열어 음식을 소화시키고 식욕을 당기게 한다.(喘嗽白濁, …… 開肺之胃氣 而消食進食.)'이다. 백과는 폐약肺藥으로, 폐의 기침을 치료하고, 폐의 위기胃氣를 열어 음식을 소화시키는 태음인의 꽃차이다.
먼저 태음인의 마음작용(心氣)과 백과를 보면, 「사단론」에서는 '폐의 기운은 곧고 펼쳐진다.(肺氣 直而伸)'고 하였나. 백과

87

는 폐의 위기를 열어서 음식을 소화시키고 식욕을 당기게 하기 때문에 태음인이 느슨하지만 널리 확산하여 베풀게 한다. 또 태음인은 항상 겁내는 마음을 가지고 있는데, 백과는 폐의 기침을 치료하여 밖으로 사람들의 행동을 살펴서 겁내는 마음을 고요하게 한다.

다음 태음인의 몸 기운(生氣)과 백과를 보면, 「장부론」에서는 "폐는 사무를 단련하고 통달하는 애哀의 힘으로 니해의 맑은 즙을 빨아내어 폐에 들어가 폐의 원기를 더해주고, 안으로는 진해를 옹호하여 수곡의 온기를 고동시킴으로써 그 진津을 엉겨 모이게 한다.(肺, 以鍊達事務之哀力, 吸得膩海之淸汁, 入于肺, 以滋肺元而內以擁護津海, 鼓動其氣, 凝聚其津.)"라고 하였다. 백과가 폐를 청소하는 것은 니해膩海의 맑은 즙을 폐가 잘 흡득하게 하는 것이다.

특히 백과는 폐의 위기胃氣를 열어주는데, 「장부론」에서는 "수곡의 열기가 위로부터 고膏로 변화하여 양 젖가슴(兩乳) 사이로 들어가 고해膏海가 되니, 고해는 고가 있는 곳이다. 고해의 청기가 목目에서 나와 기氣가 되고(水穀熱氣, 自胃而化膏, 入于膻間兩乳, 爲膏海, 膏海者, 膏之所舍也, 膏海之淸氣, 出于目而爲氣.)"라 하고, "고해의 탁한 찌꺼기는 위가 머물러 쌓는 힘으로 그 탁한 찌꺼기를 취하여 위를 보익해주고(膏海之濁滓則胃, 以停畜之力, 取其濁滓而以補益胃.)"라고 하였다.

즉, 백과는 수곡열기水穀熱氣가 생성되는 위胃의 기운을 열어주는 것으로, 고해膏海의 탁한 찌꺼기가 위에 머물러 쌓는 힘을 길러주는 것이다. 따라서 백과는 태음인의 '위완수한표한병'에 음다하는 꽃차로, 비당脾黨의 기인 수곡열기에서 양 젖가슴(양유, 兩乳)에 있는 고해膏海의 탁한 찌꺼기가 위胃를 잘 보익하게 한다.

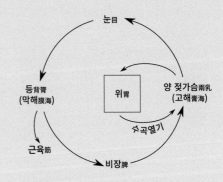

수곡열기水穀熱氣
수곡열기水穀熱氣는 위胃에서 시작하여 양 젖가슴(兩乳, 膏海)로 들어가고, 눈(目, 氣)로 나와서 다시 등(背膂, 膜海)으로 들어가고, 비장으로 돌아가서 비장에서 다시 양 젖가슴으로 고동하여 순환한다.

백과 블렌디드 한방꽃차

'백과 블렌디드 한방꽃차'는 『동의수세보원』 갑오구본 제4권 「새로 만든 태음인의 병에 응용할 수 있는 중요한 약 17가지 방문」에 있는 마황금수탕(麻黃金水湯, 마황 3돈, 관동화·맥문동 각2돈, 행인·승마·길경·갈근·황금·오미자 각1돈, 백과 10개)에 바탕하여, 백과에 갈근과 관동화를 블렌딩하였다.

마황금수탕에서 감국과 백자인을 블렌딩한 것은, 은행의 따뜻한 성질에 조화롭게 하기 위하여 차가운 성질의 갈근을 추가하고, 한증에 열을 보충하기 위하여 관동화를 추가한 것이다.

마황금수탕 용례

상한으로 두통과 천촉(喘促, 1. 숨이 급하고 기가 거슬러 흘러 고르지 못한 것으로 천식을 말한다. 2. 날숨과 들숨이 쉬지 못하며 움직이기만 하면 숨이 가빠지는 병증이다.)이 있는 것을 치료한다.

『동의수세보원』

백과에 갈근을 같이 쓰면 위를 열어 음식을 아래로 내려주고 주독을 풀어준다. 온병의 발열을 풀어준다. 음력 5월 5일 한낮에 뿌리를 취하여 가루를 만든다. 금창(쇠붙이 등에 의하여 찰과상을 입은 상처)을 치료하고 지혈시키는 중요한 약이고, 또한 학질과 종기를 치료하는데 효과가 매우 좋다. 건갈은 기가 가벼워 위기를 고무시켜 상행하게 하고 진액을 생기게 하며 또한 기육의 열을 풀어주므로, 비위가 허약하여 설사하는 것을 치료하는 성약이다.

『본초정화』

백과에 관동화를 같이 쓰면 폐기와 심이 촉급한 것과 열과 노(勞)로 인한 기침과 폐위·폐옹으로 피고름을 토하는 것 등을 치료한다.

『본초정화』

블렌딩한 갈근과 관동화는 학질과 종기를 치료하고 비위가 허약하여 설사하는 것을 치료한다. 폐기와 심이 촉급한 것과 폐위·폐옹으로 피고름을 토하는 것 등을 치료한다. '백과 블렌디드 한방꽃차'는 폐장을 따뜻하게 하여 기를 보익하고 가슴이 답답한 번조증을 해소시킨다.

백과(은행) 꽃차의 제다법

생약명
백과(은행 속 씨를 말린 것)
백과엽(은행잎을 말린 것)

이용부위
어린잎, 단풍잎, 열매

개화기
4월(녹색)

채취시기
열매(가을), 잎(봄~가을)

독성 여부
유독有毒

백과(여린잎, 단풍잎, 열매)차, 갈근(꽃, 잎, 순, 뿌리)차, 관동화(꽃, 잎, 뿌리)차를 블렌딩한 한방꽃차의 우림한 탕색은 갈홍색으로 향기는 순수한 진향으로 농후하다. 맛은 깔끔하면서 약간의 단맛과 쓴맛의 어우러짐이 상쾌하다.

❶ 백과(은행)는 여린 잎, 단풍잎, 열매를 차로 제다하여 음용할 수 있다.

❷ 봄에 여린 잎을 채취하고 소금물에 담가 법제를 하여 고온에서 살청 → 유념 → 건조 과정으로 잎차를 완성한다.

❸ 가을에 노랗게 단풍든 잎은 채취하여 소금물에 법제를 한다.

❹ 법제한 잎을 1cm 간격으로 잘라서 살청 → 유념 → 건조 과정으로 단풍든 은행 잎차를 완성한다.

❺ 은행은 채취하여 껍질을 벗겨내고 열매를 썰어서 반건조하여 덖음과 식힘을 반복하여 백과차를 완성한다.

밤 (율자栗子)

율자(밤)의 약성

- 맛이 시고, 성질이 따뜻하다.
- 음식을 소화시킨다.
- 식욕이 당기게 한다.
- 장을 튼튼하게 해준다.
- 복창부종을 치료한다.

건율은 폐의 위기를 열어주어 음식을 소화시키고 식욕을 당기게 한다.
乾栗 開肺之胃氣而消食進食
밤(栗子)은 맛이 시고 성질이 따뜻하다. 기운을 더해주고 장을 튼튼하게 하며, 신장을 보해주고 시장기를 견디게 한다. 잿불에 묻어 간략히 구워서 쓰면 더욱 좋다. 건율乾栗은 폐의 위기를 열어주어 음식을 소화시키고 식욕을 당기게 한다.

『동무유고』

태음인 병이 한궐 4일에 무한자는 중증이고, 한궐 5일에 무한자는 험증이니, 마땅히 웅담산을 쓰거나 혹 한다열소탕에 제조 5, 7, 9개를 가加하되 대변이 묽으면 반드시 건율·의이인 등을 써야 하고 대변이 굳으면 갈근·대황 등속을 써야 한다. 만약 이마, 눈두덩 위에서 땀이 보이면 스스로 병이 낫기를 기다리며 병이 나은 뒤에도 약을 써서 조리해야 한다. 그렇지 않으면 후유증이 생길 우려가 있다. 『동의수세보원』

율자는 태음인이 복창부종腹脹浮腫하는 병이 있으니 마땅히 건율제조탕을 써야 한다. 이 병은 지극히 위험한 병으로 열의 아홉은 죽는 병이다. 비록 약을 써서 나았더라도 3년 안에 재발되지 않아야 비로소 살았다고 말할 수 있는 것이다. 사치와 향락을 경계하고 하고 싶은 것과 욕심을 버려야 하며 3년 동안 반드시 그 몸과 마음을 공경해야 하는 것이니 섭생하고 조심하는 것은 반드시 그 사람의 마음에 달려있는 것이다. 『동의수세보원』

율자는 성질이 따뜻하고 맛은 짜며 독이 없다. 기를 보하고 장위腸胃를 두텁게 하며, 신기腎氣를 보하고 배고프지 않게 한다. 과일 중에서 밤이 제일 유익하다. 말리려면 볕에 말리는 것이 좋고, 생것으로 보관하려면 젖은 모래 속에 보관하는 것이 좋으니 다음 해 늦은 봄이나 초여름이 되어도 마치 갓 딴 것 같다. 『동의보감』

율자와 태음인의 마음작용·몸 기운(心氣·生氣)

『동무유고』, 「동무약성가」에서 밝힌 율자의 약성은 '기운을 더해주고 장을 튼튼하게 하며, 신장을 보해주고 시장기를 견디게 한다. …… 건율乾栗은 폐의 위기를 열어주어 음식을 소화시키고 식욕을 당기게 한다.(益氣厚腸, 補腎耐飢, …… 乾栗 開肺之胃氣 而消食進食.)'이다. 율자는 폐약肺藥으로, 폐의 위기胃氣를 열어 음식을 소화시키고, 신장을 보해주는 태음인 한증의 꽃차이다.
먼저 태음인의 마음작용(心氣)과 율자를 보면, 「사단론」에서는 '폐의 기운은 곧고 펼쳐진다. 신장의 기운은 온화하고 쌓는다.(肺氣 直而伸, 腎氣 溫而畜)'고 하였다. 율자는 폐의 위기를 열어주고, 신장의 기운을 돕기 때문에 태음인이 정직한 마음으로 온화하게 포용하는 것으로 작용한다.
또 태음인은 항상 겁내는 마음을 가지고 있는데, 율자는 폐의 기운을 열어 밖으로 사람들의 행동을 살펴서 겁내는 마음을 고요하게 한다.

다음 태음인의 몸 기운(生氣)과 율자를 보면, 「장부론」에서는 "폐는 사무를 단련하고 통달하는 애哀의 힘으로 니해의 맑은 즙을 빨아내어 폐에 들어가 폐의 원기를 더해주고, 안으로는 진해를 옹호하여 수곡의 온기를 고동시킴으로써 그 진津을 엉겨 모이게 한다.(肺, 以鍊達事務之哀力, 吸得膩海之淸汁, 入于肺, 以滋肺元而內以擁護津海, 鼓動其氣, 凝聚其津.)"라고 하였다. 율자가 폐를 청소하는 것은 니해膩海의 맑은 즙을 폐가 잘 흡득하게 하는 것이다.

또 율자는 폐의 위기胃氣를 열어주는데, 「장부론」에서는 "수곡의 열기가 위로부터 고膏로 변화하여 양 젖가슴(兩乳) 사이로 들어가 고해膏海가 되니, 고해는 고가 있는 곳이다. 고해의 청기가 목目에서 나와 기氣가 되고(水穀熱氣, 自胃而化膏, 入于膻間兩乳, 爲膏海, 膏海者, 膏之所舍也, 膏海之淸氣, 出于目而爲氣.)"라고 하고, "고해의 탁한 찌꺼기는 위가 머물러 쌓는 힘으로 그 탁한 찌꺼기를 취하여 위를 보익해주고(膏海之濁滓則胃, 以停畜之力, 取其濁滓而以補益胃.)"라고 하였다.

율자는 수곡열기水穀熱氣가 생성되는 위胃의 기운을 열어주는 것으로, 고해膏海의 탁한 찌꺼기가 위에 머물러 쌓는 힘을 길러주는 것이다. 즉, 율자는 중상초中上焦에 흐르는 수곡열기에서 양 젖가슴(양유, 兩乳)에 있는 고해膏海의 탁한 찌꺼기가 위胃를 잘 보익하게 한다.

또한 「장부론」에서는 "신장은 거처를 단련하고 통달하는 락樂의 힘으로 정해의 맑은 즙을 빨아내어 신에 들어가 신장의 원기를 더해주고, 안으로는 액해를 옹호하여 수곡의 한기를 고동시킴으로써 그 액을 엉겨 모이게 한다.(腎, 以鍊達居處之樂力, 吸得精海之淸汁, 入于腎, 以滋腎元而內以擁護液海, 鼓動其氣, 凝聚其液.)"리고 하였다.

율자가 신장을 돕는 것은 신장腎臟이 속한 하초下焦의 수곡한기水穀寒氣에 작용한다는 것이다. 율자는 신장의 원기를 더해주고 액해液海를 옹호하여 그 기운이 액液을 엉겨서 모이게 하는 것이다. 따라서 율자는 태음인의 '위완수한표한병'에 음다하는 꽃차로, 신당腎黨의 기인 수곡한기水穀寒氣에서 전음(前陰, 생식기 앞)에 있는 액해液海의 맑은 기운이 가득하게 한다.

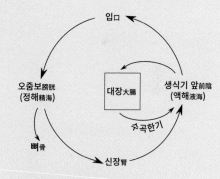

수곡한기水穀寒氣

수곡한기水穀寒氣는 대장大腸에서 시작하여 생식기 앞(前陰, 液海)으로 들어가고, 입(口, 精)으로 나와서 다시 오줌보(膀胱, 精海)로 들어가고, 신장으로 돌아가서 신장에서 다시 생식기 앞으로 고동하여 순환한다.

율자 블렌디드 한방꽃차

'율자 블렌디드 한방꽃차'는 『동의수세보원』 갑오구본 제4권 「새로 만든 태음인의 병에 응용할 수 있는 중요한 약 17가지 방문」에 있는 황율저근피탕(黃栗樗根皮湯, 황율 1냥, 길경 3돈, 오미자·저근백피 각1돈)에 바탕하여, 율자에 오미자와 저근백피(가죽나무 뿌리의 껍질)를 블렌딩하였다.

황율저근피탕에서 오미자와 저근백피를 블렌딩한 것은, 건율의 단맛을 신맛으로 상큼하게 하기 위하여 오미자를 추가하고, 오미의 맛을 유연하게 하기 위하여 저근백피(가죽나무 뿌리의 껍질)를 추가한 것이다.

황율저근피탕 용례

태음인 병증에 음식을 먹은 후에 답답하고 그득하며 다리에 힘이 없는 병이 있는데 그 병은 크게 중한 병증으로 급히 치료하지 않으면 안 되니 길경생맥산, 황율저근피탕을 써야 한다.
　　　　　　　　　　　　　　　　　　　　　　　　　　　　　　　　　　　　　　『동의수세보원』 갑오구본

육계(계피)에 오미자를 같이 쓰면 진액을 생기게 하여 갈증을 멈추고, 원기의 부족을 보태주고, 흩어진 기를 수렴한다. 위로는 폐의 근원을 자양해 주고 아래로는 신을 보한다. 약을 만드는 방법은 오미자 1홉을 나무 절구에 넣고 미세하게 찧어 끓는 물에 넣고 꿀을 조금 넣은 뒤 봉하여 불가에 놓는데 오래될수록 좋다. 작약과 오미자의 신맛으로 역기를 거두어 들여 폐를 안정시킨다.
　　『본초정화』

육계에 저근백피를 같이 쓰면 저근백피는 성질이 서늘하고 삽혈한다. 무릇 습열로 인한 설사·적백탁·대하·유정·몽정에 반드시 사용하며, 설사를 다스림에 습사를 제거하고 장을 실하게 하는 힘을 지니고 있다.
　　『본초정화』

블렌딩한 오미자와 저근백피는 폐의 근원을 자양해주고, 오장의 진기가 쇠약해져 허리와 다리가 아프고 혀가 마르는 것을 치료하고 폐와 위에 있는 오래 쌓인 담을 제거하고 설사를 치료한다. '율자 블렌디드 한방꽃차'는 폐장에 열을 식혀 폐기를 안정시키고 오장을 편안하게 하여 안색을 좋게 한다.

율자(밤) 꽃차의 제다법

생약명
율자栗子(속 씨를 말린 것)

이용부위
꽃, 열매

개화기
6월

채취시기
열매(가을)

독성 여부
무독無毒

율자(밤꽃, 열매밤)차, 오미자(꽃, 어린 순, 열매)차, 저근백피(어린순, 뿌리껍질)차를 블렌딩한 한방꽃차의 우림한 탕색은 맑은 다홍색으로 향기는 신선한 율향이 상쾌하다. 맛은 진한 다섯 가지 맛이 입안에 여운을 남긴다.

❶ 밤은 꽃, 열매를 차로 제다하여 음다할 수 있다.

❷ 6월에 피는 밤꽃을 채취하여 1~2cm 길이로 잘라서 덖음과 식힘을 반복하여 밤 꽃차를 완성한다.

❸ 밤은 겉 껍질을 벗겨내고 찔어서 반건조하여 덖음과 식힘을 반복하여 건율차를 완성한다.

꽃차와 소음인

소음인 열증熱症의 대표적인 꽃차는 『동의수세보원』 제2권에서 밝힌 「소음인의 신수열표열병론(腎受熱表熱病論, 이하 熱症)」에서 사용된 '백작약白芍藥', '청피靑皮', '인진쑥 (茵蔯, 사철쑥)', '익모초益母草', '산사山查', '탱자 (지실枳實)' 등 6개를 선정하였다.

또 소음인 한증寒症의 대표적인 꽃차는 『동의수세보원』 제2권에서 밝힌 「소음인의 위수한리한병론(胃受寒裏寒病論, 이하 寒症)」에서 사용된 '인삼人蔘', '당귀當歸', '감초甘草', '총백蔥白', '생강生薑', '향유香薷', '쑥 (애엽艾葉)', '홍화紅花', '진피陳皮', '계피 (육계肉桂)', '자소엽紫蘇葉' 등 11개를 선정하였다.

꽃차의 약성藥性은 이제마가 직접 약성을 밝힌 『동무유고東武遺藁』 「동무 약성가東武 藥性歌」와 『동의수세보원』의 내용을 기본으로 하였다. 또 참고 자료로 조선시대 대표적인 본초학本草學 저술인 『본초정화本草精華』와 허준의 『동의보감東醫寶鑑』 그리고 『향약집성방鄕藥集成方』 등의 내용을 보충하였다.

소음인은 신장의 기운이 크고 비장의 기운이 작은 '신대비소腎大脾小'의 상국을 가지고 있다. 소음인의 꽃차는 기본적으로 작은 장부인 비장의 기운에 작용하는 비약脾藥이다. 꽃차와 소음인의 마음작용(心氣) · 몸 기운(生氣)에서는 「동무약성가」에서 밝힌 꽃차의 약성을 바탕으로, 비기脾氣의 마음작용과 수곡열기水穀熱氣를 위주로 설명하였다.

또한 선정한 블렌디드 한방꽃차는 『동의수세보원』 제2권 소음인론 마지막에서 밝힌 「새로 정한 소음인의 병에 응용하는 중요한 약 24방문」과 「장중경의 『상한론傷寒論』 중에서 소음인의 병을 경험해서 만든 약방문 23가지」, 「송 · 원 · 명 삼대 의가들의 저술 중에서 소음인의 병에 경험한 중요한 약 13가지와 파두약巴豆藥 6가지 방문」을 기준으로 블렌딩하였다.

소음인 열증과 꽃차

백작약白芍藥

백작약의 약성

• 맛이 시고, 성질이 차다.
• 비장의 원기를 수렴한다.
• 설사와 이질 복통을 낫게 한다.
• 머리가 아프고 몸에 열이 나는데 쓴다.
• 변비가 생기며 땀이 나는 열증熱症에 쓴다.

비장의 원기를 수렴한다.
收斂脾元

백작약은 맛이 시고 성질이 차다. 수렴할 수도 있고 보할 수도 있다. 설사와 이질, 복통을 낫게 하는데, 허한증虛寒證에는 쓰지 말아야 한다. 백작약은 비장脾臟의 원기를 수렴한다.   『동무유고』

머리가 아프고 몸에 열이 나며, 변비가 생기며, 땀이 나는 등의 열증熱證이 설사하는 한증寒證에서 반대되었다는 것으로서 일찍이 관심을 가지지 않고 심상하게 생각하고서 황기, 계지, 백작약 등으로 발표發表를 하였다.

『동의수세보원』

백작약은 보補하고 적작약은 사瀉한다. 백작약은 비경脾經으로 들어가서 중초를 보하므로, 설사할 때에 반드시 음다하여야 하는 약이다. 술에 담갔다 쓰면 경락을 운행하고, 중부의 복통을 멎게 한다.
그 작용은 6가지가 있는데 첫째는 비경脾經을 안정시키고, 둘째는 복통을 치료하며, 셋째는 위기胃氣를 수렴하고, 넷째는 설사를 멎게 하고, 다섯째는 혈맥血脈을 조화롭게 하며, 여섯째는 주리(腠理, 살가죽 겉에 생긴 결)를 단단하게 한다.

『본초정화』

백작약은 설사와 이질을 치료한다. 달여 먹거나 가루내어 먹거나 환으로 제다하여 먹어도 좋다. 신맛은 수렴하고 단맛은 부드럽게 하니 이질에는 반드시 써야 할 약이다.

『동의보감』

백작약과 소음인의 마음작용 · 몸 기운(心氣 · 生氣)

소음인은 '신대비소腎大脾小'로 신장腎臟의 기운이 크고 비장脾臟의 기운이 작은 사람이다. 또 '락성희정樂性喜情'으로 락성기樂性氣와 희정기喜情氣의 성·정性情을 가지고 있다. 따라서 소음인은 작은 장국인 비장의 심기心氣나 생기生氣가 부족하고, 잘하지 못한다.

『동무유고』, 「동무약성가」에서 밝힌 백작약의 약성은 '수렴할 수도 있고 보할 수도 있다. 설사와 이질, 복통을 낮게 하는데, 허한승虛寒證에는 쓰지 말아야 한다. 비장脾臟의 원기를 수렴한다.(能收能補, 瀉痢腹痛, 虛汗勿用, 收斂脾元.)'이다. 백작약은 비약脾藥으로, 비장의 원기를 수렴하고 보하는 소음인의 꽃차이다.

먼저 소음인의 마음작용(心氣)과 백작약을 보면, 「사단론」에서는 '비장의 기운은 엄숙하고 포용한다.(脾氣 栗而包)'고 하였다. 백작약은 상대방을 크게 감싸는 것을 못하고, 엄숙함이 부족한 소음인의 비장의 기운을 조화롭게 한다. 즉, 백작약은 비기脾氣의 열을 내려 온화한 마음으로 상대방을 감싸고 너그럽지만 엄숙하게 하는 것이다.

99

또 소음인은 항상 불안정한 마음을 가지고 있기 때문에 작은 장부인 비장의 기운이 활발하지 못한데, 백작약은 소음인의 불안정한 마음을 안정시켜 비장의 기운을 활발하게 한다.

다음 소음인의 몸 기운(生氣)과 백작약을 보면, 백작약은 비장의 원기를 수렴하는 것을 논할 수 있다. 비장의 원기元氣에 대해 「장부론」에서는 "비장은 교우交遇를 단련하고 통달하는 노怒의 힘으로 막해膜海의 맑은 즙을 빨아내어 비장에 들어가 비장의 원기를 더해주고, 안으로는 고해膏海를 옹호하여 수곡열기를 고동시킴으로써 그 고膏를 엉겨 모이게 한다.(脾, 以鍊達交遇之怒力, 吸得膜海之淸汁, 入于脾, 以滋脾元而內以擁護膏海, 鼓動其氣, 凝聚其膏.)"고 하였다. 막해膜海의 맑은 즙이 비장에 들어가서 비장의 원기를 더해주기 때문에 백작약이 막해의 맑은 즙을 생성시키는 것이다. 막해는 근육과 모든 기관을 싸고 있는 얇은 꺼풀이 모인 곳이다.

또 『동의수세보원』 제4권 「태양인 내촉소장병론太陽人 內觸小腸病論」에서는 소음인 락성희정樂性喜情의 성기性氣와 정기情氣에 따른 표기(表氣, 겉의 기운)와 리기(裡氣, 속의 기운)에 대해, "소음인의 락성기樂性氣가 눈(目)과 등(背膂)의 기운을 상하게 하고, 희정기喜情氣가 비장과 위胃의 기운을 상하게 한다.(少陰人, 樂性傷目膂氣, 喜情傷脾胃氣.)"라고 하여, 소음인의 작은 장국인 비장의 기 흐름을 밝히고 있다.

소음인 열증은 표병表病으로 락성기樂性氣와 연계되기 때문에 옆의 그림에서 눈(목, 目)에서 등(배려, 背膂)으로 가는 표기를 상하는 것이다. 따라서 백작약은 소음인에서 '신장이 열을 받아서 겉으로 열이 나는 병'인 '신수열표열병'에 음다하는 꽃차로, 비당脾黨인 수곡열기의 겉 기운을 잘 흐르게 한다.

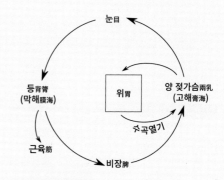

수곡열기水穀熱氣

수곡열기水穀熱氣는 위胃에서 시작하여 양 젖가슴(兩乳, 膏海)로 들어가고, 눈(目, 氣)로 나와서 다시 등(背膂, 膜海)으로 들어가고, 비장으로 돌아가서 비장에서 다시 양 젖가슴으로 고동하여 순환한다.

백작약 블렌디드 한방꽃차

'백작약 블렌디드 한방꽃차'는 『동의수세보원』 제2권 「새로 정한 소음인의 병에 응용하는 중요한 약 24방문」에 있는 승양익기탕(升陽益氣湯, 인삼·계지·황기·백작약 각2돈, 백하수오·관계·당귀·구감초 각1돈, 생강 3조각, 대조 2매)에 근거하여, 백작약에 생강과 대추를 블렌딩하였다.

승양익기탕에서 백작약과 생강, 대추를 블렌딩한 것은, 백작약꽃은 성질이 차서 따뜻한 성질의 생강을 추가하고, 작약꽃의 쓴 맛을 덜하게 하고 신장의 열(腎熱)로 불안한 신장을 진정시키는 대추를 추가한 것이다.

승양익기탕 용례

발열하며 오한이 나고 땀이 있는 것은 망양(亡陽. 발열·오한·자한을 하면 망양병으로 규정한다. 양기가 상승하지 못하고 멋대로 날뛰어, 양기가 방광경으로 들어가서 땀과 함께 빠르게 소모되는 병증으로 중험증에 속한다.)의 초기 증상이니 반드시 쉽게 보지 말고 먼저 황기계지탕, 보중익기탕, 승양익기탕 등을 쓴다.   『동의수세보원』

백작약에 생강과 같이 쓰면 경락을 따뜻하게 하고 습을 흩어주며, 막힌 것을 뚫고, 뱃속이 아픈 것을 다스리며, 위기가 통하지 않는 것을 치료한다.   『본초정화』

백작약에 대추와 같이 쓰면 오장을 보한다. 달여서 마시면 좋다.   『동의보감』

블렌딩한 생강과 대추는 경락을 따뜻하게 하고, 습濕을 흩어주며, 막힌 것을 뚫고, 뱃속이 아픈 것을 다스리며, 위기가 통하지 않는 것을 치료한다. '백작약 블렌디드 한방꽃차'는 비장의 열熱을 사瀉하고, 오한 발열을 내리고 간혈肝血이 부족하여 눈이 껄끄러운 것을 부드럽게 한다.

백작약 꽃차의 제다법

생약명
작약芍藥(뿌리를 말린 것)

이용부위
꽃, 잎, 뿌리

개화기
6월

채취시기
잎(봄~여름), 뿌리(가을~봄)

독성여부
무독無毒

백작약(꽃, 뿌리)차, 생강(잎, 뿌리)차, 대추(꽃, 잎, 열매)차를 블렌딩한 한방꽃차의 우림한 탕색은 연한 등황색으로 향기는 은은한 꿀향이 마음을 편안하게 한다. 맛은 달콤하면서 매콤하고 약간의 새콤함이 청량감을 준다.

❶ 작약은 꽃, 잎, 뿌리를 차로 제다하여 음다할 수 있다.

❷ 작약꽃은 피려고 하는 꽃봉오리를 채취한다.

❸ 채취한 꽃봉오리는 하루 동안 시들리기 하여 봉오리를 한 잎 한 잎 꽃을 피워 중온(中溫, 저온은 36.5~80℃, 중온은 80~100℃, 고온은 100℃ 이상을 말한다.)에서 덖음하여 완성한다.

❹ 잎은 채취하여 살청 → 유념 → 건조 과정으로 작약 잎차를 완성한다.

청피青皮

청피의 약성

- 맛이 쓰고 성질이 차다.
- 기가 체한 것을 통하게 한다.
- 단단한 현벽堅癖을 깨뜨리고, 체기를 푼다.
- 비위를 편안하게 하여 음식을 소화시킨다.

청피는 맛은 쓰고 성질이 차다. 기氣가 막혀서 통하지 않는 것을 고칠 수 있고, 단단한 것을 깎아서 약하게 하고 간기肝氣를 고르게 하며, 비장을 편안하게 하여 음식이 잘 내려가게 한다.

「동무유고」

청피는 소음인의 소변을 잘 나오게 하는 약재이다.

『동의수세보원』

청피는 옛날에는 쓰지 않다가 송나라 시대에 이르러 의가들이 비로소 쓰기 시작했다. 색이 푸르고 기운이 맹렬하고 맛이 쓰고 매워 식초로 수치해서 사용하는데, 이것이 이른바 간은 흐트리고자 하므로, 급히 매운 맛을 먹어 흐트리고, 신맛으로 소설하고, 쓴맛으로 내린다는 것이다. 진피는 성질이 뜨고 올라가기 때문에 비폐의 기분으로 들어간다. 청피는 성질이 가라앉고 내려가기 때문에 간담의 기분으로 들어간다. 체는 하나이지만 그 쓰임이 2가지인 것이다. 소아의 적취를 없앨 때 많이 쓰고, 발한시키는 효능이 좋으므로, 땀이 많은 사람에게 써서는 안 된다.

『본초정화』

청피는 간기肝氣를 소통시킨다. 간기가 잘 퍼지지 못할 때는 청피로 소통시킨다. 가루내어 먹거나 달여 먹는 데, 모두 좋다.

『동의보감』

청피와 소음인의 마음작용·몸 기운(心氣·生氣)

『동무유고』, 「동무약성가」에서 밝힌 청피의 약성은 '기氣가 막혀서 통하지 않는 것을 고칠 수 있다. 단단한 것을 깎아서 약하게 하고 간기肝氣를 고르게 하며, 비장을 편안하게 하여 음식이 잘 내려가게 한다.(能攻氣滯, 削堅平肝, 安脾下食.)'이다. 청피는 비약脾藥으로, 비장의 기운을 통하게 하고 간肝의 기운을 고르게 하는 소음인의 꽃차이다.

먼저 소음인의 마음작용(心氣)과 청피를 보면, 청피는 비장脾臟과 간장肝臟의 기운에 같이 작용하기 때문에 「사단론」에서 논한 '비장의 기운은 엄숙하고 포용한다.(脾氣 栗而包)'와 '간의 기운은 너그럽고 느슨하다(肝氣 寬而緩)'를 동시에 생각할 수 있다. 따라서 청피는 너그럽게 상대방을 포용하는 소음인의 심기를 고르게 하는 것이다. 또 청피는 비장의 기운을 편안하게 하여, 소음인의 불안정한 마음을 안정시키고, 음식이 잘 내려가게 하는 것이다.

다음 소음인의 몸 기운(生氣)과 청피를 보면, 소음인은 락성희정樂性喜情에

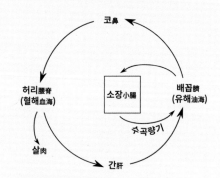

수곡량기水穀涼氣
수곡량기水穀涼氣는 소장小腸에서 시작하여 배꼽(臍, 油海)으로 들어가고, 코(鼻, 血)로 나와서 다시 허리(腰脊, 血海)로 들어가고, 간으로 돌아가서 간에서 다시 배꼽으로 고동하여 순환한다.

따른 기흐름에 대해, "소음인의 락성기樂性氣가 눈(目)과 등(背膂)의 기운을 상하게 하고, 희정기喜情氣가 비장과 위胃의 기운을 상하게 한다.(少陰人, 樂性傷目膂氣, 喜情傷脾胃氣.)"라고 하여, 소음인의 작은 장국인 비장의 기 흐름을 밝히고 있다. 소음인 열증은 표병으로, 눈(목, 目)에서 등(배려, 背膂)으로 가는 표기를 상하게 된다. 따라서 기氣를 통하게 하는 청피는 소음인의 '신수열표열병'에 음다하는 꽃차로, 비당脾黨의 기운인 수곡열기의 겉 기운을 잘 흐르게 한다.

또한 청피는 간의 기운을 고르게 하는데, 「장부론」에서 "간은 당여를 단련하고 통달하는 희喜의 힘으로 혈해血海의 맑은 즙을 빨아내어 간에 들어가 간의 원기를 더해주고, 안으로는 유해油海를 옹호하여 수곡량기를 고동시킴으로써 그 유油를 엉겨 모이게 한다.(肝, 以鍊達黨與之喜力, 吸得血海之淸汁, 入于肝, 以滋肝元而內以擁護油海, 鼓動其氣, 凝聚其油.)"라고 하였다. 청피는 간당肝黨의 기인 수곡량기水穀凉氣에서 요척腰脊에 있는 혈해血海의 맑은 즙을 생성시켜 간으로 기운이 잘 흐르게 한다.

청피 블렌디드 한방꽃차

'청피 블렌디드 한방꽃차'는 『동의수세보원』 제2권 「송·원·명 3개 의가들의 저술 중 소음인의 병에 경험한 중요한 약 13가지와 파두약 6가지 방문」에 있는 목향순기산(木香順氣散, 오약·향부자·청피·진피·후박·지각·반하 각1돈, 목향·축사 각5푼, 계피·건강·자감초 각3푼, 생강 3쪽, 대조 2개)에 바탕하여, 청피에 목향과 계피를 블렌딩하였다.

목향순기산에서 청피와 목향, 계피를 블렌딩한 것은, 청피는 성질이 한寒해서 따듯한 성질의 계피를 추가하고, 신선하고 향기로운 차를 위하여 목향을 추가한 것이다.

목향순기산 용례

중기병中氣病을 치료한다. 중기는 다른 사람과 서로 다투다가 격렬하게 화를 내어 기운이 거슬러 올리가 어지러워 쓰러지는 것이다. 먼저 생강 달인 것을 써서 구하고, 깨어난 후에 이 약을 쓴다.   『동의수세보원』

청피에 목향을 더하면 심복의 일체 기를 다스리고 방광의 냉통·구역질과 반위·곽란·설사·이질 등을 치료하며, 비를 튼튼히 하고 음식을 소화시키며 태아를 안정시킨다. 『본초정화』

청피에 계피를 더하면 계피는 온갖 병을 다스리고 정신을 기르며, 안색을 좋게 하고 다른 약에 앞서 소통시키는 역할을 한다. 오래 복용하면 몸이 가벼워지고 늙지 않는다. 『본초정화』

블렌딩한 목향과 계피는 중초에 막힌 기를 원활하게 하여 비위脾胃를 보하고, 곽란·설사·이질 등을 치료하고 비를 튼튼하게 하고 음식을 소화시키며 태아를 안정시킨다. '청피 블렌디드 한방꽃차'는 비장을 튼튼하게 하고 위의 기운이 잘 통하여 안색이 좋아지고 몸이 가벼워진다.

청피 꽃차의 제다법

생약명
청피(덜 익은 열매의 껍질)
귤피(익은 열매의 껍질)

이용부위
꽃, 잎, 열매, 열매껍질

개화기
6월

채취시기
덜익은 열매(여름), 잎(가을)

독성 여부
무독無毒

청피(꽃, 열매)차, 목향(꽃, 잎, 뿌리)차, 계피(잎, 꽃, 줄기 피)차를 블렌딩한 한방 꽃차의 우림한 탕색은 맑은 등황색으로, 향기는 계피향과 꿀향이 은은하게 코를 향기롭게 한다. 맛은 신선하고 상큼하며, 청량하다.

① 청피는 꽃, 잎, 열매를 차로 제다하여 음다할 수 있다.

② 청피꽃은 6월에 피려고 하는 꽃봉오리 또는 갓 피어난 꽃을 채취한다.

③ 채취한 꽃은 저온에서 덖음을 하여 완성한다.

④ 청피는 청귤을 채취하여 소금·식초 물에 15~20분 담궜다가 깨끗이 씻는다. 청귤은 물기를 제거하여 반을 갈라 속을 꺼낸다.

⑤ 잎은 채취하여 깨끗이 씻어서 물기를 제거하고 살청 → 유념 → 건조 과정으로 귤 잎차를 완성한다.

인진쑥 (사철쑥)

인진쑥의 약성

· 맛이 쓰고, 성질이 차다.
· 열이 맺혀 생긴 황달을 다스린다.
· 소변불통을 치료한다.
· 열을 씻어 서늘하게 한다.

인진茵蔯은 맛이 쓰다. 황저黃疽를 물리쳐 없애며, 습濕을 쏟아내고 소변이 잘 나가게 하며,
열을 씻어 서늘하게 한다. 『동무유고』

소양인 병에 명치 밑이 단단하게 굳어 뭉친 것을 결흉結胸이라 하는데 그 병은 치료할 수가 있고, 소음인 병에 명치 밑이 단단하게 굳어 뭉친 것을 장결藏結이라 하는데 그 병은 불치의 병이다. 『의학강목』과 『의감』에서 논한 바의 수결 흉水結胸과 한실결흉寒實結胸의 약물은 모두 소음인의 태음병(배가 가득하고 때때로 배가 아프지만 입이 건조하지 않고 명치가 답답하지도 않으면서 저절로 설사를 한다)에 쓰는 약물로서 인진호탕과 서로 같은 류에 속하므로 이것은 반드시 명치 밑이 진짜로 단단한 것이 아니고 더부룩하면서 가득한 것이라고 생각이 된다.

『동의수세보원』

인진은 풍습한열의 사기와 열이 맺혀 생긴 황달을 다스린다. 오래 복용하면 몸이 가벼워지고 기운이 증강되며 노화를 억제시킨다. 온몸에 황달이 생기고 소변이 잘 나가지 않는 것을 치료하고, 머리가 뜨거운 것을 제거하며 잠복된 징가(癥瘕, 오랜 체증으로 인하여 뱃속에 덩어리가 생기는 병)를 제거한다. 골증과 노열을 치료하는 데 가장 좋다. 소양경(귀가 울리거나 들리지 않아 남이 잡으려 한다는 두려운 마음을 가지고 있거나 헛소리를 하는 병)과 궐음경(한으로 근筋이 위축되거나 두풍으로 몸을 굽혀 눕는 병)의 혈분에 병이 있는 것을 치료하고, 학질과 열리·금창을 치료하며, 출혈과 통증을 멎게 한다.

『본초정화』

인진은 풍으로 온몸이 가렵고 창이나 옴이 생기려는 데 주로 쓴다. 진하게 달인 물로 씻는다.

『동의보감』

인진쑥과 소음인의 마음작용 · 몸 기운(心氣·生氣)

『동무유고』, 『동무약성가』에서 밝힌 인진쑥의 약성은 '습濕을 사瀉하고 소변이 잘 나가게 하며, 열을 씻어서 서늘하게 한다.(瀉濕利水, 淸熱爲凉.)'이다. 인진쑥은 비약脾藥으로, 소음인의 열을 씻어서 서늘하게 하는 꽃차이다. 인진쑥은 기운에 대한 특별한 논급이 없기 때문에 소음인 열증의 기본적인 내용으로 이해된다.

먼저 소음인 마음작용(心氣)과 인진쑥을 보면, 인진쑥은 비기脾氣의 열을 내려 온화한 마음으로 상대방을 감싸고, 너그럽지만 엄숙하게 하는 마음작용에 영향을 주게 된다. 또 인진쑥은 소음인의 불안정한 마음을 안정시켜 비장의 기운을 활발하게 하는 것이다.

또한 소음인은 락성희정樂性喜情의 성정性情에서 락성기樂性氣는 항상 거쳐하려고만 하고 나가지 않으려고 하는데, 인진쑥은 소음인의 열을 내림으로써 나가서 활동하게 한다.

다음 소음인의 몸 기운(生氣)과 인진쑥의 작용을 보면, 소음인 열증은 표병으로 눈(목, 目)에서 등(배려, 背膂)으로 가는 표기를 상하는 것이다. 따라서 인진쑥은 소음인의 '신수열표열병'에 음다하는 꽃차로, 백작약과 같이 비당脾黨의 기운인 수곡열기의 겉 기운을 잘 흐르게 한다.

수곡열기水穀熱氣

수곡열기水穀熱氣는 위胃에서 시작하여 양 젖가슴(兩乳, 膏海)로 들어가고, 눈(目, 氣)로 나와서 다시 등(背膂, 膜海)으로 들어가고, 비장으로 돌아가서 비장에서 다시 양 젖가슴으로 고동하여 순환한다.

인진쑥 블렌디드 한방꽃차

'인진 블렌디드 한방꽃차'는 『동의수세보원』 제2권 「장중경張仲景의 『상한론傷寒論』 중 소음인의 병을 경험해서 만든 약방문 23가지」에 있는 인진호탕(茵蔯蒿湯, 인진쑥 1냥, 대황 5돈, 치자 2돈)에 바탕하여, 사철쑥에 치자를 블렌딩하였다.

인진호탕에서 사철쑥과 치자를 블렌딩한 것은, 인진은 성질이 약간 따뜻하고, 소음인의 대·소장의 열을 내려주는 치자를 추가한 것이다.

인진호탕 용례

상한 7, 8일에 몸이 치자색같이 노랗고 소변이 나오지 않으면서 복부가 약간 부르면 태음증에 속하는 것이니 마땅히 인진호탕을 써야 한다. 상한에 다만 머리에서 땀이 나고 다른 곳은 나지 않으며 목둘레까지만 땀이 나고 소변이 잘 나오지 않으면 반드시 몸에 황달이 발생하는 것이다.

『동의수세보원』

인진호탕을 복용 시에 소변이 잘 나오고 적색을 띠며 배가 점점 줄어드는 것은 황달이 소변으로 나오는 것이다.

『동의수세보원』

인진쑥에 치자와 같이 쓰면 삼초三焦의 화 및 비괴 중에 있는 화사를 사하며, 위완胃脘에 있는 혈血을 가장 잘 식혀 준다. 그 성질은 굴곡하여 아래로 내려가니 화기火氣를 내려 소변小便을 따라 빠져나가게 한다. 무릇 심통心痛이 약간 오래된 것은 따뜻하게 흩뜨리는 것이 마땅하지 않으니 오히려 화사를 돕기 때문이다. 따라서 고방에서는 대부분 치자를 음다하여 열약熱藥을 인도한즉 사기가 쉽게 굴복하고 병이 쉽게 물러난다. 『본초정화』

블렌딩한 치자는 위완胃脘에 있는 혈血을 가장 잘 식혀 주고, 사기가 쉽게 굴복하고 병이 쉽게 물러난다. '인진쑥 블렌디드 한방꽃차'는 소장을 잘 통하게 해주고, 상한에 열로 광증이 나타난 것을 치료한다.

인진쑥 꽃차의 제다법

인진(꽃, 잎)차, 치자(꽃, 잎)차를 블렌딩한 한방꽃차의 우림한 탕색은 오렌지색이고, 향기는 은은한 쑥 향이 마음을 밝게 하고, 맛은 달콤하고 약간의 쓴맛이 맴돈다.

생약명
인진호茵蔯蒿(잎을 포함한 지상부를 말린 것)

이용부위
꽃, 잎, 줄기(전초)

개화기
8월

채취시기
잎, 줄기(봄~여름)

독성 여부
무독無毒

❶ 인진쑥은 꽃, 잎, 줄기를 차로 제다하여 음다할 수 있다.

❷ 인진쑥 꽃은 8월에 꽃이 핀 줄기를 채취하여 1cm 길이로 잘라서 덖음으로 인진쑥 꽃차를 완성한다.

❸ 잎은 봄철에 여린 잎을 채취하여 살청 → 유념 → 건조 과정으로 인진쑥 잎차를 완성한다.

익모초益母草

익모초의 약성

- 맛이 달고 쓰며, 성질이 약간 차다.
- 부인병과 소화기에 쓰인다.
- 산후와 태전(산전)을 다스린다.
- 혈이 생기게 하여 어혈을 없앤다.

익모초는 맛이 달다. 부인병에 주로 쓰는데, 산후와 태전을 다스리며, 새로운 혈이 생기게
하여 어혈을 없앤다.

『동무유고』

익모초는 수·족궐음경(맥이 약간 부浮하면 병이 낫고자 하는 것이고 부맥浮脈이 없으면 난치難治인 것이다. 맥이 부완浮緩하면 반드시 낭축囊縮하지 않고 외증外證에 오한·발열이 있으면 병이 낫고자 하는 것이다.)의 혈분에 있는 풍열을 치료하고, 눈을 밝게 하고 정精을 보태며, 부인의 월경을 고르게 하려 한다면 충위자(익모초 씨앗)만 써도 좋다. 만약 종독·창양을 치료하고, 수를 삭이고 피를 운행시키며, 부인의 임신과 산후에 생기는 모든 병을 치료하려 한다면 다른 부위들과 함께 사용하는 것이 좋다. 대개 이 약의 뿌리·줄기·꽃·잎은 오로지 운행하기만 하고, 씨는 운행하는 가운데에 보補하는 작용을 하기 때문이다.

『본초정화』

익모초는 눈을 밝게 하고, 정精을 보익하며, 수기水氣를 내려가게 한다. 피가 거슬러 오르고, 열이 몹시 나며, 두통頭痛이 생기고, 심장心臟이 답답한 증상을 치료한다. 장복長服하면 몸이 거뜬해진다. 줄기는 두드러기가 돋아 가려울 때 달여서 목욕물로 쓴다.

『향약집성방』

익모초는 적백대하(자궁출혈 및 흰색 분비물)를 치료한다. 꽃이 필 때 캔 것을 찧어서 가루내어 2돈씩, 하루에 3번 술에 타서 빈 속에 먹는다.

『동의보감』

익모초와 소음인의 마음작용·몸 기운(心氣·生氣)

『동무유고』, 「동무약성가」에서 밝힌 익모초의 약성은 '인병에 주로 쓰는데, 산후와 태전을 다스리며, 새로운 혈血이 생기게 하여 어혈瘀血을 없앤다.(女科爲主, 産後胎前, 生新祛瘀.)'이다. 익모초는 비약脾藥으로, 혈血에 직접적으로 작용하는 소음인 열증의 꽃차이다.

익모초는 기본적인 소음인 마음작용(心氣)에 작용한다. 즉, 비기脾氣의 열을 내려 온화한 마음으로 상대방을 감싸고 너그럽지만 엄숙하게 하는 마음작용에 영향을 주게 된다. 또 익모초는 소음인의 불안정한 마음을 안정시켜 비장의 기운을 활발하게 하는 것이다.

다음 소음인의 몸 기운(生氣)과 익모초를 보면, 익모초는 혈을 생기게 하고 어혈을 없애기 때문에 피에 직접 작용한다. 『동의수세보원』에서는 정精·신神·기氣·혈血을 논하면서 혈血에 대하여, "코는 인륜을 널리 냄새 맡는 힘으로 유해의 맑은 기운을 끌어내어 중하초에 가득 차게 하여 혈血이 되게 하고, 허리에 쏟아 넣어서 혈이 엉기게 하는 것이니, 이것이 쌓이고 쌓여서 혈해가 된다.(鼻, 以廣博人倫之嗅力, 提出油海之淸氣, 充滿於中下焦, 爲血而注之腰脊, 爲凝血, 積累爲血海.)"라고 하였다. 익모초는 유해油海의 맑은 기운을 생성시켜 혈血이 되게 하고, 간肝의 근원을 더해주는 피가 쌓여 요척의 혈해血海가 되게 한다.

따라서 익모초가 소음인의 '신수열표열병'에 음다하는 꽃차이지만, 간당肝黨의 기운인 수곡량기水穀凉氣와 관계되기 때문에 허리(요척, 腰脊)의 혈해血海에서 기운이 흘러 간肝으로 가는 기 흐름을 통하게 한다.

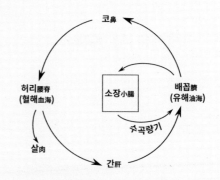

수곡량기水穀凉氣
수곡량기水穀凉氣는 소장小腸에서 시작하여 배꼽(臍, 油海)으로 들어가고, 코(鼻, 血)로 나와서 다시 허리(腰脊, 血海)로 들어가고, 간으로 돌아가서 간에서 다시 배꼽으로 고동하여 순환한다.

익모초 블렌디드 한방꽃차

'익모초 블렌디드 한방꽃차'는 『동의수세보원』 제2권 「새로 정한 소음인의 병에 응용하는 중요한 약 24방문」에 있는 곽향정기산(藿香正氣散, 곽향 1돈5푼, 자소엽 1돈, 창출·백출·반하·진피·청피·대복피·계피·건강·익지인·자감초 각5푼, 생강 3쪽, 대조 2개)에 바탕하여, 익모초에 자소엽과 건강을 블렌딩하였다.

곽향정기산에서 익모초와 자소엽, 건강(생강을 건조한 것)을 블렌딩한 것은, 익모초의 성질이 미한微寒이어서 온溫한 건강(건조한 생강)을 추가하고, 땀을 내어 겉의 열熱을 풀기 위해 자소엽을 추가한 것이다.

곽향정기산 용례

대장이 한기를 받고 벌벌 떠는 것이 급하면 마땅히 곽향정기산·향사양위탕을 써서 화해케 하고, 만일 외열外熱이 이 랭을 에워싸고 있으면 내內에 독기가 거듭 맺혀서 혹 장차 호랑이를 길러 화를 당하는 폐단이 있는 것인즉 마땅히 파두단을 써서 설사를 1, 2차 시키고 곧 곽향정기산·팔물군자탕으로써 화해를 시키면서 한편 크게 보하는 약을 써 주어야 한다.
『동의수세보원』

살찐 사람에게 중풍이 많은 것은 기가 겉은 성하지만 속에서는 부족하기 때문이다. 폐는 기가 출입하는 도로인데, 살 찌면 숨이 틀림없이 급하다. 숨이 급하면 폐사肺邪가 성하고, 폐금은 목을 이기고 담膽은 간의 부府가 되므로 담연에 막혀 성해진다. 치료법으로는 먼저 기를 다스리는 것이 급하다. 곽향정기산에 남성·목향·방풍·당귀를 넣어 쓴다. 중 풍을 치료할 뿐만 아니라 중악中惡, 중기中氣에도 좋다.
『동의보감』

익모초에 자소엽을 같이 쓰면 곽란에 심복상복이 불러 오르는 것은 음양의 기운이 잘 오르내리지 못하고 위가 허한 때에 사기氣인 객기가 속에 차있기 때문이다. 그러므로 배가 불러 오르면서 가슴이 답답하면서 불안하게 된다. 음식 물이 체하여 소화되지 않아 속이 답답하면서 구역할 때에는 기를 내려가게 하면 병이 낫게 된다. 마른 자소엽을 달 여 먹거나 생자소엽즙을 복용하여도 좋다.
『향약집성방』

담을 없애고 기를 내려주고, 쥐가 나는 것·토하고 설사하는 것·반위와 헛구역질·어혈과 타박상을 치료하고 코피를 멈추게 하고, 냉열독을 풀고 위를 열고 소화를 돕는다.
『본초정화』

블렌딩한 자소엽과 건강은 담을 없애고 기를 내려 설사·반위·어혈·타박상을 치료하고, 냉열독을 풀고 위를 열어 소 화를 돕는다. '익모초 블렌디드 한방꽃차'는 소음인의 표表의 기를 내려주어 혈기를 더 해주고 위腎의 한열증을 다스 린다.

익모초 꽃차의 제다법

생약명
익모초益母草

이용부위
꽃, 잎, 씨(전초)

개화기 7~9월

채취시기
잎(5월 5일 단오), 씨(가을)

독성 여부
무독無毒

익모초(꽃, 잎)차, 자소엽(꽃, 잎)차, 건강(뿌리, 잎)차를 블렌딩한 한방꽃차 우림한 탕색은 맑은 등황색이고, 향기는 건강의 독특한 진향이 난다. 맛은 쌉쌀하며 목 넘김이 부드럽다.

① 익모초는 꽃, 잎, 씨를 차로 제다하여 음다할 수 있다.

② 꽃이 필 때 익모초 꽃과 익모초 잎을 오전에 채취한다.

③ 꽃과 잎을 따로 분리하여 잎은 깨끗이 씻어서 물기를 제거한다.

④ 익모초 잎은 고온에서 살청 → 유념 → 건조 과정으로 익모초 잎차를 완성한다.

⑤ 작고 붉은 자색의 익모초 꽃은 온도가 낮으므로 저온에서 덖음을 하고 고온에서 맛내기 덖음을 한다.

⑥ 충위자(씨)는 채취하여 중온에서 덖음을 하여 충위자 차를 완성한다.

⑦ 익모초 잎차는 5월 5일 단오에 채취하는 것이 좋다.

산사山査

산사(산사과)의 약성

- 맛은 달고, 성질이 차다.
- 육식을 소화시킨다.
- 산기를 치료한다.
- 복창증을 치료한다.
- 위를 튼튼하게 한다.

산사는 맛이 달다. 육식肉食을 갈아 소화시키며, 산기(疝氣, 허리와 배가 아픈 것)를 치료하고 피부의 부스럼을 빨리 낫게 하며, 복창증腹脹症을 없애고 위를 튼튼하게 한다.

「동무유고」

식적(食積, 음식이 소화되지 않고 정체됨)과 어혈로 인해서 동통이 생긴 증상을 치료한다. 비위의 기가 약하여 먹은 음식물이 소화되지 아니 하였는데 또 새로운 음식물과 서로 뭉쳐 묵은 체기가 뱃속에 있으면 사람이 새 음식과 묵은 음식의 냄새가 나는 트림을 하며 배가 팽팽하게 부풀어 올라 답답하며 장열이 나고 오한이 심하며 학질처럼 머리가 아프게 된다. 치자, 도인, 산사, 지각, 오수유를 등분한다. 이 약재들을 가루내어 2돈씩 순류수(성질이 순하고 아래쪽으로 조용히 흐르는 물)로 달인 물에 생강즙을 타서 먹는다. 『향약집성방』

산사(산사과)는 음식을 소화시키고, 고기를 먹고 생긴 징가(癥瘕, 아래 뱃속의 덩어리)와 담음으로 뱃속이 그득하고 신물을 토하는 증상·혈이 적체된 통증과 창만을 치료한다. 날로 먹으면 답답하면서 쉽게 배가 고파지고 치아를 상하게 한다. 서리가 내린 후에 잘 익은 것을 따서 씨를 빼고 햇볕에 말려 사용한다. 늙은 닭이나 질긴 고기를 삶을 때 산사를 몇 개 넣으면 고기가 쉽게 연해진다. 산사씨는 음식 소화를 돕고 적체를 없애고, 퇴산을 치료한다. 산사뿌리는 적체를 없애고 반위를 치료한다. 줄기와 잎은 끓여서 옻이 올라 생긴 부스럼에 바른다. 『본초정화』

산사(산사과)는 식적을 치료하고 음식을 소화시킨다. 푹 쪄서 살을 발라 볕에 말렸다가 달여 먹는다. 또는 속살을 가루내고 신국으로 쑨 풀에 반죽하여 환을 만들어 먹는다. 이것을 관중환이라고 한다. 고기를 많이 먹어 생긴 식적을 치료한다. 산사육 1냥을 물에 달여 마신 후에 산사육을 먹는다. 『동의보감』

산사과와 소음인의 마음작용 · 몸 기운(心氣·生氣)

『동무유고』, 「동무약성가」에서 밝힌 산사과의 약성은 '육식(肉食)을 갈아 소화시키며, 산기(疝氣)를 치료하고 피부의 부스럼을 빨리 낫게 하며, 복창증(腹脹症)을 없애고 위를 튼튼하게 한다.(磨消肉食, 療疝催瘡, 消膨健胃.)'이다. 산사는 비약(脾藥)으로, 육식을 갈아 소화시키고, 배가 부르는 것을 없애고 위를 튼튼하게 하는 소음인의 꽃차이다.

먼저 소음인의 마음작용(心氣)과 산사를 논하면, 「사단론」에서는 '비장의 기운은 엄숙하고 포용하는 힘을 길러준다.(脾氣 栗而包)'고 하였으니, 산사는 육식을 소화시키고 위를 튼튼하게 하기 때문에 관대하면서도 엄숙하고, 상대방을 크게 감싸는 마음으로 작용한다. 또 소음인은 항상 불안정한 마음을 가지고 있는데, 비위(脾胃)의 기운을 편안하게 하여 불안정한 마음을 안정시키는 작용을 한다.

다음 소음인의 몸 기운(生氣)과 산사의 작용을 보면, 「장부론」에서는 "수곡의 모든 수가 위胃에 머물러 쌓여서 훈증하여 열기熱氣가 된다.(水穀之都數, 停畜於胃而薰蒸爲熱氣.)"라 하고, "위의 본체는 넓고 커서 포용하는 까닭으로 수곡의 기운이 머물러 쌓이는 것이다.(胃之體, 廣大而包容故, 水穀之氣, 停畜也.)"라고 하였다. 산사가 위장을 튼튼히 하는 것은 수곡열기를 잘 생성하는 것이다.

또 「장부론」에서는 "수곡열기가 위로부터 고膏로 변화하여 두 젖(兩乳) 사이로 들어가 고해膏海가 되니, 고해는 고가 있는 곳이다.(水穀熱氣, 自胃而化膏, 入于膻間兩乳, 爲膏海, 膏海者, 膏之所舍也.)"라고 하였다. 위장에서 생성된 수곡열기가 양 젖가슴으로 들어가 고해膏海가 되기 때문에 산사가 고해膏海의 생성을 잘하게 도와주는 것이다.

또 소음인 열증은 표병表病으로, 옆의 그림에서 눈(목, 目)에서 등(배려, 背膂)으로 가는 겉 기운을 상하는 것이다. 따라서 산사는 소음인의 '신수열표열병'에 음다하는 꽃차로, 비당脾黨의 기운인 수곡열기의 겉 기운을 잘 흐르게 한다.

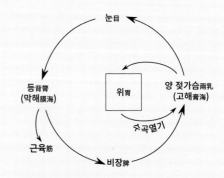

수곡열기水穀熱氣
수곡열기水穀熱氣는 위胃에서 시작하여 양 젖가슴(兩乳, 膏海)로 들어가고, 눈(目, 氣)로 나와서 다시 등(背膂, 膜海)으로 들어가고, 비장으로 돌아가서 비장에서 다시 양 젖가슴으로 고동하여 순환한다.

산사(산사과) 블렌디드 한방꽃차

'산사 블렌디드 한방꽃차'는 『동의수세보원』 2권 「새로 정한 소음인의 병에 응용하는 중요한 약 24방문」에 있는 향사양위탕(香砂養胃湯, 인삼·백출·백작약·자감초·반하·향부자·진피·건강·산사육·사인·백두구 각1돈, 생강 3쪽, 대조 2개)에 바탕하여, 진피와 백작약을 블렌딩하였다.

향사양위탕에서 진피와 백작약을 블렌딩한 것은, 진피는 성질이 따뜻해서 위기胃氣를 열어주고, 수렴 작용을 하는 백작약을 추가한 것이다.

향사양위탕 용례

소음인의 병에는 표증·이증을 막론하고 마황·대황으로 땀을 내거나 하리를 시킨다는 것은 원래 말할 필요가 없는 것이다. 소음인 병에 곡물이 삭지 않고 그대로 설사를 하는 것은 적체積滯가 스스로 풀리는 것이다. 태음증太陰證에 음식이 삭지 않은 것을 사瀉하면 곽향정기산藿香正氣散·향사양위탕香砂養胃湯 또는 강출관중탕薑朮寬中湯 같은 것을 써서 위를 덥히고 음기를 내리게(溫胃降陰) 해야 하고 소음증少陰證에 음식이 삭지 않은 것을 사瀉하면 관계부자이중탕官桂付子理中湯으로 건비강음健脾降陰해야 할 것이다.

『동의수세보원』

산사(산사과)에 진피를 쓰면 진피의 효능은 세간洗肝시키고 정精을 북돋우며, 눈을 밝게 하고 열을 물리친다. 열로 인한 설사와 하초가 허한 것을 다스린다.

『본초정화』

산사(산사과)에 백작약을 쓰면 중기中氣를 다스리고 비脾가 허하여 속이 그득한 것을 치료하며, 심하가 비(痞, 체한 증세)한 것, 옆구리 아래가 아픈 것, 잘 트림하는 것, 폐가 당기고 팽만한 기운이 거슬러 올라 기침하고 숨이 찬 것, 간혈이 부족하여 눈이 껄끄러운 것 등을 치료한다.

『본초정화』

블렌딩한 진피와 백작약은 눈을 밝게 하고 설사를 다스리고, 비脾가 허한 것을 치료하고, 폐가 팽만하여 기침하고 숨이 찬 것을 치료한다. '산사 블랜디드 한방꽃차'는 허한 비장이 보충되고, 간장의 정이 보하여 껄끄러운 눈이 밝아진다.

산사(산사과) 꽃차의 제다법

생약명
산사자(익은 열매를 말린 것)

이용부위
꽃, 잎, 열매

개화기
4~5월

채취시기
잎(봄~가을), 열매(가을)

독성 여부
무독無毒

산사(꽃, 잎, 열매)차, 진피(잎, 잎, 열매)차, 백작약(꽃, 뿌리)차를 블렌딩한 한방꽃차의 우림한 탕색은 황금색이고, 향기는 상큼하면서 은은한 과일향이 난다. 맛은 새콤달콤하면서 쓴맛의 여운이 엷게 지속된다.

① 산사는 꽃, 잎, 열매를 차로 제다하여 음다할 수 있다.

② 산사는 4월에 하얀색의 꽃이 피는데 갓 피려고 하는 꽃봉오리나 갓 핀 꽃을 채취한다.

③ 채취한 꽃은 온도에 약하여 저온에서 꽃을 덖어서 산사 꽃차를 완성한다.

④ 산사열매는 가을에 붉은 열매를 채취한다.

⑤ 열매는 깨끗이 씻어서 씨와 속을 제거한다.

⑥ 씨와 속을 그대로 하면 맛이 쓰고 떫기에 제거한다.

⑦ 씨를 제거한 산사육은 슬라이스로 잘라서 약간 시들림을 하여 덖음한다.

⑧ 덖고 식힘을 반복하여 산사육 차를 완성한다.

⑨ 산사나무 잎을 채취하여 깨끗이 씻어서 살청 → 유념 → 건조 과정으로 잎차를 완성한다.

탱자 (지실枳實)

지실(탱자)의 약성

- 맛이 쓰고 시며, 성질이 차다.
- 한열이 뭉친 것을 제거한다.
- 음식을 소화시킨다.
- 담을 삭인다.

지실은 맛이 쓰다. 음식을 소화시키고 비증痞證을 없애며, 적積을 깨뜨리고 가래를 삭이니, 마치 담벽을 넘어뜨리는 것과 같다.

『동무유고』

소음인의 태양증(피부의 열로 인한 병증)이 양명병(열로 인해 땀이 나고 변비가 있는 증상)으로 전속되었어도 저절로 땀이 나지 않으면 비가 약한 것이 아니고 오히려 경병輕病이다. 대변이 비록 굳다고 하더라도 약을 쓰면 잘 낫기 때문이다. 그렇기 때문에 대황·지실·후박·망초 같은 약도 또한 성공하는 것이다.

『동의수세보원』

지실은 흉협의 담벽을 없애고 머물러 있는 수기를 몰아내며, 맺혀서 가득 찬 것은 깨뜨리고 창만을 없애고, 심하부가 급히 걸리고 아픈 것·역기·협풍통(풍으로 옆구리가 아픈 증세)을 없앤다. 위기胃氣를 편안하게 하여 설사를 멎게 하고 눈을 밝게 한다. 음식을 소화消化시키고 죽은피를 흩뜨리며, 단단한 적을 깨뜨리고 위중의 습열濕熱을 제거한다.

『본초정화』

지실은 가슴과 옆구리의 담벽痰癖을 없앤다. 물에 달여 먹거나 환으로 만들어 먹는다.

『동의보감』

지실(탱자)과 소음인의 마음작용 · 몸 기운(心氣·生氣)

『동무유고』, 「동무약성가」에서 밝힌 지실의 약성은 '음식을 소화시키고 비증痞證을 없애며, 적적을 깨뜨리고 가래를 삭이니(消食除痞, 破積化痰.)'이다. 지실枳實은 비약脾藥으로, 위장胃腸의 소화 기능과 뱃속이 걸려서 체한 증상인 비증痞證에 사용하는 소음인의 꽃차이다. 지실은 기운에 대한 특별한 논급이 없기 때문에 소음인 열증의 기본적인 내용으로 이해된다.

먼저 소음인의 마음작용(心氣)과 지실을 보면, 지실은 비장의 기운을 활성하여 소화를 잘 시키는 작용을 하기 때문에 심기心氣에서는 열을 내려 온화한 마음으로 상대방을 감싸고 너그럽지만 엄숙하게 하는 것이다. 또 지실은 소음인의 불안정한 마음을 안정시켜 비장의 기운을 활발하게 하는 것이다.

다음 소음인의 몸 기운(生氣)과 지실의 작용을 보면, 소음인 열증은 표병으로, 눈(목, 目)에서 등(배려, 背膂)으로 가는 기운이 상하는 것이다. 따라서 인

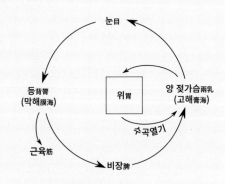

수곡열기水穀熱氣
수곡열기水穀熱氣는 위胃에서 시작하여 양 젖가슴(兩乳, 膏海)로 들어가고, 눈(目, 氣)로 나와서 다시 등(背膂, 膜海)으로 들어가고, 비장으로 돌아가서 비장에서 다시 양 젖가슴으로 고동하여 순환한다.

진쑥은 소음인의 '신수열표열병'에 음다하는 꽃차로, 백작약과 같이 비당脾黨의 기운인 수곡열기의 표기表氣를 잘 흐르게 도와준다.

지실(탱자) 블렌디드 한방꽃차

'지실 블렌디드 한방꽃차'는 『동의수세보원』 갑오구본 제2권 「새로 만든 소음인의 병에 응용할 수 있는 중요한 약 22가지 방문」에 있는 강출파적탕(薑朮破積湯, 창출·백출·량강·건강·백하수오·독두산·진피·청피·후박·지실·목향·대복피 각1돈, 백작약·자감초 각5푼, 대조 2개)에 바탕하여, 지실에 백출과 대추를 블렌딩하였다.

강출파적탕에서 백출과 하수오를 블렌딩한 것은 지실은 한寒하여 따뜻한 하수오를 추가하고, 음식 소화를 돕기 위하여 백출을 추가한 것이다.

강출파적탕의 용례

소음인 하리청수(설사)가 시작되는 초기 병증에서 약을 쓰지 않고 병이 풀리지 않은 상황에서 대변이 아무런 이유 없이 스스로 막힌 것이 하루 밤낮 남짓 된다면 마땅히 파두 한 알 전부를 음다하여 설사를 한 번 시키고 이어 강출파적탕을 음다한다.
『동의수세보원』

아랫배가 단단하고 그득한 것, 가슴에서 잔 기운을 싫어하는 것을 치료한다. 구토 및 설사, 위기胃氣허약 및 식체, 황달, 물 같은 설사하는 증상을 치료한다.
『동의사상신편』

배가 그득하여 꺼지지 않거나 꺼져도 충분하지 않은 경우와 몸이 노랗게 되고 설사를 하며 배가 그득하고 목 이상으로만 땀이 나는 경우 등의 두 가지 병증은 적체로 인한 것이다. 마땅히 파두단으로 두 차례 설사를 시키고 이어 강출파적탕, 항사양위탕 등으로 화해시켜야 한다.
『동의수세보원』

지실(탱자)에 백출과 같이 쓰면 습을 제거하여 더욱 건조하게 하고, 중초를 조화롭게 하며 기를 보補한다. 위胃의 열을 제거하고, 비위를 튼튼하게 하여 위를 조화롭게 하고 진액을 생성한다. 기(肌, 살가죽)의 열을 내리고, 팔다리가 피곤하고 권태롭고 눕기를 좋아하고 눈이 떠지지 않고 음식 생각이 나지 않는 것을 치료하는 것이 지실과 함께 쓰면 비만을 삭인다.

『본초정화』

지실(탱자)에 하수오를 같이 쓰면 나력(결핵성 임파선)을 치료하고 옹종을 없애주며 두면의 풍창과 오치를 치료하며, 가슴의 통증을 그치게 하고 혈기를 더해주며 콧수염과 머리털을 검게 해주고 안색을 좋게 하는 효능이 있다. 오래 복용하면 근골을 자라게 해주고 정수精髓를 더해주며 수명을 연장하고 늙지 않게 해준다. 부인의 산후병 및 대하 등 부인과의 여러 질환을 치료한다.

『본초정화』

블렌딩한 백출과 하수오는 위에 열을 제거하여 비위를 튼튼하게 하고, 나력, 옹종, 풍창, 부인의 산후병 등 부인과 질환을 치료한다. '지실 블렌디드 한방꽃차'는 가슴에 찬 기운을 치료하여 위기를 안정시키고 눈을 밝게 한다.

지실(탱자) 꽃차의 제다법

생약명
지실(덜 익은 열매 껍질)
지각(익은 열매를 말린 것)

이용부위
꽃, 잎, 열매

개화기
5월

채취시기
잎(봄~여름), 열매(여름)

독성 여부
무독無毒

탱자(꽃, 잎, 열매)차, 백출(잎, 꽃, 뿌리)차, 하수오(잎, 뿌리)차를 블렌딩한 한방꽃차의 우림한 탕색은 연미색이고, 향기는 그윽한 꽃과 과일향이 난다. 맛은 약간 씁쓸하고 목 넘김이 부드러우며 여운이 깊다.

❶ 지실(탱자)은 꽃, 잎, 열매를 차로 제다하여 음다할 수 있다.

❷ 탱자나무 잎은 새 순을 채취하여 깨끗이 씻어서 부드러운 잎을 살청 → 유념 → 건조하여 완성한다.

❸ 묵은 잎은 채취하여 깨끗이 씻어서 잎을 1cm로 잘라서 살청 → 유념 → 건조하여 탱자 잎차를 완성한다.

❹ 5월에 피는 탱자 꽃을 갓 피어나는 꽃과 곧 피려고 하는 꽃봉오리를 채취한다.

❺ 온도가 약한 탱자 꽃은 저온에서 덖음하여 가향 덖음으로 탱자 꽃차를 완성한다.

❻ 열매는 조금 덜 익은 탱자를 채취하여 반을 갈라서 속을 제거하고 껍질은 채 썰어서 고온 덖음과 식힘을 반복하여 지실차를 완성한다.

소음인 한증과 꽃차

인삼人蔘

인삼의 약성

- 맛이 달고 쓰며, 성질은 따뜻하다.
- 비장을 보강해 준다.
- 원기를 보한다.
- 폐와 위의 양기가 부족한 것을 치료한다.
- 오장을 보하고, 혼백魂魄을 진정시킨다.

비장을 보하고 비장을 조화시킨다.
補脾和脾

인삼은 맛이 달고 원기를 크게 보한다. 갈증을 멈추며 진액津液을 생성시
키며, 영음榮陰을 조화시키고 위양衛陽을 자양한다. 비장을 보하고 비장을
조화시키는 것이 인삼이다.   「동무유고」

소음인 땀은 마땅히 인중 부위에서 땀이 나는지 여부를 살펴야 하니, 몸 전체에서 비록 땀이 나지 않더라도 인중에서 땀이 나면 이는 진한眞汗이며, 몸 전체에서 비록 땀이 나더라도 인중에서 땀이 나지 않으면 이는 망양증이다. 소음인 병에 망양증은 가장 두려워할만 하니 마땅히 인삼, 황기, 관계 등의 약을 써 급히 이를 구해야 하고 등한시하여 그냥 놔두어서는 안 된다.

『동의수세보원』

인삼은 오장五臟을 보하며, 정신을 편안하게 해주고 혼백魂魄을 안정시키며 잘 놀라고 두근거리는 것을 진정시키고, 사기邪氣를 제거하며 마음을 열어 주어 지혜를 기른다. 위와 장이 싸늘한 것과 가슴이 두근거리면서 아픈 것, 가슴과 옆구리로 기운이 치받아 올라 그득한 것과 곽란癨亂으로 토하는 것을 치료한다. 중초를 조절해 주고 소갈을 멎게 하며, 혈맥을 통하게 하고 단단한 적취를 깨뜨려 준다. 오래 복용하면 몸이 가벼워지고 수명이 길어진다. 폐肺와 위胃의 양기가 부족한 것을 치료하며 심장·폐장·비장·위장 속의 화사火邪를 내려주고, 진액을 제다하여 주며 남자와 부인의 모든 허증을 치료한다.

『본초정화』

인삼은 원기가 허하여 정신精神이 부족하고 말이 이어지지 않는 것을 치료한다. 원기를 회복하는 가장 좋은 방법이다. 사기 그릇에 인삼 1근을 썰어 넣고 물을 한 손가락 깊이 정도로 올라오게 부은 뒤 중간 불로 절반이 남을 때까지 달여서 다른 곳에 붓는다. 찌꺼기는 같은 방법으로 3번 달이는데, 인삼을 씹어 아무 맛이 없으면 그만 달인다.

『동의보감』

인삼과 소음인의 마음작용 · 몸 기운(心氣·生氣)

소음인은 '신대비소腎大脾小'로 신상腎臟의 기운이 크고 비장脾臟의 기운이 작은 사람이나. 또 '락성희정樂性喜情'으로 락성기樂性氣와 희정기喜情氣의 성·정性情을 가지고 있다. 따라서 소음인은 작은 장국인 비장의 심기心氣나 생기生氣가 부족하고, 잘하지 못한다.

『동무유고』, 「동무약성가」에서 밝힌 인삼의 약성은 '원기를 크게 보한다. 갈증을 멈추며 진액津液을 생성시키며, 비장을 보하고 비장을 조화시킨다.(大補元氣, 止渴生律, 補脾和脾.)'이다. 인삼은 비약脾藥으로, 비장의 원기를 보하고, 진액을 생성시키고, 비장을 조화롭게 하는 소음인 한증의 대표적인 꽃차이다.

먼저 소음인의 마음작용(心氣)과 인삼을 보면, '비장脾臟을 보하고 조화시킨다'는 것을 심기心氣의 입장에서 서술할 수 있다. 「사단론」에서는 '비장의 기운은 엄숙하고 포용하는 힘을 길러준다.(脾氣 栗而包)'고 하였으니, 인삼이 비장을 보하고 조화시키는 것은 상대방을 크게 감싸지 못하고, 엄숙함이 부족한 것을 도와주고 조화롭게 하는 것이다.

또 소음인은 락성희정樂性喜情의 성정에서 희정기喜情氣는 항상 암컷이 되고자 하고 수컷이 되고자 하지 않아 안일安逸만을 구하는 나인懦人이 되는데, 인삼은 원기를 보하여 적극적으로 활동하는 수컷이 되기를 싫어하지 않게 한다.

다음 소음인의 몸 기운(生氣)과 인삼의 작용을 보면, 인삼은 비약脾藥으로 소음인 비장脾臟의 원기를 크게 보한다. 「장부론」에서는 비장의 원기元氣에 대해, "비장은 교우交遇를 단련하고 통달하는 노怒의 힘으로 막해膜海의 맑은 즙을 빨아내어 비장에 들어가 비장의 원기를 더해주고, 안으로는 고해를 옹호하여 수곡열기를 고동시킴으로써 그 고膏를 엉겨 모이게 한다.(脾, 以鍊達交遇之怒力, 吸得膜海之淸汁, 入于脾, 以滋脾元而內以擁護膏海, 鼓動其氣, 凝聚其膏.)"고 하였다. 즉, 막해膜海의 맑은 즙이 비장에 들어가서 비장의 원기를 더해주기 때문에 인삼이 막해의 맑은 즙을 생성시킴을 알 수 있다.

또 인삼은 진액津液을 생성시킨다고 하였는데, 「장부론」에서는 "폐는 사무를 단련하고 통달하는 애哀의 힘으로 니해의 맑은 즙을 빨아내어 폐에 들어가 폐의 근원을 더해주고, 안으로는 진해를 옹호하여 수곡의 온기를 고동시킴으로써 그 진津을 엉겨 모이게 한다.(肺, 以鍊達事務之哀力, 吸得膩海之淸汁, 入于肺, 以滋肺元而內以擁護津海, 鼓動其氣, 凝聚其津.)"라고 하여, 소음인의 진액津液을 생성하여 폐肺의 작용도 활성화시키는 것이다. 인삼은 비장의 원기를 크게 보할 뿐만 아니라 폐의 작용도 돕는 역할을 하는 것이다.

또한 『동의수세보원』 제4권에서는 소음인 락성희정樂性喜情의 성기性氣와 정기情氣에 따른 표기(表氣, 겉 기운)와 이기(裏氣, 속 기운)에 대해, "소음인의 락성樂性은 눈(目)과 등(背膂)의 기운을 상하게 하고, 희정喜情은 비장과 위胃의 기운을 상하게 한다.(少陰人, 樂性傷目膂氣, 喜情傷脾胃氣.)"라고 하여, 락성기의 왜곡은 겉 기운을 상하게 하고, 희정기의 낭발은 속 기운을 상하게 한다고 하였다.

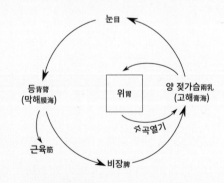

수곡열기水穀熱氣

수곡열기水穀熱氣는 위胃에서 시작하여 양 젖가슴(兩乳, 膏海)로 들어가고, 눈(目, 氣)로 나와서 다시 등(背膂, 膜海)으로 들어가고, 비장으로 돌아가서 비장에서 다시 양 젖가슴으로 고동하여 순환한다.

소음인 한증은 이병裏病으로 희정기喜情氣와 연계되기 때문에 앞의 그림에서 비장脾臟에서 양 젖가슴(양유 兩乳)으로 가는 속 기운이 상하는 것이다. 따라서 인삼은 소음인에서 '위가 한寒을 받아 속으로 차가운 병'인 '위수한이한병胃受寒裏寒病'에 음다하는 꽃차로, 비당脾黨인 수곡열기의 속 기운을 잘 흐르게 한다.

인삼 블렌디드 한방꽃차

'인삼 블렌디드 한방꽃차'는 『동의수세보원』 제2권 「새로 정한 소음인의 병에 응용하는 중요한 약 24방문」에 있는 인삼계지부자탕(人蔘官桂付子湯, 인삼 4돈, 계지 3돈, 백작약·황기 각2돈, 당귀·자감초 각1돈, 포부자 1돈 또는 2돈, 생강 3쪽, 대조 2개)에 바탕하여, 인삼에 황기와 감초를 블렌딩하였다.

인삼계지부자탕에서 인삼과 황기, 감초를 블렌딩한 것은 인삼의 쓴맛을 부드럽게 하기 위하여 감초를 추가하고, 신열로 인한 땀을 적게 하여 마음을 열어 더욱 지혜롭게 하기 위하여 황기를 추가한 것이다.

인삼계지부자탕 용례

망양증이 다시 발작하여 오한증은 없이 발열하면서 땀을 몹시 흘리고, 소변은 빛이 붉고 깔깔하며 대변은 굳어서 전번과 같이 통하지 않고 온 얼굴에 푸른빛을 띠고 간간이 마른기침을 하였다. 병세가 전번에 비하여 극히 심하게 된 것이다.

그리하여 급히 파두 한 알을 거각하여 먹이고 이번에는 인삼계지부자탕을 써야 되겠기에 인삼 5돈, 부자 2돈을 물에 넣어 달여서 2첩을 연복시켜서 병을 눌러놓았더니 해질 무렵 되어서 대변을 비로소 통하고 소변은 조금 많아졌으나 빛깔이 붉은 것은 전과 같았다. 또 다시 인삼계지부자탕에 인삼 5돈, 부자 2돈을 물에 달여서 1첩을 먹이니 그날 밤 10시쯤 되어서 그 아이가 모로 눕기는 하나 머리를 들지는 못하고 저절로 가래를 한두 숟갈쯤 토하더니 기침도 곧 멎었다.

『동의수세보원』

인삼에 감초를 같이 쓰면 이것이 바로 단맛과 따뜻한 성질로 큰 열을 제거한다는 의미가 되어, 음화를 빼주고 원기를 보하게 되며, 또한 부스럼 질환의 성약聖藥이 된다. 땀을 낸 후에 몸에서 열이 나고 피가 많이 부족해져서 맥이 가라앉고 더딘 환자와 설사를 하고 몸이 싸늘해지며 맥이 미미하고 피가 부족한 환자에게 모두 인삼을 더한다.　　『본초정화』

인삼에 황기를 같이 쓰면 오장 사이에 있는 나쁜 피를 몰아내고, 남자의 허손을 보해 주며, 갈증을 멎게 하고, 복통·설사와 이질을 치료하며 허로로 인해 땀이 절로 나는 것을 다스리며, 폐의 기운을 보해 주고, 폐의 화기를 내려 주며, 피부와 털을 튼튼하게 하고, 위장의 기운을 보하고, 살 속의 열이나 모든 경락의 통증을 없앤다.　　『본초정화』

블렌딩한 황기와 감초는 맥이 미미하고 피가 부족한 환자에게 좋고, 복통·설사와 이질을 치료하며 허로로 인해 땀이 절로 나는 것을 다스리며, 폐의 기를 보한다. 인삼 블렌디드 한방꽃차는 폐에 화기를 내리고 사기邪氣를 제거하여, 정신을 편안하게 해주고 마음을 열어 지혜를 기른다.

인삼 꽃차의 제다법

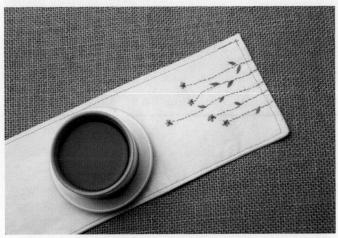

인삼(꽃, 잎, 진생베리, 뿌리)차, 황기(꽃, 잎, 뿌리)차, 감초(꽃, 잎, 뿌리)차를 블렌딩한 한방꽃차의 우림한 탕색은 오렌지색으로 맑으며, 향기는 인삼 꽃의 풋풋하고 싱그러운 향에 감초의 달달한 꿀향이 깊은 여운을 준다. 맛은 쓰지만 달달한 감칠맛이 돋아난다.

생약명
인삼(건조한 뿌리)
인삼엽(건조한 잎)
인삼수(건조한 잔뿌리)

이용부위
꽃, 잎, 열매, 뿌리

개화기
5월

채취시기
잎(봄~여름), 열매(9~10월), 뿌리(가을~봄)

독성 여부
무독無毒

① 인삼은 꽃, 잎, 열매, 뿌리를 차로 제다하여 음다할 수 있다.

② 꽃은 녹색으로 피는데 5월에 꽃봉오리가 터지려고 할 때 채취한다.

③ 채취한 인삼 꽃은 소금, 식초 물에 15~20분 정도 담그어 법제를 하여 씻어서 물기를 제거한다.

④ 인삼 꽃을 고온에서 덖음과 식힘을 반복하여 완성한다.

⑤ 꽃이 지고 열매가 된 진생베리는 붉게 익기 전에 파란 열매를 채취한다.

⑥ 꽃처럼 법제를 하여 고온에서 덖음과 식힘을 반복하여 구증구포의 원리에 의해 진생베리차를 완성한다.

⑦ 인삼 잎도 채취하여 법제를 하고 깨끗이 씻어서 물기를 제거 한 다음 살청 → 유념 → 건조 과정으로 잎차를 완성한다.

⑧ 인삼뿌리는 깨끗이 씻어서 노두를 제거하고 얇게 썰어서 시들리기를 하여 구증구포의 원리에 의하여 덖음과 식힘을 반복하여 인삼 뿌리차를 완성한다.

당귀當歸

당귀의 약성

- 맛은 쓰고 달며, 성질이 따듯하다.
- 비장을 견실하게 한다.
- 혈을 생기게 한다.
- 머리, 가슴, 배의 온갖 통증을 치료한다.
- 혈을 조화롭게 하고 혈을 보호한다.

비장을 견실하게 하고 안으로 지키는 힘이 있다.

壯脾而有內守之力

당귀는 성질이 따뜻하다. 혈血이 생기게 하고 심心을 보하며, 허한 것을 부축하고 소모된 것에 보태며, 어혈瘀血을 쫓고 새로운 것이 생겨나게 한다. 당귀는 비장을 견실하게 하고 안으로 지키는 힘이 있다.

『동무유고』

사람이 상한병(배 속이 그득하고 아픈 증상)을 앓는데 발광을 하면서 밖으로 달아나고자 하며 맥은 허삭하여 시호탕을 썼더니 병이 도리어 심해졌다. 곧 인삼·황기·당귀·백출·진피·감초 등속을 한 첩 달여서 먹이니 발광병이 멎고, 또 한 첩을 먹이니 편안히 잠이 들면서 나았다.

『동의수세보원』

당귀는 머리·가슴·배의 온갖 통증을 치료하고, 고름을 밀어내며 통증을 멎게 하고, 혈을 조화롭게 하고 혈을 보한다. 이 약의 작용에는 3가지가 있는데 첫째는, 심경의 본약이며 둘째는, 혈을 조화롭게 하며 셋째는, 밤에 심해지는 온갖 병을 다스린다. 일반적으로 혈이 병들면 반드시 이 약을 음다하여야 한다. 혈이 옹체되어 흐르지 않으면 통증이 생긴다. 당귀의 달고 따뜻한 약성은 혈을 조화롭게 할 수 있으며, 맵고 따뜻한 약성은 속의 한寒을 흩을 수 있으며, 쓰고 차가운 약성은 심을 돕고 한寒을 흩어 기혈이 각각 자기가 가야할 곳으로 잘 흐르게 할 수 있다.

『본초정화』

당귀는 먼저 피가 나온 뒤에 대변이 나오는 것을 치료한다. 적소두 5냥(물에 담가서 싹을 틔워 볕에 말린 것), 당귀 1냥. 이 약들을 찧어서 가루내어 하루에 3번 좁쌀죽 윗물에 2돈씩 타서 먹는다.

『동의보감』

당귀와 소음인의 마음작용·몸 기운(心氣·生氣)

『동무유고』, 「동무약성가」에서 밝힌 당귀의 약성은 '혈血이 생기게 하고 심心을 보하며, 허한 것을 부축하고 소모된 것에 보태며, 어혈瘀血을 쫓고 새로운 것이 생겨나게 한다. 비장을 견실하게 하고 안으로 지키는 힘이 있다.(生血補心, 扶虛益損, 逐瘀生新, 壯脾而有內守之力.)'이다. 당귀는 비약脾藥으로, 소음인의 혈血을 생성시키고 어혈瘀血을 쫓아내며, 비장을 건실하게 하는 꽃차이다.

먼저 당귀가 '비장脾臟을 견실하게 한다'는 것을 마음작용(心氣)으로 논할 수 있다. 「사단론」에서는 '비장의 기운은 엄숙하고 포용하는 힘을 길러준다.(脾氣 栗而包.)'고 하였으니, 당귀가 비장을 견실하게 하여, 상대방을 크게 감싸는 마음이 있게 되는 것이다. 또 소음인은 항상 불안정한 마음을 가지고 있기 때문에 비장의 기운을 왜곡시키는데, 당귀는 불안정한 마음에 작용하여 비장의 기운을 활발하게 한다.

다음 소음인의 몸 기운(生氣)과 당귀의 작용을 보면, 「장부론」에서는 "비장은 교우交遇를 단련하고 통달하는 노怒의 힘으로 막해膜海의 맑은 즙을 빨아내어 비장에 들어가 비장의 원기를 더해주고, 안으로는 고해를 옹호하여 수곡열기를 고동시킴으로써 그 고膏를 엉겨 모이게 한다.(脾, 以鍊達交遇之怒力, 吸得膜海之淸汁, 入于脾, 以滋脾元而內以擁護膏海, 鼓動其氣, 凝聚其膏.)"고 하였다. 당귀가 비장을 견실하게 하기 때문에 막해(膜)의 맑은 즙을 잘 빨아들이고, 안으로는 고膏가 잘 엉겨 모이게 하는 것이다. 고膏는 진액津液에서 변화·생성된 고체 상태의 기름으로, 『영추』에서는 '오곡의 진액이 화합하여 고가 된 것은 안으로 골공骨空에 스며들어가고 뇌수腦髓를 보익한다.'고 하였다.

또 혈血에 대하여 「장부론」에서는 "코(비, 鼻)는 인륜을 널리 냄새 맡는 힘으로 유해의 맑은 기운을 끌어내어 중하초에 가득 차게 하여 혈血이 되게 하고, 허리에 쏟아 넣어서 혈이 엉기게 하는 것이니, 이것이 쌓이고 쌓여서 혈해血海가 된다.(鼻, 以廣博人倫之嗅力, 提出油海之淸氣, 充滿於中下焦, 爲血而注之腰脊, 爲凝血, 積累爲血海.)"라 하고, 코가 유해油海의 맑은 기운을 끌어내어 피를 생성시킨다고 하였다. 즉, 당귀는 유해油海의 맑은 기운을 도와주어 피를 생성시키는 것이다. 참고로 유油는 진액에서 변화하여 생성된 액체 상태의 기름이다.

이어서 「장부론」에서는 "간은 당여를 단련하고 통달하는 희喜의 힘으로 혈해의 맑은 즙을 빨아내어 간에 들어가 간의 근원을 더해주고, 안으로는 유해를 옹호하여 수곡의 량기를 고동시킴으로써 그 유油를 엉겨 모이게 한다.(肝, 以鍊達黨與之喜力, 吸得血海之淸汁, 入于肝, 以滋肝元而內以擁護油海, 鼓動其氣, 凝聚其油.)"라고 하였다. 당귀가 비약脾藥이지만, 혈血과 유해油海에 직접 관계하는 간장肝臟에 직접 영향을 미치고 있다. 따라서 당귀는 비당脾黨인 수곡열기와 간당肝黨인 수곡량기의 기 흐름을 잘 흐르게 한다.

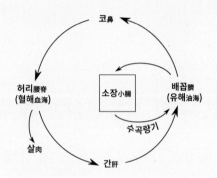

수곡량기水穀涼氣
수곡량기水穀涼氣는 소장小腸에서 시작하여 배꼽(臍, 油海)으로 들어가고, 코(鼻, 血)로 나와서 다시 허리(腰脊, 血海)로 들어가고, 간으로 돌아가서 간에서 다시 배꼽으로 고동하여 순환한다.

당귀 블렌디드 한방꽃차

'당귀 블렌디드 한방꽃차'는 『동의수세보원』 제2권 「새로 정한 소음인의 병에 응용하는 중요한 약 24방문」에 있는 궁귀향소산(芎歸香蘇散, 향부자 2돈, 자소엽·천궁·당귀·창출·진피·자감초 각1돈, 총백 5뿌리, 생강 3쪽, 대조 2개)에 바탕하여, 당귀에 진피와 총백을 블렌딩하였다.

궁귀향소산에서 당귀와 진피, 총백(파 줄기)을 블렌딩한 것은, 위의 소화를 돕는 진피를 추가하고, 당귀의 강한 향을 순하게 하기 위해 총백을 추가한 것이다.

궁귀향소산 용례

태양 상풍증에 열이 나고 오한이 있다고 한 것은 곧 소음인의 신腎에 열을 받아 밖에 열이 나는 병이니 이 증후에 발열하며 오한이 나고 땀이 없으면 계지탕·천궁계지탕·향소산·궁귀향소산·곽향정기산 같은 것을 써야 하고, 오한발열이 있으면서 땀이 나면 망양증 초증이므로 절대로 가볍게 보아 넘겨서는 안 된다.

『동의수세보원』

당귀에 진피를 같이 쓰면 풍한습으로 인한 비증을 다스리고, 한열을 없애며 눈에 생긴 청예와 백막을 다스린다.

『본초정화』

당귀에 총백과 함께 쓰면 온몸을 운행할 수 있고, 택사 고본과 함께 쓰면 풍을 치료하며, 당귀·작약·양기석·우여량과 함께 쓰면 부인의 자궁에 있는 풍을 치료한다.

『본초정화』

블렌딩한 진피와 총백은 혈분병을 치료하고, 풍·한·습으로 인한 비증痞證을 다스리고, 눈에 생긴 백막을 다스리고, 혈이 온몸의 운행을 잘 통하게 한다. '당귀 블렌디드 한방꽃차'는 소음인의 시장에 발열로 인한 오한을 혈이 온몸에 운행하도록 도와 눈을 밝게 한다.

당귀 꽃차의 제다법

생약명
당귀當歸(뿌리를 말린 것)

이용부위
꽃, 잎, 뿌리

개화기
7~8월

채취시기
잎(봄~여름), 뿌리(가을~봄)

독성 여부
무독無毒

당귀(꽃, 잎, 뿌리)차, 진피(꽃, 잎, 열매피)차, 총백(꽃, 줄기, 뿌리)차를 블렌딩한 한방꽃차의 우림한 탕색은 등황색이고, 향기는 당귀의 한약 화향이 올라와 마음이 안정되는 듯하다. 맛은 달콤하고 감미로움이 쌉쌀한 맛을 담백하게 한다.

❶ 당귀는 꽃, 잎, 뿌리를 차로 제다하여 음다할 수 있다.

❷ 꽃은 7~8월에 자주색으로 갓 피어난 꽃을 채취하여 저온에서 덖음한다.

❸ 당귀 잎은 사철 채취하여 차로 만들 수 있다.

❹ 채취한 당귀 잎은 깨끗이 씻어서 물기를 제거하고 살청 → 유념 → 건조과정을 거쳐 당귀 잎차를 완성한다.

❺ 당귀뿌리는 가을~봄에 채취한다. 뿌리는 깨끗이 씻는다.

❻ 뿌리는 슬라이스로 썰어서 청주에 담그었다가 건져 고온에서 덖음과 식힘을 반복하여 구증구포의 원리에 의해 덖음으로 당귀 뿌리차를 완성한다.

감초甘草

감초의 약성

- 맛은 달고, 성질은 따뜻하다.
- 비장을 굳세고 단단하게 한다.
- 모든 약을 조화롭게 한다.
- 생것은 화기를 없앤다.
- 구운 것은 중초를 따뜻하게 한다.

비장을 견고하게 하고 비장을 세운다.
固脾立脾

감초는 맛이 달고 성질이 따뜻하다. 모든 약을 조화시킨다. 구우면 중초中焦를 따뜻하게 하고, 생것으로 쓰면 화火를 쏟아낸다. 구운 감초는 비장을 견고하게 하고, 비장을 바로 세운다.

『동무유고』

한 사람이 상한병(아랫배가 단단하며 그득해지는 병증)을 앓는데 발광을 하면서 밖으로 달아나고자 하며 맥은 허삭하여 시호탕을 썼더니 병이 도리어 심해졌다. 곧 인삼·황기·당귀·백출·진피·감초 등속을 한 첩 달여서 먹이니 발광병이 멎고 또 한 첩을 먹이니 편안히 잠이 들면서 나았다.

『동의수세보원』

감초는 속을 따뜻하게 해주고 기를 내려주며, 답답하고 그득한 것·숨이 짧은 것·장이 상하여 기침이 나는 것을 치료하고, 갈증을 멎게 하며 경맥을 통하게 하고 기혈氣血을 잘 흐르게 하며, 모든 약의 독을 풀어준다.
날 것을 쓰면 기운이 평탄하여 비위장脾胃臟의 부족한 기운을 보충하면서 심장의 화를 크게 내려주며, 구워서 쓰면 기운이 따뜻하여 삼초의 원기를 보충하면서 체표의 한기를 흩뜨리고, 사열을 제거하며, 인통을 없애고, 정기를 완만하게 하며, 음혈을 기른다. 일반적으로 심장의 화가 비장을 타고 오르면 뱃속이 급격히 아프고 배의 피부가 당기면서 수축되는데, 이때는 2배의 양을 음다한다.

『본초정화』

감초는 맥이 결대結代하고 심장이 두근거리는 것을 치료한다. 구운 감초 2냥을 썰어 물 3되가 반이 될 때까지 달인 뒤 3번에 나누어 먹는다. 껄끄럽고 아픈 것을 치료한다. 맛이 담담하면서 달지 않은 것을 쓴다.

『동의보감』

감초와 소음인의 마음작용·몸 기운(心氣·生氣)

『동무유고』, 「동무약성가」에서 밝힌 감초의 약성은 '모든 약을 조화시킨다. 구우면 중초中焦를 따뜻하게 하고, 생것으로 쓰면 화火를 쏟아낸다. 구운 감초는 비장을 견고하게 하고, 비장을 바로 세운다.(調和諸藥, 灸則溫中, 生則瀉火, 灸甘草固脾立脾.)'이다. 감초는 비약脾藥으로, 비장을 견고하게 하고 바로 세우는 소음인의 꽃차이다.
먼저 비장을 견고하게 하고 세우는 것을 마음작용(心氣)로 서술하면, 「사단론」에서는 '비장의 기운은 엄숙하고 포용하는 힘을 길러준다.(脾氣 栗而包)'고 하였으니, 감초가 비장을 견고하게 하여, 상대방을 크게 감싸는 마음이 있게 되는 것이다. 또 소음인은 항상 불안정한 마음을 가지고 있기 때문에 비장의 기운을 왜곡시키는데, 감초는 비장의 기운을 활발하게 하여 불안정한 마음을 안정시킨다.
다음 소음인의 몸 기운(生氣)과 감초의 작용을 보면, 「장부론」에서는 "비장은 교우交遇를 단련하고 통달하는 노怒의 힘으로 막해膜海의 맑은 즙을 빨아내어 비장에 들어가 비장의 원기를 더해주고, 안으로는 고해를 옹호하여 수곡열기를 고동시킴으로써 그 고膏를 엉겨 모이게 한다.(脾, 以鍊達交遇之怒力, 吸得膜海之淸汁, 入于脾, 以滋脾元而內以擁護膏海, 鼓動其氣, 凝聚其膏.)"고 하였다. 감초는 비장을 견고하게 하는 막해의 맑은 즙을 생성시키는 것이다. 막해膜海는 근육과 모든 기관을 싸고 있는 얇은 꺼풀이 모인 곳이다.

소음인 한증은 이병裏病으로 희정기喜情氣와 연계되기 때문에 옆의 그림에서 비장脾臟에서 양 젖가슴(양유, 兩乳)으로 가는 속 기운이 상하는 것이다. 따라서 감초는 소음인의 '위수한이한병胃受寒裏寒病'에 음다하는 꽃차로, 비당脾黨인 수곡열기의 속 기운을 잘 흐르게 한다.

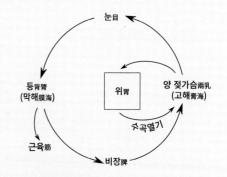

수곡열기水穀熱氣
수곡열기水穀熱氣는 위胃에서 시작하여 양 젖가슴(兩乳, 膏海)로 들어가고, 눈(目, 氣)로 나와서 다시 등(背膂, 膜海)으로 들어가고, 비장으로 돌아가서 비장에서 다시 양 젖가슴으로 고동하여 순환한다.

감초 블렌디드 한방꽃차

'감초 블렌디드 한방꽃차'는 『동의수세보원』 제2권 「장중경張仲景의 『상한론傷寒論』 중 소음인 병에 경험된 주요 23처방」에 있는 감초사심탕(甘草瀉心湯, 감초 2돈, 건강·황금 각1돈 5푼, 제반하·인삼 각1돈, 대조 3개)에 바탕하여, 감초에 인삼과 건강을 블렌딩하였다.

감초사심탕에서 감초와 인삼, 건강을 블렌딩한 것은, 감초가 단맛이 많아서 쓴맛이 나는 인삼을 추가하여 맛을 싱그럽게 하고, 위장의 소화를 도와 마음을 상쾌하게 하기 위하여 건강을 추가한 것이다.

감초사심탕 용례

설사를 시킨 후에 설사를 하루에 수십 번씩 하는데 곡물이 소화되지 않은 그대로 배설되며 배에서는 천둥소리가 울리며 명치 밑이 더부룩하고 단단하며 마른 구역질을 하면서 가슴이 답답한 것은 열이 맺힌 것이다. 곧 위중胃中이 허하여 객기客氣가 거슬러 올라오기 때문이다. 감초사심탕을 주로 쓴다.　　　　　　　　　　　　『동의수세보원』

하루에 수십 번 설사하고 음식이 소화되지 않으며, 뱃속에서 꼬르륵 소리가 나고 명치가 막히고 단단하며, 헛구역질을 하고 가슴이 답답한 것은, 열이 뭉친 것이 아니라 위胃 속이 허하여 객기客氣가 거슬러 올라온 것이다. 감초사심탕으로 치료한다.　　　　　　　　　　　　　　　　　　　　　　　　　　　　　　　　　　　『동의보감』

감초에 인삼을 같이 쓰면 땀을 낸 후에 몸에서 열이 나고 피가 많이 부족해져서 맥이 가라앉고 더딘 환자와 설사를 하고 몸이 싸늘해지며 맥이 미미하고 피가 부족한 환자에게 모두 인삼을 더한다. 기를 보할 때에는 반드시 인삼을 음다해야 하고, 피가 허약한 경우에도 또한 반드시 인삼을 써야 한다.　　　　　　　　　　　　　『본초정화』

감초에 생강을 같이 쓰면 담을 없애고 기를 내려주고, 쥐가 나는 것·토하고 설사하는 것·반위와 헛구역질·어혈과 타박상을 치료하고 코피를 멈추게 하고, 냉·열독을 풀고 위를 열고 소화를 돕는다.　　　　　　　　　　『본초정화』

블렌딩한 인삼과 생강은 혈과 비를 보하고, 냉·열독을 풀고 위를 열어 소화를 돕고, 토하고 설사하는 것, 헛구역질, 어혈과 타박상을 치료한다. '감초 블렌디드 한방꽃차'는 비장에 냉기를 사라지게 하며 마음이 답답하여 괴로운 것을 풀어주고, 위기胃氣를 열어준다.

감초 꽃차의 제다법

감초(꽃, 잎, 뿌리)차, 인삼(꽃, 잎, 열매, 뿌리)차, 건강(뿌리, 잎)차를 블렌딩한 한방꽃차의 우림한 탕색은 밝은 오렌지색이고, 향기는 인삼 꽃의 싱그러운 풀 향에 생강의 매운 향과 감초의 달달한 향연의 화향이 풍성하다. 맛은 쓰고 달달하며 독특한 감칠맛이 감미롭다.

생약명
감초甘草(뿌리 줄기를 말린 것)

이용부위
잎, 뿌리

개화기
7~8월

채취시기
잎(봄~여름), 뿌리(가을~봄)

독성 여부
무독無毒

❶ 감초는 꽃, 잎, 뿌리를 차로 제다하여 음다할 수 있다.

❷ 꽃은 7~8월에 연보라색으로 피어나는 꽃을 꼬투리 채 채취하여 중온에서 덖음하여 건조로 완성 한다.

❸ 잎은 여름에 채취하여 깨끗이 씻어 물기를 제거하여 살청 → 유념 → 건조의 과정으로 완성하다.

❹ 뿌리는 가을에 채취하여 흙을 털고 깨끗이 씻어서 얇게 썰어서 덖음과 식힘을 반복하여 구증구포의 원리에 의하여 감초 뿌리차를 완성한다.

총백蔥白

총백(파의 흰 줄기)의 약성

- 맛이 맵고, 성질이 따뜻하다.
- 비장의 표사를 풀어준다.
- 땀이 나게 한다.
- 두통과 종통을 흩어지게 한다.
- 풍한을 발산시킨다.

비장의 표사表邪를 풀어 준다.
解脾之表邪

총백은 맛이 맵고 성질이 따뜻하다. 겉의 삿된 것을(表邪) 발산시키고 땀이 나게 하며, 상한으로 인한 두통과 종통을 모두 흩어지게 한다. 총백은 비장의 표사를 풀어준다.

『동무유고』

소음인 태양병에는 소엽·총백·황기·계지 등을 단독으로라도 쓸 수 있다.   『동의수세보원』

총백(파의 흰 줄기)은 원기를 보할 때는 대조를 사용하고, 풍한을 발산시킬 때에는 총백을 사용한다.   『본초정화』

총백(파의 흰 줄기)은 뿌리가 있는 채로 쓴다. 해표하여 땀을 내고 풍사를 흩는다. 물에 달여 먹는다.   『동의보감』

총백과 소음인의 마음작용·몸 기운(心氣·生氣)

『동무유고』, 「동무약성가」에서 밝힌 총백의 약성는 '겉의 삿된 것을 발산시키고 땀이 나게 하며, 상한으로 인한 두통과 종통을 모두 흩어지게 한다. 비장의 표사를 풀어준다.(發表出汗, 傷寒頭疼, 腫痛皆散, 解脾之表邪.)'이다. 총백은 비약脾藥으로, 비장의 겉에 있는 삿된 기운을 풀어 편안하게 하는 소음인의 꽃차이다.

먼저 소음인의 마음작용(心氣)과 총백을 논하면, 「사단론」에서는 '비장의 기운은 엄숙하고 포용하는 힘을 길러준다(脾氣 栗而包)'고 하였으니, 총백이 비장의 겉에 있는 삿된 기운을 풀어주고 편안하게 하기 때문에 관대하면서도 엄숙하고, 상대방을 크게 감싸는 마음으로 작용한다. 또 소음인은 항상 불안정한 마음을 가지고 있는데, 비장의 기운을 편안하게 하여 불안정한 마음을 안정시키는 작용을 한다.

다음 소음인의 몸 기운(生氣)과 총백의 작용을 보면, 「장부론」에서는 "비장은 교우交遇를 단련하고 통달하는 노怒의 힘으로 막해膜海의 맑은 즙을 빨아내어 비장에 들어가 비장의 원기를 더해주고, 안으로는 고해를 옹호하여 수곡열기를 고동시킴으로써 그 고膏를 엉겨 모이게 한다.(脾, 以鍊達交遇之怒力, 吸得膜海之淸汁, 入于脾, 以滋脾元而內以擁護膏海, 鼓動其氣, 凝聚其膏.)"고 하였다. 총백은 비장의 표사를 풀어줌으로써 고해膏海를 옹호하여 엉겨 모이게 하는 것이다.

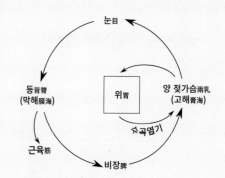

수곡열기水穀熱氣
수곡열기水穀熱氣는 위胃에서 시작하여 양 젖가슴(兩乳, 膏海)로 들어가고, 눈(目, 氣)로 나와서 다시 등(背膂, 膜海)으로 들어가고, 비장으로 들이가시 비장에서 다시 양 젖가슴으로 고동하여 순환한다.

145

소음인 한증은 이병裏病으로, 앞의 그림에서 비장脾臟에서 양 젖가슴(양유 兩乳)으로 가는 속 기운이 상하는 것이다. 따라서 총백은 소음인의 '위수한이한병胃受寒裡寒病'에 음다하는 꽃차로, 비당脾黨인 수곡열기의 속 기운을 잘 흐르게 한다.

총백 블렌디드 한방꽃차

'총백 블렌디드 한방꽃차'는 『동의수세보원』 갑오구본 제2권 「새로 만든 소음인의 병에 응용할 수 있는 중요한 약 22가지 방문」에 있는 궁귀총소이중탕(芎歸葱蘇理中湯, 인삼·백작약·백출·건강 각2돈, 자감초·부자·천궁·당귀·계지·자소엽 각1돈, 총백 3뿌리, 대조 2개)에 바탕하여, 총백에 천궁과 창출을 블렌딩하였다.

궁귀총소이중탕에서 총백과 천궁, 창출을 블렌딩한 것은 머리와 눈으로 상행하여 정신을 맑게 하는 천궁을 추가하고, 소화에 약한 위의 기운을 보하기 위하여 창출을 추가한 것이다.

궁귀총소이중탕 용례

소음인의 제복부 대장국으로 내려가 다다르는 위기가 허약하여 섭취한 음식물이 멈추어 정체되고 3~4일에서 5~7일에 이르기까지 새로운 기운이 비록 더하여 쌓이게 되나 점차로 충분히 완건해지지는 못하니, 마침내 소화와 설사의 문제가 되는 병증으로 달라지지 못하게 된다. 이 병증에는 마땅히 인진귤피탕, 인진사역탕, 장달환 등을 사용하거나 또는 궁귀총소이중탕, 계부곽진이중탕을 써야 한다.
『동의수세보원』

소음인의 식소(밥을 많이 먹는 병을 말한다.) 증상은 부종에 속하는 위급한 증상이다. 궁귀총소이중탕을 쓴다.
『동의수세보원』

종백(파의 흰 줄기)에 천궁을 같이 쓰면 풍을 맞은 것이 뇌로 들어가서 머리가 아픈 것·한비寒痺로 근련筋攣하여 풀어졌다 땅겼다 하는 증상·금창과 부인이 월경이 끊기고 임신하지 못하는 것을 다스린다. 머리속에 찬 기운이 동動하는 것·얼굴 위에 풍이 왔다 갔다 하는 것·눈물이 나오는 것·온갖 한랭한 기운으로 인해 심복이 단단해지면서 아픈 것·옆구리가 풍으로 아픈 것을 제거하고, 중초와 속이 찬 것을 따뜻하게 해 준다.

『본초정화』

종백(파의 흰 줄기)에 창출을 같이 쓰면 습을 제거하고 땀이 나게 하며, 위胃를 튼튼하게 하고 비脾를 편안히 한다. 위(痿, 저리거나 마비되는 것)를 치료하는 중요한 약이다. 현벽과 기가 뭉친 것을 치료하며, 부인의 냉기와 산람장기(악성 학질) 및 온병을 치료한다.

『본초정화』

블렌딩한 총백과 천궁, 창출은 머리가 아픈 것, 임신을 못하는 것을 다스리고, 속이 찬 것을 따뜻하게 해준다. 저리거나 마비되는 어혈을 풀어주고, 부인의 냉기와 온병을 치료 한다, '총백 블렌디드 한방꽃차'는 습을 제거하고 땀이 나게 하고, 위를 튼튼히 하여 비장을 편안하게 한다.

총백(파) 꽃차의 제다법

생약명
총백蔥白(파의 줄기 흰 부분)

이용부위
꽃, 줄기, 잎, 뿌리

개화기
6~7월

채취시기
봄~가을

독성 여부
무독無毒

총백(꽃, 줄기, 뿌리)차, 창출(잎, 꽃, 뿌리)차, 천궁(꽃, 잎, 뿌리)차를 블렌딩한 한
방꽃차의 우림한 탕색은 연갈색이고, 향기는 강한듯하면서 천궁川芎의 한방 향
기가 은은하게 올라온다. 맛은 담백하면서 농후하다.

❶ 총백은 꽃, 줄기, 잎, 뿌리를 차로 제다하여 음다할 수 있다.

❷ 파의 흰 줄기를 깨끗이 씻어서 슬라이스로 얇게 썰어서 시들림을 한다.

❸ 고온에서 덖음과 식힘을 반복하여 총백차를 완성한다.

❹ 파 꽃은 흰색으로 6~7월에 꽃이 터지려고 하는 꽃봉오리를 채취하여 고온에서 덖음과 식힘을 반복하여 파 꽃차
를 완성한다.

❺ 파 뿌리도 버리지 않고 깨끗이 씻어서 1cm 간격으로 썰어서 고온에서 덖음과 식힘을 반복하여 파 뿌리차를 완성한다.

생강生薑

생강의 약성

- 맛이 맵고, 성질이 따듯하다.
- 가래와 기침을 치료한다.
- 구토를 치료한다.
- 답답한 것을 흩어내고 위기를 열어준다.
- 가슴 속이 그득한 증상을 치료한다.

생강은 성질이 따뜻하다. 신명神明을 시원스레 통하게 하고, 가래·기침과 구토嘔吐를 치료하며, 위기胃氣를 열어줌이 극히 신령스럽다. 「동무유고」

소음인 소아가 물 설사를 하고 면색이 검고 푸르며 기운이 빠져서 졸고 있는 것이다. 독삼탕을 쓰되 생강 2돈, 진피·사인 각 1돈을 가하여 1일에 3, 4복 하였더니 수일 후에 설사를 10여 번하고 크게 땀을 흘리고 병이 풀린 것이다. 대체로 소음인은 곽란·관격병에 인중에서 땀이 나면 비로소 위험을 면하게 된 것이고, 식체가 뚫려서 크게 설사를 하면 다음으로 위험을 면한 것이고, 저절로 토하는 것은 쾌히 위험을 면하게 되는 것이다.　　　　　　　　　　　　　　『동의수세보원』

생강은 땀을 내고 난 후에 위가 편안하지 못하고 명치 밑이 더부룩하고 단단하며 옆구리에 수기水氣가 있고 배에서 천둥소리가 나며 설사를 하는 증에는 생강사심탕을 주로 쓴다.　　　　　　　　　　　　　　『동의수세보원』

생강은 마음이 답답하여 괴로워하는 것을 풀고, 위기를 열어준다. 달여서 마시면, 일체의 결실을 내려가게 하고, 흉격의 나쁜 기운을 치는데 효과가 아주 뛰어나다.　　　　　　　　　　　　　　『본초정화』

생강의 작용은 4가지가 있는데 첫째는, 반하와 후박의 독을 제어하는 것이고 둘째는, 풍한을 발산시키는 것이고 셋째는, 대추와 함께 써서 매운 맛과 따뜻한 성질로 비위의 원기를 북돋아, 속을 따뜻하게 하고 습을 없애는 것이고 넷째는, 작약과 함께 써서 경맥을 따뜻하게 하고 찬 기운을 풀어주는 것이다. 생강은 구역질을 치료하는 성약이다. 매운 맛은 흩뜨리는 작용을 한다. 생강과 대추는 맛이 맵고 달아, 오로지 비의 진액을 움직이게 하여 영위를 조화롭게 한다. 약 중에 대추를 음다하는 것은 그 약이 발산시키는 것에만 치우치지 않도록 한 것이다. 뜨거운 성질로 쓰려면 껍질을 벗겨서 쓰고, 차가운 성질로 쓰려면 껍질을 벗기지 않고 쓴다.　　　　　　　　　　　　　　『본초정화』

생강과 소음인의 마음작용·몸 기운(心氣·生氣)

『동무유고』, 「동무약성가」에서 밝힌 생강의 약성은 '신명神明을 시원스레 통하게 한다. 가래·기침과 구토嘔吐를 치료하며, 위기胃氣를 열어줌이 극히 신령스럽다.(通暢神明, 痰嗽嘔吐, 開胃極靈.)'이다. 생강은 비약脾藥으로, 하늘의 작용이자 인간의 근본인 신명을 통하게 하고 펼치게 하며, 위장胃臟의 기운을 열어주는 소음인의 꽃차이다.
참고로 『논어』에서는 "파는 술과 시장의 마른 고기를 드시지 않으시고, 생강 드시는 것을 거두지 않으시며, 음식을 많이 드시지 않았다.(沽酒市脯, 不食, 不撤薑食, 不多食.)"라고 하여, 공자께서도 생강 드시는 것은 거두지 않고 잘 드셨다는 내용이 있다.

먼저 소음인의 마음작용(心氣)과 생강을 논하면, 「사단론」에서는 '비장의 기운은 엄숙하고 포용하는 힘을 길러준다.(脾氣 栗而包)'고 하였으니, 생강은 관대하면서도 엄숙하고, 상대방을 크게 감싸는 마음으로 작용하며, 비장의 기운을 편안하게 하여 불안정한 마음을 안정시키는 작용을 한다.

다음 소음인의 몸 기운(生氣)과 생강의 작용을 보면, 신神에 대해 「장부론」에서는 "이耳는 천시를 널리 듣는 힘으로 진해의 맑은 기운을 끌어내어 상초에 가득 차게 하여 신神이 되게 하고, 두뇌에 쏟아 넣어서 니膩가 되게 하는 것이니, 이것이 쌓이고 쌓여서 니해가 된다.(耳, 以廣博天時之聽力, 提出津海之淸氣, 充滿於上焦, 爲神而注之頭腦, 爲膩, 積累爲膩海.)"라고 하였다. 상초上焦의 진해津海가 충만하여 신神이 되고, 신神이 두뇌로 들어가 니해膩海가 되기 때문에, 생강이 신명神明을 잘 통하게 하는 것은 바로 두뇌에 있는 니해膩海를 잘 생성시키는 것이다.

또 "수곡의 온기가 위완으로부터 진津으로 변화하여 혀의 아래(舌下)로 들어가 진해가 되니, 진해는 진이 있는 곳이다. 진해의 청기가 귀에서 나와 신神이 되고 두뇌에 들어가 니해가 되니, 니해는 신이 있는 곳이다.(水穀溫氣, 自胃脘而化津, 入于舌下, 爲津海, 津海者, 津之所舍也, 津海之淸氣, 出于耳而爲神, 入于頭腦而爲膩海, 膩海者, 神之所舍也.)"고 하였다. 즉, 생강이 신명을 통하여 퍼지게 한다는 것은 상초上焦의 수곡의 온기에서 작용하는 것이다. 신神·기氣·혈血·정精으로 논하고 있는데, 신神에 해당되는 것이다.

또한 위기胃氣에 대해, 「장부론」에서는 "수곡의 모든 수가 위胃에 머물러 쌓여서 훈증하여 열기熱氣가 된다.(水穀之都數, 停畜於胃而薰蒸爲熱氣.)"라 하고, "위의 본체는 넓고 커서 포용하는 까닭으로 수곡의 기운이 머물러 쌓이는 것이다.(胃之體, 廣大而包容故, 水穀之氣, 停畜也.)"라고 하여, 위장은 수곡이 머물러 쌓이고, 열기가 생성되는 곳이라 하였다. 따라서 생강이 위장의 기운을 열어줌이 지극히 신령스럽다고 한 것은 수곡열기를 생성하여 작용함이 신령스러운 것이다.

또 「장부론」에서는 "수곡열기가 위로부터 고膏로 변화하여 두 젓(兩乳) 사이로 들어가 고해膏海가 되니, 고해는 고가 있는 곳이다.(水穀熱氣, 自胃而化膏, 入于膻間

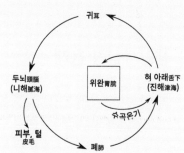

수곡온기水穀溫氣

수곡온기水穀溫氣는 위완胃脘에서 시작하여 혀 아래(舌下, 津海)로 들어가고, 귀(耳, 神)로 나와서 다시 두뇌(頭腦, 膩海)로 들어가고, 폐로 돌아가서 폐에서 다시 혀 아래로 고동하여 순환한다.

兩乳, 爲膏海, 膏海者, 膏之所舍也.)"라고 하여, 위장에서 생성된 수곡열기가 양 젖가슴으로 들어가 고해膏海가 된다고 하였다. 생강의 고해膏海의 생성을 잘하게 도와주는 것이 신령스러운 것이다.

따라서 생강이 신명神明을 통하게 하는 것은 폐당肺黨인 수곡온기를 잘 흐르게 하는 것이고, 위기胃氣를 열어주는 것은 비당脾黨인 수곡열기를 잘 흐르게 하는 것이다.

생강 블렌디드 한방꽃차

'생강 블렌디드 한방꽃차'는『동의수세보원』제2권「장중경張仲景」의『상한론傷寒論』중 소음인의 병을 경험해서 만든 약방문 23가지」에 있는 생강사심탕(生薑瀉心湯, 생강·반하·인삼·건강 각1돈 5푼, 황련·감초 각1돈, 황금 5푼, 대조 3개)에 바탕하여, 생강에 황련과 대추를 블렌딩하였다.

생강사심탕에서 생강과 황련, 대추를 블렌딩한 것은 위를 조화롭게 하기 위하여 황련(깽깽이 풀)을 추가하고, 황련의 쓴맛을 부드럽게 하기 위하여 대추를 추가한 것이다.

생강사심탕 용례

땀을 내고 난 후에 위가 편안하지 못하고 명치 밑이 더부룩하고 단단하며 옆구리에 수기가 있고 배에서 천둥소리가 나며 설사를 하는 증에는 생강사심탕을 주로 쓴다. 　　　　　　　　　　　　　　　『동의수세보원』

땀을 내어 해표시킨 후 위가 편안하지 않고 명치가 막히고 단단하며, 옆구리 아래에 수기가 있어 뱃속에서 꼬르륵 소리가 나면서 설사할 때는 생강사심탕으로 치료한다. 　　　　　　　　　　　　　　『동의보감』

생강에 대추와 같이 쓰면 비의 진액을 움직이게 하여 영위를 조화롭게 한다. 약 중에 대추를 음다하는 것은 그 약이 발산시키는 것에만 치우치지 않도록 한 것이다.

『본초정화』

생강에 황련을 같이 쓰면 이질을 치료하는 데에 가장 좋다. 이질을 치료하는 데에는 기미가 맵고 쓰고 찬 약을 써야만 한다. 매운 맛은 발산하고 뭉쳐 있는 것을 열어 통하게 하며, 쓴맛은 습을 말리고 찬 성질은 열을 이길 수 있으니, 기를 순조롭게 하고 평온하게 할 따름이다. 모든 쓰고 찬 약은 대부분 설사를 일으키는데, 유독 황련 황백은 성질이 차면서도 건조하여 화를 내리고 습을 제거하여 설사와 이질을 멎게 한다. 그러므로 이질을 치료하는 데 이 약들로 군약을 삼는 것이다.

『본초정화』

블렌딩한 생강과 대추는 위의 진액을 움직이게 하여 조화롭게 하고, 황련은 설사와 이질을 멎게 하여 기를 순조롭게 하고 마음을 평온하게 한다. '생강 블렌디드 한방꽃차'는 비장이 한寒하면 열熱하게 하고, 열하면 한寒하게 하여 약성이 한쪽으로 치우치는 폐해를 없애고 몸의 균형을 이루게 한다.

생강 꽃차의 제다법

생약명
생강生薑(캐낸 생뿌리 줄기)

이용부위
뿌리, 잎, 뿌리

개화기
6월

채취시기
가을

독성 여부
무독無毒

생강(잎, 뿌리)차, 황련(꽃, 잎, 뿌리)차, 대추(꽃, 잎, 열매)차를 블렌딩한 한방꽃차의 우림한 탕색은 진한 오렌지색이고, 향기는 싱그러운 생강향이 난다. 맛은 쌉쌀하며 매콤하여 농후함이 진하다.

① 생강은 잎, 뿌리를 차로 제다하여 음다할 수 있다.

② 생강 뿌리는 가을에 채취한다.

③ 생강은 잎과 뿌리를 분리하여 다듬는다.

④ 생강 뿌리는 깨끗이 씻어서 물기를 제거하여 슬라이스로 썰어서 시들리기를 한다.

⑤ 중온에서 덖음과 식힘을 반복으로 구증구포의 원리로 생강 뿌리차를 완성한다.

⑥ 생강 잎은 깨끗이 씻어서 물기를 제거하고 잎을 1cm 간격으로 썬다.

⑦ 생강은 잎은 살청 → 유념 → 건조 과정으로 생강 잎차를 완성한다.

향유香薷

향유의 약성

- 맛이 맵고, 성질이 조금 따뜻하다.
- 곽란과 수종을 치료한다.
- 더위에 상한 냉병을 치료한다.
- 위胃를 따뜻하게 한다.

향유는 맛이 맵다. 더위에 상한 것과 변비, 곽란과 수종을 치료하며, 번열煩熱을 풀어서 없앤다.

『동무유고』

곽란·복통·구토·설사를 다스리며, 수종을 흩트린다. 기를 내려주고 번열을 제거하며, 구역과 냉기를 치료한다. 여름 무더위에 서늘한 곳을 찾고 차가운 것을 마시면, 양기가 음사에 억울 되어 마침내 두통·발열오한·번조·구갈 등의 증상이 생기고, 혹은 토하고 혹은 설사하며, 혹은 곽란하게 되는데, 이럴 때에는 향유를 써서 양기를 발월發越시키고 수水를 흩어주며 비脾를 조화롭게 한다.

『본초정화』

향유는 풍냉의 기운이 삼초三焦에 들어가고 비위脾胃에 전달되어 비의가 차게 되니 쌀과 곡식인 음식을 소화시키지 못하여 진기와 사기가 서로 다투게 되어 장위가 허약하게 되어 음식이 장위의 사이에서 소화가 되지 않는 변란이 생겨 토하거나 설사하고 명치 부위가 아프고 곽란을 치료한다.

『향약집성방』

향유는 입 냄새를 빨리 치료한다. 정향을 쓰는 것보다 낫다. 달인 물을 마시거나 그 물로 양치질하면 묘한 효과가 있다.

『동의보감』

향유와 소음인의 마음작용·몸 기운(心氣·生氣)

『동무유고』, 「동무약성가」에서 밝힌 향유의 약성은 '더위에 상한 것과 변비, 곽란과 수종을 치료하며, 번열煩熱을 풀어서 없앤다.(傷暑便澁, 霍亂水腫, 除煩解熱.)'이다. 향유는 비약脾藥으로, 번잡하게 일어나는 열을 풀어서 없애는 소음인의 꽃차이다. 향유는 기운에 대한 언급이 없기 때문에 기본적인 소음인 한증으로 정리된다.

먼저 소음인의 마음작용(心氣)과 향유를 논하면, 「사단론」에서는 '비장의 기운은 엄숙하고 포용하는 힘을 길러준다.(脾氣 栗而包)'고 하였으니, 향유는 비장의 속에 있는 번잡한 열을 풀어주고 없애기 때문에 관대하면서도 엄숙하고, 상대방을 크게 감싸는 마음으로 작용한다.

다음 소음인의 몸 기운(生氣)과 향유를 보면, 소음인 한증은 이병裏病으로,

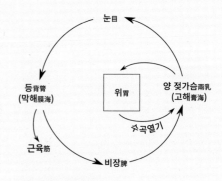

수곡열기水穀熱氣
수곡열기水穀熱氣는 위胃에서 시작하여 양 젖가슴(兩乳, 膏海)로 들어가고, 눈(目, 氣)로 나와서 다시 등(背膂, 膜海)으로 들어가고, 비장으로 돌아가서 비장에서 다시 양 젖가슴으로 고동하여 순환한다.

앞의 그림에서 비장脾臟에서 양 젖가슴(양유, 兩乳)으로 가는 속 기운이 상하는 것이다. 따라서 향유는 소음인의 '위수한이한병胃受寒裡寒病'에 음다하는 꽃차로, 비당脾黨인 수곡열기의 속 기운을 잘 흐르게 한다.

향유 블렌디드 한방꽃차

'향유 블렌디드 한방꽃차'는 『동의수세보원』 갑오구본 제2권 「새로 만든 소음인의 병에 응용할 수 있는 중요한 약 22가지 방문」에 있는, 삼십오미음(三十五味飲, 백작약 2돈, 인삼·황기·백하수오 각1돈, 창출·백출·량강·건강·진피·청피·천궁·향부자·인진·자소엽·향유·익모초·계피·정공등·후박·지실·목향·대복피·회향·천련자·익지인·백두구·육두구·정향·산사육·곽향·사인·자감초 각3분, 청밀 반숟가락, 대두산 1개, 대조 3개)에 바탕하여, 향유에 산사육과 청밀을 블렌딩하였다.

삼십오미음에서 향유와 산사육, 청밀을 블렌딩한 것은 향유에 소화력을 보강하기 위하여 산사를 추가하고, 청밀은 신선하고 싱그러움을 음미하기 위하여 추가한 것이다.

삼십오미음 용례

소음인 부종은 위증이면서 급증으로 빠르게 치료하지 않으면 안 되고 반드시 적절한 처방을 얻고자 해야 하니 이에 감저반(감자)을 써야 한다. 만약 미처 어찌할 사이 없이 급작스러우면 해염자연즙, 강출파적탕, 삼십오미음 등을 쓸 수 있다.

『동의수세보원』 갑오구본

향유에 청밀을 같이 쓰면 진하게 달여서 복용하는데, 학질, 이질 치료에 신묘한 효과가 있다.　　　　　『동의수세보원』

향유에 산사를 같이 쓰면 음식을 소화시키고, 고기를 먹고 생긴 징가癥瘕와 담음으로 뱃속이 그득하고 신물을 토하는 증상·혈이 적체된 통증과 창만을 치료한다.　　　　　『본초정화』

향유에 산사와 같이 쓰면 식적과 오랜 체기를 풀고 기가 맺힌 것을 운행시키며, 적괴(積塊, 쌓여서 덩어리 되는 증상)·담괴(痰塊, 피하에 담으로 생긴 덩어리)·혈괴(血塊, 혈이 체내에 정체하여 엉기는 것)를 없애고 비脾를 튼튼하게 하며, 가슴을 열어주고 이질을 치료하며, 창통瘡痛이 빨리 삭게 한다.　　　　　『동의보감』

블렌딩한 산사와 청밀은 고기 먹고 식체가 되어 토하는 증상·혈이 적체된 통증과 창만을 치료하고, 비脾를 튼튼하게 하며, 가슴을 열어주고 이질을 치료한다. '향유 블렌디드 한방꽃차'는 기의 운행을 순조롭게 하여 비를 건강하게 하여 막힌 것을 통하게 하고 청밀로 맛을 돋운다.

향유 꽃차의 제다법

향유(꽃, 잎, 줄기)차, 산사육(꽃, 열매, 잎)차, 청밀(잎, 청밀)차를 블렌딩한 한방꽃차의 우림한 탕색은 연미색이고, 향기는 향유의 진향이 그윽하다. 맛은 싱그러운 단맛이 난다.

생약명
향유香薷(열매를 포함한 지상부 말린 것)

이용부위
꽃, 잎, 줄기(전초)

개화기
가을(9~10)

채취시기
가을

독성 여부
무독無毒

❶ 향유는 꽃, 잎, 줄기를 차로 제다하여 음다할 수 있다.

❷ 8~9월에 보라색으로 향유꽃이 피었을 때 전초를 채취한다.

❸ 꽃과 잎, 줄기를 따로따로 분리하여 다듬어 놓는다.

❹ 꽃은 꼬투리가 길어서 1cm 간격으로 자른다.

❺ 꽃을 중온에서 덖음하여 완성한다.

❻ 잎은 깨끗이 씻어서 물기를 제거하여 고온에서 살청 → 유념 → 건조 과정으로 향유 잎차를 완성한다.

❼ 줄기는 1cm 간격으로 자르고 고온에서 덖음과 식힘을 반복하여 구증구포의 원리로 줄기차를 완성한다.

쑥 (애엽艾葉)

애엽 (쑥)의 약성

- 맛이 시고, 성질이 따뜻하다.
- 사기를 몰아낸다.
- 황달을 치료한다.
- 붕루崩漏를 낫게 하여 안태시킨다.
- 심통을 낫게 한다.

애엽은 성질이 따뜻하고 평하다. 사기를 몰아내고 귀기(鬼氣, 삿된 기운)를 쫓으며, 붕루(崩漏, 자궁 출혈)를 낫게 하여 안태(安胎, 태아)시키고, 심통心痛을 낫게 한다.

『동무유고』

160

종기나 뾰루지가 곪지 않는 데에 찍어 바르면 바로 곪아 터진다. 급성 황달로 목숨이 위태로운 경우 끓여 복용하면 바로 살아난다. 뱃속의 현벽(근육이 당기는 병)이 있을 때, 건강, 계심, 애엽과 함께 환으로 지어 복용하면 없앨 수 있다.　　　『본초정화』

애엽(쑥)은 토혈·하리를 그치며, 음부에 기생충이 있거나 부스럼이 난 것을 치료하며, 부인의 붕루를 치료하고 음기를 이롭게 하며, 풍한을 물리치고 아이를 가지게 한다. 중초를 따뜻하게 하고 냉기를 없애며, 습을 제거한다. 부인의 모든 병을 조절하며, 노인이 배꼽과 배가 차서 괴로울 때에 포대에 넣고 배꼽과 배 부위에 차면 그 효과가 오묘하다. 한습으로 인한 각기에도 또한 버선 안에 끼워 넣는다.　　　『본초정화』

애엽(쑥)은 토혈·육혈·변혈·요혈 등 모든 실혈을 치료한다. 찧어서 즙을 내어 마신다. 마른 것은 달여 먹는다.　　　『동의보감』

애엽(쑥)과 소음인의 마음작용·몸 기운(心氣·生氣)

『동무유고』, 「동무약성가」에서 밝힌 애엽의 약성은 '사기를 몰아내고 귀기鬼氣를 쫓으며, … 심통心痛을 낫게 한다.(毆邪逐鬼 心疼即愈.)'이다. 애엽은 비약脾藥으로, 사기邪氣와 귀기鬼氣, 심동心疼을 낫게 하는 소음인의 꽃차이다.

먼저 소음인의 마음작용(心氣)과 애엽을 보면, 애엽이 삿된 기운을 몰아내고 귀신을 쫓아서 마음을 편안하게 하는 것이다. 또 소음인은 항상 불안정한 마음을 가지고 있기 때문에 비장의 기운을 왜곡시키는데, 애엽은 불안정한 마음에 작용하여 비장의 기운을 활발하게 한다.

다음 소음인의 몸 기운(生氣)과 애엽의 작용을 보면, 애엽이 여성의 부정한 출혈을 치료하기 때문에 혈血에서 논할 수 있다. 「장부론」에서는 "코(비, 鼻)는 인륜을 널리 냄새 맡는 힘으로 유해의 맑은 기운을 끌어내어 중하초中下焦에 가득 차게 하여 혈血이 되게 하고, 허리에 쏟아 넣어서 혈이 엉기게 하는 것이니, 이것이 쌓이고 쌓여서 혈해血海가 된다.(鼻, 以廣博人倫之嗅力, 提出油海之

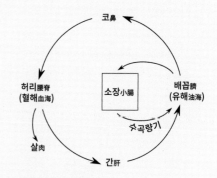

수곡량기水穀凉氣
수곡량기水穀凉氣는 소장小腸에서 시작하여 배꼽(臍, 油海)으로 들어가고, 코(鼻, 血)로 나와서 다시 허리(腰脊, 血海)로 들어가고, 간으로 돌아가서 간에서 다시 배꼽으로 고동하여 순환한다.

淸氣, 充滿於中下焦, 爲血而注之腰脊, 爲凝血, 積累爲血海.)"라 하여, 코가 유해油海의 맑은 기운을 끌어내어 피를 생성시킨다고 하였다. 애엽은 유해油海의 맑은 기운을 도와주어 피를 응결되게 하는 것이다. 따라서 애엽은 소음인의 '위수한이한병胃受寒裡寒病'에 음다하는 꽃차로, 간당肝黨인 수곡량기의 요척腰脊에서 간肝으로 기운이 잘 흐르게 한다.

애엽(쑥) 블렌디드 한방꽃차

'애엽 블렌디드 한방꽃차'는 『동의사상신편』에 있는 방문인 가미팔물탕(加味八物湯, 인삼·당귀·황기·천궁 각2돈, 백출·백작약·진피·감초(구운 것) 각1돈, 향부자(구운 것) 1돈, 애엽 2돈, 대조 1홉)에 바탕하여, 애엽에 당귀와 백작약을 블렌딩하였다. 가미팔물탕에서 애엽과 당귀, 백작약을 블렌딩한 것은, 따뜻한 성질이라서 비장의 원기를 더해주는 당귀를 추가하고, 찬 성질인 백작약을 추가한 것이다.

가미팔물탕 용례

임신 때에 배가 아프면서 하혈하는 증상을 치료한다.   『동의수세보원』

애엽(쑥)에 당귀를 같이 쓰면 냉로로 배꼽주변이 아프고 때로 설사하거나 이질을 앓는 증상과 부인의 월경과 대하증을 치료한다. 애엽, 당귀, 건강 이상을 곱게 가루 내어 식초 3되에 약 가루 절반을 넣고 달여 고약처럼 만든다.   『향약집성방』

애엽(쑥)에 백작약을 같이 쓰면 여성의 질병·임신 전과 산후의 온갖 질병을 치료하며, 풍風을 치료하고 노勞를 보하며, 열을 물리쳐서 번갈을 제거하고 기운을 보태준다. 간을 사瀉하며 비와 폐를 안정시키고, 위기를 수렴하며 설사와 이질을 멎게 하고, 혈맥을 조화롭게 하며 음기를 수렴시키고 거스르는 기氣를 수렴시킨다.   『본초정화』

블렌딩한 당귀와 백작약은 냉로로 배꼽주변이 아프고, 여성의 온갖 질병과 월경 또는 대하증을 치료하고, 열을 물리쳐 번갈을 제거하여 기운을 보태 준다. '애엽 블렌디드 한방꽃차'는 비와 폐를 안정시키고, 혈맥을 조화롭게 하여 성품이 평화로워진다.

애엽(쑥) 꽃차의 제다법

애엽(꽃, 잎)차, 작약꽃(꽃, 뿌리)차, 당귀(꽃, 잎, 뿌리)차를 블렌딩한 한방꽃차의 우림한 탕색은 맑은 황색이고, 향은 당귀의 한방향이 마음을 상큼하고 맑게 한다. 맛은 약간 쓰면서 부드럽다.

생약명
애엽艾葉(잎과 어린 줄기를 말린 것)

이용부위
꽃, 잎

개화기
8~9월

채취시기
5월 5일 단오

독성 여부
무독無毒, 단오 이후(약간의 독이 있다)

❶ 쑥은 꽃, 잎을 차로 제다하여 음다할 수 있다.

❷ 쑥 잎은 5월 5일 단오 날에 채취하는 것이 약성이 좋다.

❸ 채취한 쑥 잎은 깨끗이 씻어서 물기를 제거하고 2cm 길이로 자른다.

❹ 살청 → 유념 → 건조 과정으로 쑥 잎차를 완성한다.

❺ 9월에는 쑥 꽃을 잎, 줄기와 같이 채취한다.

❻ 채취한 쑥 꽃, 잎, 줄기를 깨끗이 씻어서 쑥꽃 줄기를 1~2cm 길이로 자른다.

❼ 쑥 꽃은 고온에서 덖음과 식힘을 반복하면서 구증구포의 원리에 의하여 쑥 꽃차를 완성한다.

홍화紅花

홍화의 약성

- 맛이 맵고, 성질이 따뜻하다.
- 비장의 진기를 각성시킨다.
- 어혈로 인한 열을 다스린다.
- 혈을 다스린다.
- 월경을 통하게 한다.

비장의 진기를 각성시킨다.

醒脾之眞氣

홍화는 맛이 맵고 성질이 따뜻하다. 어혈瘀血로 인한 열을 사라지게 하며, 많이 쓰면 월경을 통하게 하고, 적게 쓰면 혈血을 자양한다. 홍화는 비장의 진기를 각성시킨다.

『동무유고』

혈은 심포에서 생성되어 간에 저장되고, 충맥과 임맥에 속한다. 홍화즙은 혈과 같은 종류이기 때문에 남자의 혈맥을 운행시킬 수 있고, 여자의 월경을 통하게 할 수 있다. 많이 쓰면 혈을 운행시키고, 적게 쓰면 혈을 기른다.　　『본초정화』

홍화가 심에 들어가 혈을 기른다는 것은 이 약이 맛이 쓰고 성질이 따뜻하며, 음 중에서 양적인 약에 속하므로 심에 들어가는 것을 말한다. 당귀를 도와 새로운 피를 생성한다.　　『본초정화』

홍화는 산후의 혈훈으로 입을 열지 못하고 답답해하며 기절하는 데 주로 쓴다.　　『동의보감』

홍화와 소음인의 마음작용·몸 기운(心氣·生氣)

『동무유고』, 「동무약성가」에서 밝힌 홍화의 약성은 '어혈瘀血로 인한 열을 사라지게 하며, 많이 쓰면 월경을 통하게 하고, 적게 쓰면 혈血을 자양한다. 비장의 진기를 각성시킨다.(消瘀熱, 多則通經小養血, 醒脾之眞氣.)'이다. 홍화는 비약脾藥으로, 어혈瘀血과 혈血에 관계되고, 비장의 진기眞氣를 각성시키는 소음인의 꽃차이다.

먼저 소음인의 마음작용과 홍화를 논하면, 「사단론」에서는 '비장의 기운은 엄숙하고 포용하는 힘을 길러준다.(脾氣 栗而包)'고 하였으니, 홍화가 비장의 진기를 각성시켜 엄숙하면서도 상대방을 크게 감싸는 마음이 있는 것이다. 또 소음인은 항상 불안정한 마음을 가지고 있기 때문에 비장의 기운을 왜곡시키는데, 홍화는 불안정한 마음에 작용하여 비장의 기운을 활발하게 한다.

다음 소음인의 몸 기운(生氣)과 홍화의 작용을 보면, 「장부론」에서는 "비장은 교우交遇를 단련하고 통달하는 노怒의 힘으로 막해膜海의 맑은 즙을 빨아내어 비장에 들어가 비장의 원기를 더해주고, 안으로는 고해를 옹호하여 수곡열기를 고동시킴으로써 그 고膏를 엉겨 모이게 한다.(脾, 以鍊達交遇之怒

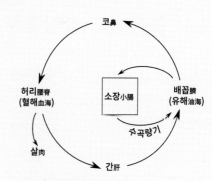

수곡량기水穀凉氣
수곡량기水穀凉氣는 소장小腸에서 시작하여 배꼽(臍, 油海)으로 들어가고, 고(鼻, 血)로 나아서 다시 허리(腰脊, 血海)로 들어가고, 간으로 돌아가서 간에서 다시 배꼽으로 고동하여 순환한다.

力, 吸得膜海之清汁, 入于脾, 以滋脾元而內以擁護膏海, 鼓動其氣, 凝聚其膏.)"고 하였다. 홍화는 비장의 진기를 각성시켜 막해의 맑은 즙을 생성시키는 것이다.

또한 혈血에 대하여 「장부론」에서는 "코(비, 鼻)는 인륜을 널리 냄새 맡는 힘으로 유해의 맑은 기운을 끌어내어 중하초에 가득 차게 하여 혈血이 되게 하고, 허리에 쏟아 넣어서 혈이 엉기게 하는 것이니, 이것이 쌓이고 쌓여서 혈해血海가 된다.(鼻, 以廣博人倫之嗅力, 提出油海之淸氣, 充滿於中下焦, 爲血而注之腰脊, 爲凝血, 積累爲血海.)"라 하고, 코가 유해油海의 맑은 기운을 끌어내어 피를 생성시킨다고 하였다. 홍화는 유해油海의 맑은 기운을 도와주어 피를 생성시키는 것이다.

이어서 「장부론」에서는 "간은 당여를 단련하고 통달하는 희흠의 힘으로 혈해의 맑은 즙을 빨아내어 간에 들어가 간의 근원을 더해주고, 안으로는 유해를 옹호하여 수곡의 량기를 고동시킴으로써 그 유油를 엉겨 모이게 한다.(肝, 以鍊達黨與之喜力, 吸得血海之淸汁, 入于肝, 以滋肝元而內以擁護油海, 鼓動其氣, 凝聚其油.)"라고 하여, 홍화가 소음인의 약재로 비약脾藥이지만, 혈血과 유해油海에 직접 관계하는 간肝에 직접 영향을 미치고 있다.

따라서 홍화는 소음인의 비당脾黨인 수곡열기와 간당肝黨인 수곡량기의 기운이 잘 흐르게 하는 꽃차임을 알 수 있다.

홍화 블렌디드 한방꽃차

'홍화 블렌디드 한방꽃차'는 『향약집성방』 제19권 「대소변통론」의 차전엽탕車前葉湯, 질경이(잎 말린 것)·천근·황금(검은 심은 버림)·아교(마르도록 볶음)·지골피(씻음)·홍람화(볶음) 각1냥, 이상을 거칠게 찧어서 체로 쳐서 3돈씩 복용한다. 물 1잔에 달여 7푼에 바탕하여, 홍람화(홍화)에 차전엽(질경이잎)과 지골피를 블렌딩하였다.

차전엽탕에서 홍화와 차전엽, 지골피를 블렌딩한 것은, 홍화 꽃의 뜨거운 성미를 차전엽의 찬 성질이 조화롭게 하기 위해 추가하였고, 간의 열을 제거하여 화를 내려주는 지골피를 추가한 것이다.

차전엽탕 용례

소변에서 피가 나오는 것을 치료한다. 『향약집성방』

홍화에 질경이 잎을 같이 쓰면 차전 잎은 정精을 설泄하는 병을 다스리고 뇨혈을 치료하며, 오장을 보할 수 있고, 눈을 밝히며 소변을 잘 나오게 하고 오림을 치료한다.
『본초정학』

홍화에 지골피를 같이 쓰면 신장의 화와 폐중의 복화를 사하며, 포에 있는 화를 제거하고 열을 물리치며 정기를 보한다.
『본초정화』

블렌딩한 차전엽, 지골피는 뇨혈을 치료하며, 신장과 폐중의 화를 제거하여 열을 물리치고 정기를 보한다. '홍화 블렌디드 한방꽃차'는 비장의 혈기를 운행하여 비脾의 정기를 보하여 기를 맑고 화평하게 하여 마음을 진정시킨다.

홍화 꽃차의 제다법

생약명
홍화紅花(꽃을 말린 것)
홍화자(씨를 말린 것)

이용부위
꽃, 잎

개화기
6~7월

채취시기
꽃을 채취할 때 잎도 같이 채취한다

독성 여부
무독無毒

홍화(꽃, 잎)차, 차전엽(잎, 차전자)차, 지골피(꽃, 잎, 뿌리)차를 블렌딩한 한방꽃차의 우림한 탕색은 붉은 홍색이고, 향기는 신선한 율향이 난다. 맛은 부드럽고 청순하며 목 넘김이 부드럽다.

❶ 홍화는 꽃, 잎, 줄기를 차로 제다하여 음다할 수 있다.

❷ 홍화 꽃은 6~7월에 노랗게 꽃이 필 때 꽃과 잎을 같이 채취한다.

❸ 꽃과 잎은 분리하여 다듬어 놓고, 꽃은 5분간 증제를 하여 식힌다.

❹ 홍화 꽃은 두껍기 때문에 증제 후에 식힘과 덖음을 반복하여 구증구포의 원리에 의하여 홍화 꽃차를 완성한다.

❺ 홍화 잎은 깨끗이 씻어서 물기를 제거하고 살청 → 유념 → 건조 과정을 거쳐서 잎차를 완성한다.

진피|陳皮

진귤피의 약성

- 맛이 달고, 성질이 따뜻하다.
- 가슴을 편안하게 한다.
- 비장을 조화롭게 한다.
- 진피의 겉껍질은 담을 삭인다.
- 껍질 안의 흰 것은 비장의 원기를 조절한다.

뒤섞인 비장의 원기를 고르게 조절한다.

錯綜脾元 參伍均調

진피는 맛이 달고 성질이 따뜻하다. 기를 순조롭게 하여 가슴을 편안하게 한다. 껍질 안의 흰 것을 남겨 놓으면 비장을 조화롭게 하고, 껍질 안의 흰 것을 없애면 담을 삭인다. 진피는 뒤섞인 비장의 원기를 가지런하게 짝 맞추고 고르게 조절한다.　　　　　『동무유고』

소음인은 곽란·관격병에 인중에서 땀이 나면 비로소 위험을 면하게 된 것이고, 식체가 뚫려서 크게 설사를 하면 다음으로 위험을 면한 것이고, 저절로 토하는 것은 쾌히 위험을 면하게 되는 것이다. 소음인의 병증이 위와 같을 때에는 밥이나 죽을 가까이하는 것을 금하고 다만 좋은 숭늉이나 미음을 먹게 하는 것이 정기正氣를 붙들어 주고 사기邪氣를 억누르는 좋은 방법이 된다.

『동의수세보원』

풍한습으로 인한 비증을 다스리고, 한열을 없애며 눈에 생긴 청예와 백막을 다스린다. 오래 복용하면 머리가 세지 않는다. 성질이 침강하며 음에 속한다. 그 쓰임새가 4가지인데, 풍·한·습 사기에 의한 비증·청백색의 예막이 눈동자를 덮은 경우·여성의 붕중이나 대하·소아의 풍열로 인한 경간을 다스린다.

『본초정화』

가슴 속의 체기滯氣를 이끌고 내려가고 또 기를 더해줄 수 있다. 체기滯氣를 없애려면 굴피 3푼에 청피 1푼을 넣어 달여 먹는다.

『동의보감』

진피와 소음인의 마음작용·몸 기운(心氣·生氣)

『동무유고』,「동무약성가」에서 밝힌 진피의 약성은 '기를 순조롭게 하여 가슴을 편안하게 한다. 껍질 안의 흰 것을 남겨놓으면 비장을 조화롭게 하고, … 진피는 뒤섞인 비장의 원기를 가지런하게 짝 맞추고 고르게 조절한다.(順氣寬膈 留白和脾 … 陳皮 錯綜脾元 參伍均調.)'이다. 진피는 비약脾藥으로, 비장의 기운을 열어서 가슴을 편안하게 하고, 비장의 원기를 조화롭게 하는 소음인의 꽃차이다.

먼저 소음인의 마음작용과 진피를 보면,「사단론」에서는 '비장의 기운은 엄숙하고 포용하는 힘을 길러준다.(脾氣 栗而包)'고 하였으니, 진피는 비장의 기운을 열고 가슴을 편안하게 하여, 엄숙하면서도 상대방을 크게 감싸게 하는 것이다. 또 소음인은 항상 불안정한 마음을 가지고 있기 때문에 비장의 기운을 왜곡시키는데, 진피는 마음을 조화롭게 하여 편안하게 한다.

다음 소음인의 몸 기운(生氣)과 진피를 보면, 비장의 원기元氣에 대해「장부론」에서는 "비장은 교우交遇를 단련하고 통달하는 노怒의 힘으로 막해膜海의 맑은 즙을 빨아내어 비장에 들어가 비장의 원기를 더해주고, 안으로는 고해를 옹호

하여 수곡열기를 고동시킴으로써 그 고膏를 엉겨 모이게 한다.(脾, 以鍊達交遇
之怒力, 吸得膜海之淸汁, 入于脾, 以滋脾元而內以擁護膏海, 鼓動其氣, 凝聚其膏.)"고 하
였다. 진피는 막해膜海의 맑은 즙이 비장에 들어가서 비장의 원기를 더해주기
때문에 막해의 맑은 즙을 생성시킴을 추론할 수 있다.

또 소음인 한증은 이병裏病으로, 옆의 그림에서 비장脾臟에서 양 젖가슴(양유,
兩乳)으로 가는 속 기운이 상하는 것이다. 따라서 진피는 소음인의 '위수한이
한병胃受寒裏寒病'에 음다하는 꽃차로, 비당脾黨인 수곡열기의 속 기운을 잘 흐
르게 한다.

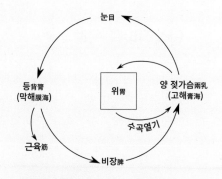

수곡열기水穀熱氣
수곡열기水穀熱氣는 위胃에서 시작하여 양 젖가슴
(兩乳, 膏海)로 들어가고, 눈(目, 氣)로 나와서 다시
등(背膂, 膜海)으로 들어가고, 비장으로 돌아가서
비장에서 다시 양 젖가슴으로 고동하여 순환한다.

진귤피 블렌디드 한방꽃차

'진귤피 블렌디드 한방꽃차'는 『동의수세보원』 제2권 「새로 정한 소음인의 병에 응용하는 중요한 약 24방문」에 있는 인
삼진피탕(人蔘陳皮湯, 인삼 1냥, 생강·사인·진피 각1돈, 대조 2개)에 바탕하여, 진피에 인삼과 대조를 블렌딩하였다.

인삼진피탕에서 인삼, 대조를 블렌딩한 것은, 인삼은 위장胃臟의 원기보충을 위하여 추가하고, 대추는 인삼의 쓴맛을
부드럽게 하여 심신의 안성을 위하여 추가한 것이나.

인삼진피탕 용례

본 처방에 포건강으로 생강을 대체하거나 계피 1돈을 더하면 더욱 위를 덥히고 냉기를 쫓아내는 힘이 있게 된다. 본 처방으로 일찍이 돌이 되지 않은 아이의 음독만경풍을 치료한 적이 있는데, 연이어 수일 동안 복용시켜 병이 흔쾌히 나았으며, 병이 나은 후에 다시 약을 먹이지 않았더니 재발하여 치료할 수 없었다.

『동의수세보원』

소아가 음독으로 만경풍이 생긴 것을 치료한다. 인삼 1냥, 생강 사인 진피 각돈을 수일 동안 계속 먹는다.

『동의사상신편』

진귤피에 인삼을 같이 쓰면 오장을 보하며, 정신을 편안하게 해주고 혼백을 안정시키며 잘 놀라고 두근거리는 것을 진정시키고, 사기邪氣를 제거하며 마음을 열어 주어 지혜를 기른다.

『본초정화』

진귤피에 대추를 같이 쓰면 가슴과 배의 사기를 치료하고, 속을 편안하게 하며, 비기脾氣를 자양하고, 위기胃氣를 화평하게 한다.

『본초정화』

블렌딩한 인삼과 대추는 오장을 보하며 정신을 편안하게 하고, 가슴과 배의 사기를 치료한다. '진피 블렌디드 한방꽃차'는 비장을 보하여 속을 편안하게 하고 사기를 제거하여 위기를 열어서 화평하게 하고 지혜를 기른다.

진피 꽃차의 제다법

진귤피(꽃, 잎, 열매피)차, 인삼(꽃, 잎, 진생베리, 뿌리)차, 대조(꽃, 잎, 열매)차를 블렌딩한 한방꽃차의 우림한 탕색은 밝은 등황색으로, 향기는 진귤 꽃의 향긋함과 인삼 꽃의 풋풋함으로 싱그러운 향의 여운이 깊다. 맛은 쓰고 달달한 끝맛이 입안에서 오랫동안 지속된다.

생약명
진피陳皮(익은 열매의 껍질)
청피靑皮(덜 익은 열매의 껍질)

이용부위
꽃, 잎, 열매

개화기
5월

채취시기
잎(봄~여름), 열매(8~10월)

독성 여부
무독無毒

❶ 진귤은 꽃, 잎, 열매를 차로 제다하여 음다할 수 있다.

❷ 꽃은 5월에 하얀 진귤 꽃이 핀다.

❸ 갓 피어나는 꽃을 채취하여 저온에서 덖음과 식힘을 반복하여 진귤 꽃차로 완성한다.

❹ 진귤 나뭇잎도 채취하여 살청 → 유념 → 건조 과정에 의하여 진귤 잎차로 완성한다.

❺ 열매는 겨울에 노랗게 익은 진귤을 채취한다.

❻ 깨끗이 씻어서 빈을 갈라서 속을 제거하고, 껍질은 채 썰어서 덖음과 식힘을 반복하여 진피 차로 완성한다.

계피 (육계肉桂)

육계(계피)의 약성

- 맛이 맵고, 성질이 따뜻하다.
- 혈맥을 잘 통하게 한다.
- 복통을 치료한다.
- 허한증을 치료한다.
- 비장을 견실하게 한다.

비를 견실하게 하고 안팎을 두루 충족시키는 힘이 있다.
壯脾而有充足 內外之力

육계는 맛이 맵고 성질이 열하다. 혈맥을 잘 통하게 하고, 복통과 허한증을 온보溫補하여 치료한다. 관계는 비장을 씩씩하게 하고 안과 밖의 힘을 넉넉하게 함이 있다.

『동무유고』

소음인의 팔다리가 차가워지고 토하고 설사하면서 갈증은 없고, 머리가 아프면서 땀이 나고 눈이 아프며 얼굴과 입술 및 손톱이 검푸르고 몸이 마치 매를 맞은 것 같은 경우에는 자감초·계지(계피)·백출·인삼·건강을 쓴다.

『동의사상신편』

계피는 심복의 한열寒熱왕래와 냉담·곽란 이후의 전근을 다스리며 두통과 요통에 땀을 내게 한다. 번증과 침 흐르는 것을 멎게 하고 해수와 코맹맹이를 다스린다. 유산시키고 속을 따뜻하게 하며 근골을 견고하게 하고 혈맥을 통하게 한다. 주리가 성글고 정기가 부족한 데 음다하며, 모든 약의 효능이 잘 퍼지도록 인도하고 서로 꺼리는 약이 없다. 오래 복용하면 신선처럼 오래 산다.

『본초정화』

계피는 신腎을 보하니 장藏이나 하초를 치료하는 약에 넣어야 한다. 수소음경과 족소음경에 들어간다. 자주색이면서 두꺼운 것이 좋다. 거친 껍질을 깎아 내고 쓴다.

『동의보감』

육계(계피)와 소음인의 마음작용·몸 기운(心氣·生氣)

『동무유고』, 「동무약성가」에서 밝힌 육계의 약성은 '혈맥을 잘 통하게 하고, 복통과 허한증을 온보溫補하여 치료한다. 관계는 비장을 씩씩하게 하고 안과 밖의 힘을 넉넉하게 함이 있다.(善通血脈, 腹痛虛寒, 溫補可得, 官桂 壯脾而有充足內外之力.)'이다. 육계는 비약脾藥으로, 혈맥을 잘 통하게 하고 비장을 건장하게 하는 소음인의 꽃차이다.

육계는 줄기와 가지의 껍질을 말린 것으로 계피桂皮라고 하고, 계피의 겉껍질(코르크층)을 깎아버린 것이 관계官桂이다. 관계는 비위脾胃를 덥혀주는 작용이 계피보다 강하며, 양기陽氣를 보하고 혈을 활기 있게 한다.

먼저 소음인의 마음작용(心氣)과 육계를 논하면, 「사단론」에서는 '비장의 기운은 엄숙하고 포용하는 힘을 길러준다.(脾氣 栗而包)'고 하였으니, 육계는 비장을 덥혀주어 엄숙하면서도 상대방을 크게 감싸는 마음이 있는 것이다.

다음 소음인의 몸 기운(生氣)과 육계의 작용을 보면, 「장부론」에서는 "비장은 교우交遇를 단련하고 통달하는 노怒의 힘으로 막해膜海의 맑은 즙을 빨아내어 비장에 들어가 비장의 원기를 더해주고, 안으로는 고해를 옹호하여 수곡열기를 고동시킴으로써 그 고膏를 엉겨 모이게 한다.(脾, 以鍊達交遇之怒力, 吸得膜海之淸汁, 入于脾, 以滋脾元而內以擁護膏海, 鼓動其氣,

凝聚其膏.)"고 하였다. 관계가 비장의 기운을 씩씩하게 하여 막해의 맑은 즙을 생성시키는 것이다.

또한 혈血에 대하여 「장부론」에서는 "코(비, 鼻)는 인륜을 널리 냄새 맡는 힘으로 유해의 맑은 기운을 끌어내어 중하초에 가득 차게 하여 혈血이 되게 하고, 허리에 쏟아 넣어서 혈이 엉기게 하는 것이니, 이것이 쌓이고 쌓여서 혈해血海가 된다.(鼻, 以廣博人倫之嗅力, 提出油海之淸氣, 充滿於中下焦, 爲血而注之腰脊, 爲凝血, 積累爲血海.)"라 하고, 코가 유해油海의 맑은 기운을 끌어내어 피를 생성시킨다고 하였다. 즉, 육계는 유해油海의 맑은 기운을 도와주어 피를 생성시키는 것이다.

따라서 육계는 비당脾黨의 수곡열기와 간당肝黨의 수곡량기의 기운을 잘 흐르게 도와주는 것이다.

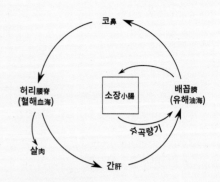

수곡량기水穀凉氣
수곡량기水穀凉氣는 소장小腸에서 시작하여 배꼽(臍, 油海)으로 들어가고, 코(鼻, 血)로 나와서 다시 허리(腰脊, 血海)로 들어가고, 간으로 돌아가서 간에서 다시 배꼽으로 고동하여 순환한다.

육계(계피) 블렌디드 한방꽃차

'계피 블렌디드 한방꽃차'는 『동의수세보원』 제2권 「송·원·명 삼대 의가들의 저술 중에서 소음인의 병에 경험한 중요한 약 13가지와 파두약巴豆藥 6가지 방문」에 있는 십전대보탕(十全大補湯, 인삼·백출·백작약·자감초·황기·육계·당귀·천궁·백복령·숙지황 각1돈, 생강 3쪽, 대조 2개)에 바탕하여, 육계에 황기와 생강을 블렌딩하였다.

십전대보탕에서 육계와 황기, 생강을 블렌딩한 것은, 육계와 생강이 맵고 뜨거운 성질로 발산을 하여 수렴작용을 하는 황기를 추가하여 마음을 진정시키기 위한 것이다.

십전대보탕 용례

허로를 치료한다.
『동의수세보원』

본 처방에 백하수오로 인삼을 대체하면 백하오군자탕이라 한다. 본 처방에 인삼과 황기 각돈을 쓰고 백하수오와 관계 각 1돈을 더한 것을 십전대보탕이라 한다. 본 처방에 인삼 1냥, 황기 1돈을 쓴 것을 독삼팔물탕이라 한다.
『동의수세보원』

육계(계피)에 황기를 같이 쓰면 삼초를 보하고 위기胃氣를 실하게 하는 것은 계피와 그 작용이 같은데, 다만 계피에 비하여 맛이 달고 성질이 평하며 맵고 뜨거운 성질이 없는 것이 다를 뿐이다. 비위脾胃가 일단 허약해지면 폐의 기운이 먼저 끊어지는데, 이때에는 반드시 황기를 음다하여 살을 덥히고 피부를 따뜻하게 하고 살결을 튼튼하게 하여 땀이 나지 않게 함으로써 원기를 도와 삼초를 보해야 한다.
『본초정화』

육계(계피)에 생강을 같이 쓰면 곽란에 토하면서 딸꾹질이 나는 것을 치료한다.
『향약집성방』

습을 제거할 때에는 육계(계피)에 생강을 같이 사용한다.
『본초정화』

블렌딩한 황기와 생강은 위기를 실하게 하고, 살결을 튼튼하게 하여 땀이 나지 않게 함으로써 원기를 돕고, 토사·곽란·딸꾹질을 치료한다. '계피 블렌디드 한방꽃차'는 살과 피부를 따뜻하게 하여 삼초를 보하고, 습열濕熱을 제거하여 기혈이 허한 것을 다스려 몸이 따뜻해지고 가볍고 건강해져 신선의 경지에 오를 수 있다.

육계(계피) 꽃차의 제다법

육계(꽃, 잎, 줄기 피)차, 황기(꽃, 잎, 뿌리)차, 생강(잎, 뿌리)차를 블렌딩한 한방 꽃차의 우림한 탕색은 밝은 오렌지색이다. 향기는 계피 향과 생강 향의 조화가 상큼하다. 맛은 매운 맛의 생강차와 독특한 향의 계피차가 어우러져 신선하고 깊은 여운이 지속적이다.

생약명
육계(계수나무의 껍질)

이용부위
꽃, 잎, 줄기 껍질

개화기
6월

채취시기
잎(가을~겨울), 줄기(가을~봄)

독성 여부
무독無毒

① 계피는 꽃이 6월에 황록색으로 꽃이 피는데 갓 피어나는 꽃과 피려고 하는 꽃봉오리를 채취한다.

② 계피 꽃은 저온으로 덖음하여 계피 꽃차를 완성한다.

③ 계피나무 잎은 11~2월에 채취하여 깨끗이 씻는다.

④ 계피 잎을 가위로 1cm 길이로 잘라서 고온으로 살청하여 유념하고 건조하여 계피 잎차를 완성한다.

⑤ 계피나무 줄기는 가을~봄에 채취하여 껍질을 채취한다.

⑥ 껍질은 겉의 거친 피를 긁어내어 1cm 길이로 자른다.

⑦ 이것을 중온에서 덖음과 식힘을 반복하여 계피 차를 완성한다.

자소엽紫蘇葉

자소(자소엽)의 약성

- 맛이 맵고, 성질이 따듯하다.
- 풍한風寒 표사表邪를 발산시킨다.
- 자소경(줄기)은 창만증을 치료한다.
- 비장의 표사를 풀어준다.

자소엽은 비의 표사를 풀어준다.

紫蘇葉 解脾之表邪

자소엽은 맛이 매운지라 풍한 표사를 발산시키고, 자소경은 모든 기를 내리며 창만증을 없앤다. 자소엽은 비의 표사를 풀어준다.　　　　　　　　　　　　『동무유고』

자소엽은 단단한 줄기는 버리고 잎만 쓰는데, 천으로 흙과 먼지를 가려내고 쓴다. 탕약湯藥에 넣는 것은 연한 줄기가 마땅하니, 기氣를 잘 내린다. 씨는 종이를 깔고 향기가 날 때까지 볶아서 쓴다. 직접 심어서 거둔 것은 병을 치료하는 데 쓸 수 있다. 입자粒子가 비록 자잘해도 향기로운 것이 진품眞品이다. 요즈음 사람들은 대부분 야소자野蘇子를 채취하여 쓰기 때문에, 좋은 것과 나쁜 것을 어지럽게 만들고 있다.

『향약집성방』

자소엽은 기를 내린다. 귤피와 서로 잘 어울린다. 기병을 치료하는 처방에서 많이 쓴다. 또 표표의 기를 흩는다. 진하게 달여서 먹는다. 오랫동안 땀이 나오지 않을 때 청피와 자소엽을 더하면 땀이 바로 나온다.

『동의보감』

자소엽과 소음인의 마음작용·몸 기운(心氣·生氣)

『동무유고』, 「동무약성가」에서 밝힌 자소엽의 약성은 '풍한風寒 표사를 발산시키고, 자소의 줄기는 모든 기氣를 내리며, 창만증脹滿症을 없앤다. 비장의 표사를 풀어준다.(風寒發表, 梗下諸氣, 消除脹滿, 解脾之表邪.)'이다. 자소엽은 비약脾藥으로, 찬바람의 표사를 발산시키고, 비장의 겉에 있는 삿된 기운을 풀어주는 소음인의 꽃차이다.

먼저 소음인의 마음작용(心氣)과 자소엽을 논하면, 「사단론」에서는 '비장의 기운은 엄숙하고 포용하는 힘을 길러준다.(脾氣 栗而包)'고 하였으니, 자소엽이 비장의 겉에 있는 삿된 기운을 풀어주기 때문에 관대하면서도 엄숙하고, 상대방을 크게 감싸는 마음으로 작용한다. 또 소음인은 항상 불안한 마음을 가지고 있는데, 비장의 기운을 편안하게 하고 창만脹滿을 풀어주며, 한 걸음 나아가 밖을 살펴 불안한 마음을 안정시키는 작용을 한다.

다음 소음인의 몸 기운(生氣)과 자소엽의 작용을 보면, 「장부론」에서는 "비장은 교우交遇를 단련하고 통달하는 노怒의 힘으로 막해膜海의 맑은 즙을 빨아내어 비장에 들어가 비장의 원기를 더해주고, 안으로는 고해를 옹호하여 수곡열기를 고동시킴으로써 그 고膏를 엉겨 모이게 한다.(脾, 以鍊達交遇之

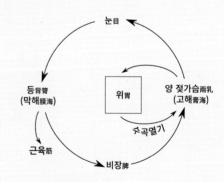

수곡열기水穀熱氣
수곡열기水穀熱氣는 위胃에서 시작하여 양 젖가슴(兩乳. 膏海)로 들어가고, 눈(目. 氣)로 나와서 다시 등(背膂. 膜海)으로 들어가고, 비장으로 돌아가서 비장에서 다시 양 젖가슴으로 고동하여 순환한다.

180

怒力, 吸得膜海之淸汁, 入于脾, 以滋脾元而內以擁護膏海, 鼓動其氣, 凝聚其膏,)"고 하였다. 자소엽은 비장의 표사를 풀어줌으로써 고해膏海를 옹호하여 엉겨 모이게 하는 것이다.

소음인 한증은 이병裏病으로, 앞의 그림에서 비장脾臟에서 양 젖가슴(양유, 兩乳)으로 가는 속 기운이 상하는 것이다. 따라서 자소엽은 소음인의 '위수한이한병胃受寒裡寒病'에 음다하는 꽃차로, 비당脾黨의 기운인 수곡열기의 속 기운을 잘 흐르게 한다.

자소엽 블렌디드 한방꽃차

'자소엽 블렌디드 한방꽃차'는『동의수세보원』제2권「송·원·명 삼대 의가들의 저술 중에서 소음인의 병에 경험한 중요한 약 13가지와 파두약巴豆藥 6가지 방문」에 있는 향소산(香蘇散, 향부자 3돈, 자소엽 2돈5푼, 진피 1돈 5푼, 창출·감초 각1돈, 생강 3쪽, 총백 2뿌리)에 바탕하여, 자소엽에 진피와 총백을 블렌딩하였다.

향소산에서 자소엽과 진피, 총백을 블렌딩한 것은, 비장이 약한 소음인의 소화를 돕기 위하여 진피를 추가하고, 비脾의 표사를 돕기 위하여 총백을 추가한 것이다.

향소산 용례

태양상풍증太陽傷風證에 열이 나고 오한이 있다고 한 것은 곧 소음인의 신腎에 열을 받아 밖에 열이 나는 병이니 이 증후에 발열하며 오한이 나고 땀이 없으면 계지탕桂枝湯·천궁계지탕川芎桂枝湯·향소산香蘇散·궁귀향소산芎歸香蘇散·곽향정기산藿香正氣散같은 것을 써야 하고, 오한발열이 있으면서 땀이 나면 망양증 초증亡陽證 初證이므로 절대로 가볍게 보아 넘겨서는 안 된다.

『동의수세보원』

자소엽에 진피를 같이 쓰면 귤피는 능히 흩트리고, 빼내고 따뜻하게 하고, 보익하고 조화롭게 할 수 있어 담을 없애고 해수를 치료하고, 기를 순하게 하고 중초를 이롭게 하며, 비脾를 조화롭게 하고 흉격을 상쾌하게 하고 오림을 통하게 하고, 술병을 치료하여 그 효능이 다른 약보다 뛰어나다.

『본초정화』

자소엽에 총백을 같이 쓰면 상한에 이미 발한을 시켰거나 혹은 발한을 시키지 않았거나 깨질 듯이 머리가 아픈 것을 치료한다. 잔뿌리까지 있는 총백 3줄기(1촌 크기로 자름), 생강 2냥을 3번에 나누어 음다하는데, 매번 물 2종지에 달여 한 종지가 되면 찌꺼기는 버리고 입으로 마셔서 먹는다.

『본초정화』

블렌딩한 진피와 총백은 담과 해수를 치료하고 위를 조화롭게 하고 술병을 치료한다. 머리가 깨질 듯이 아픈 것도 치료 한다. '자소엽 블렌디드 한방꽃차'는 살과 피부를 따뜻하게 하여 삼초를 보하고, 습열濕熱을 제거하여 기혈이 허한 것을 다스려 몸이 따뜻해지고 건강하게 된다.

자소엽 꽃차의 제다법

자소엽(꽃, 잎)차, 진피(꽃, 잎, 열매 껍질)차, 총백(잎, 줄기, 뿌리)차를 블렌딩한 한 방꽃차의 우림한 탕색은 밝은 등황색이다. 향기는 화향과 소엽의 독특한 향이 조화를 이뤄 싱그럽다. 맛은 매운 맛과 소엽의 특이한 매끄러운 신선함이 있다.

생약명
자소엽(잎을 말린 것)
자소자(익은 씨를 말린 것)
자소경(줄기를 말린 것)

이용부위
꽃, 잎, 줄기

개화기
8월

채취시기
잎(봄~여름), 줄기(여름~가을)

독성 여부
무독無毒

❶ 자소엽은 꽃, 잎을 차로 제다하여 음다할 수 있다.

❷ 잎은 6~7월에 채취하여 깨끗이 씻어서 물기를 제거한다.

❸ 자소엽 잎을 1~2cm 길이로 잘라서 살청 → 유념 → 건조 과정을 거쳐서 자소엽 잎차를 완성한다.

❹ 자소엽 꽃은 꼬투리째로 채취하여 중온에서 덖음으로 자소엽 꽃차를 완성한다.
   (꼬투리가 길 경우에는 1cm 길이로 잘라서 제다한다.)

꽃차와 소양인

소양인 열증熱症의 대표적인 꽃차는 『동의수세보원』 제3권에서 밝힌 「소양인의 위수열이열병론(胃受熱裡熱病論, 이하 熱症)」에서 사용된 '치자梔子', '박하薄荷', '으름 (목통木桶)', '질경이씨 (차전자車前子)', '인동초꽃 (금은화金銀花)', '죽여竹茹', '좁쌀 (속미粟米)' 등 7개를 선정하였다.

또 소양인 한증寒症의 대표적인 꽃차는 『동의수세보원』 제3권에서 밝힌 「소양인의 비수한표한병론(脾受寒表寒病論, 이하 寒症)」에서 사용된 '숙지황熟地黃', '방풍防風', '땅두릅 (강활羌活)', '산수유山茱萸', '구기자枸杞子', '복분자覆盆子' 등 6개를 선정하였다.

꽃차의 약성藥性은 이제마가 직접 약성을 밝힌 『동무유고東武遺藁』 「동무약성가東武藥性歌」와 『동의수세보원』의 내용을 기본으로 하였다. 참고자료로 조선시대 대표적인 본초학本草學 저술인 『본초정화本草精華』와 허준의 『동의보감東醫寶鑑』 그리고 『향약집성방鄕藥集成方』 등의 내용을 보충하였다.

소양인은 비장의 기운이 크고 신장의 기운이 작은 '비내신소脾大腎小'의 상국을 가지고 있다. 소양인의 꽃차는 기본적으로 작은 장부인 신장의 기운에 작용하는 신약腎藥이다. 꽃차와 소양인의 마음작용(心氣) · 몸 기운(生氣)에서는 「동무약성가」에서 밝힌 꽃차의 약성을 바탕으로, 신기腎氣의 마음작용과 수곡한기水穀寒氣를 위주로 설명하였다.

또한 선정한 블렌디드 한방꽃차는 『동의수세보원』 제4권 소양인론 마지막에서 밝힌 「새로 징한 소양인에서 응용하는 중요한 약 17가지 빙문」과 「징중경의 『싱한론』 중 소양인의 병을 경험한 약방문 10가지」, 「원 · 명 2개 의가들이 저술한 의서 중에서 소양인의 병에 경험한 중요한 약 9가지 방문」을 기준으로 블렌딩하였다.

소양인 열증과 꽃차

치자梔子

치자의 약성

- 맛이 쓰고, 성질이 차다.
- 가슴이 답답한 것을 치료한다.
- 토혈 · 위통을 낫게 한다.
- 소변을 잘 통하게 한다.
- 대소장의 심한 열을 치료한다.

산치자는 신장의 진기를 깨어나게 한다.
山梔子 醒腎之眞氣

치자는 성질이 차다. 막힌 기를 풀어주고 가슴이 답답한 것을 없애며, 토혈吐血 · 코피 · 위통을 낫게 하고 화를 내리며, 소변을 잘 통하게 한다. 산치자는 신장의 진기眞氣를 깨어나게 한다. 『동무유고』

상한 7, 8일에 몸이 치자색 같이 노랗고 소변이 나오지 않으며 복부가 약간 부르면 태음증에 속하는 것이니 마땅히 인진호탕을 써야 한다. 상한에 다만 머리에서 땀이 나고 다른 곳은 나지 않으며 목둘레 까지만 땀이 나고 소변이 잘 나오지 않으면 반드시 몸에 황달이 발생하는 것이다.

『동의수세보원』

치자는 가슴속에 침입한 열을 없앤다. 또 가슴속이 답답한 것과 번조를 없앤다. 달인 물을 마신다. 대소장의 심한 열을 치료한다.

『본초정화』

치자는 5가지 내부의 사기 및 위 속의 열기를 치료한다. 얼굴이 붉은 것·과음으로 인한 딸기코·백라·적라·창양을 치료한다. 열독풍을 제거하고 유행병으로 인한 열을 없애며, 5가지 종류의 황달병을 치료한다. 오림을 소통시켜 소변을 통하게 하며 소갈을 풀어주고, 눈을 맑게 하며 중악(中惡, 갑자기 졸도하여 사람을 알아보지 못함)을 치료한다. 상한에 한汗·토吐·하下한 후 허번으로 잠을 못자는 것을 치료한다. 치자는 성질이 비록 차갑지만 독이 없어 위중의 열기를 다스린다. 이미 혈과 진액을 잃어 장부가 내부를 윤택하게 기르지 못하여 생긴 허열은 이것이 아니면 제거할 수 없다. 또한 심경에 남은 열로 인해 소변이 붉고 깔깔한 것을 다스린다.

『본초정화』

치자는 소장의 열을 치료한다. 물에 달여 먹는다.

『동의보감』

치자와 소양인의 마음작용 · 몸 기운(心氣·生氣)

소양인은 '비대신수脾大腎小'로 비장의 기운이 크고 신장의 기운이 작은 사람이나. 또 '노성애정怒性哀情'으로 노성기怒性氣와 애정기哀情氣의 성·정性情을 가지고 있다. 따라서 소양인은 작은 장국인 신장의 심기心氣나 생기生氣가 부족하고, 잘하지 못한다.

『동무유고』, 「동무약성가」에서 밝힌 치자의 약성은 '막힌 기를 풀어주고 가슴이 답답한 것을 없애며, 토혈吐血·코피·위통을 낫게 하고 화를 내리며, 수변을 잘 통하게 한다. 산치지는 신장의 진기眞氣를 깨어나게 한나.(解鬱除煩, 吐衄胃痛, 火降小便, 山梔子 醒腎之眞氣.)'이다. 치자는 신약腎藥으로, 막힌 기를 풀어주고 신장의 참된 기운을 깨워주는 소양인의 꽃차이다.

먼저 소양인의 마음작용(心氣)과 치자를 보면, 「사단론」에서는 '신장의 기운은 온화하면서 쌓는다.(腎氣 溫而畜)'고 하였다. 치자는 신장의 진기를 일깨워서 정직하지만 온화한 마음을 놓치지 않게 하고, 시작한 일을 성실하게 이루게 한다. 또 소양인은 항상 두려운 마음을 가지고 있는데, 치자는 신장의 기운을 일깨우고 막힌 것을 열어주기 때문에 자신의 거처를 살펴서 두려운 마음을 고요하게 한다.

다음 소양인의 몸 기운(生氣)과 치자를 보면, 「장부론」에서는 "신장은 거처를 단련하고 통달하는 락樂의 힘으로 정해精海의 맑은 즙을 빨아내어 신장에 들어가 신장의 원기를 더해주고, 안으로는 액해液海를 옹호하여 수곡한기를 고동시킴으로써 그 액液을 엉겨 모이게 한다.(腎, 以鍊達居處之樂力, 吸得精海之淸汁, 入于腎, 以滋腎元而內以擁護液海, 鼓動其氣, 凝聚其液.)"라고 하였다. 치자가 신장의 진기를 일깨우는 것은 액해液海를 옹호하여 액液이 잘 엉겨 모이게 하는 것이다. 아래의 그림에서 보면, 신장에서 전음前陰으로 가는 기 흐름을 좋게 한다.

또한 『동의수세보원』 제4권 「태양인 내촉소장병론太陽人 內觸小腸病論」에서는 "소양인의 노성기怒性氣가 입(구, 口)과 방광膀胱의 기운을 상하게 하고, 애정기哀情氣가 신장과 대장大腸의 기운을 상하게 한다.(少陽人, 怒性傷口膀胱氣, 哀情傷腎大腸氣.)"라고 하여, 소양인 노성애정怒性哀情의 성기性氣·정기情氣에 따른 표기(表氣, 겉의 기운)·리기(裡氣, 속의 기운)를 밝히고 있다.

즉, 소양인 열증은 이병裏病으로 애정기哀情氣와 연계되기 때문에 옆의 그림에서는 신장에서 전음前陰으로 가는 이기裏氣에 해당된다. 따라서 치자는 소양인의 '위가 열을 받아서 속으로 열이 나는 병'인 '위수열이열병'에 음다하는 꽃차로, 신당腎黨의 기인 수곡한기水穀寒氣의 속기운을 잘 흐르게 한다.

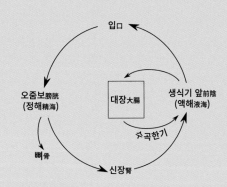

수곡한기水穀寒氣
수곡한기水穀寒氣는 대장大腸에서 시작하여 생식기 앞(前陰, 液海)으로 들어가고, 입(口, 精)으로 나와서 다시 오줌보(膀胱, 精海)로 들어가고, 신장으로 돌아가서 신장에서 다시 생식기 앞으로 고동하여 순환한다.

치자 블렌디드 한방꽃차

'치자 블렌디드 한방꽃차'는『동의수세보원』제3권「새로 정한 소양인에서 응용하는 중요한 약 17가지 방문」에 있는 형방패독산(荊防敗毒散, 강활 2돈, 독활·시호·전호·방풍·현삼·산치자·인동등·지골피 각1돈, 형개·박하 각5푼)에 바탕하여, 치자에 방풍과 인동을 블렌딩하였다.

형방패독산에서 방풍과 인동을 블렌딩한 것은, 치자의 약간의 쓴맛을 조화롭게 하기 위하여 방풍를 추가하고, 위열을 내려 마음을 안정시키기 위해 인동을 추가한 것이다.

형방패독산 용례

소양인의 병의 표병과 이병을 막론하고 손·발바닥에 땀이 있으면 병이 풀리고 손바닥과 발바닥에 땀이 없으면 비록 전체에 모두 땀이 있다 하여도 병이 풀리지 못한다. 양인의 상한병이 재통하거나 삼통하여 땀을 내고 낫는 경우가 있는데 이 병은 두 번, 세 번 풍한風寒에 감촉되어 재통에 땀을 내고 삼통에 땀을 내는 것이 아니다. 소양인이 머리가 아프고 뒤통수가 뻣뻣하며 추웠다 더웠다 하고 귀가 먹고 가슴이 그득한 것이 더욱 심한 증은 원래 이러한 것이니, 표사表邪가 깊이 맺혀서 삼통에 이른 연후에야 바야흐로 풀리는 것이다. 초통·재통·삼통을 막론하고 형방패독산이나 형방도적산이나 형방사백산을 매일 두 첩씩 쓰되 병이 풀릴 때까지 쓰며 병이 풀린 후에도 10여 첩을 더 쓸 것이니, 이렇게 하면 저절로 뒤탈이 없고 완전히 건강해질 것이다.

『동의수세보원』

치자에 방풍을 같이 쓰면 방풍은 풍을 치료하는 데에 통용되는데, 상반신에 든 풍에는 뿌리 중 몸체를 쓰고, 하반신에 든 풍에는 뿌리 중 말초 부분을 쓴다. 풍을 치료하고 습을 제거하는 아주 좋은 약이 되는 것은 풍이 습을 이기기 때문일 뿐이다. 폐실을 사瀉할 수 있는데, 잘못 복용하면 상초의 원기를 사瀉한다.

『본초정화』

치자에 인동을 같이 쓰면 인동은 오한, 발열이 있으면서 몸이 붓는 것을 치료한다. 오래 복용하면 몸이 가벼워지고 수명을 늘릴 수 있다. 복부의 창만을 치료하고 기가 하함하여 생긴 벽증(癖證, 옆구리가 아픈 것)을 그치게 한다.

『본초정화』

블렌딩한 방풍과 인동은 위완胃脘에 있는 혈을 가장 잘 식혀 사기를 물리치고, 풍을 치료하고 습을 제거하고 복부창만을 치료한다. '치자 블렌디드 한방꽃차'는 위장에 열을 식혀 가슴이 답답하고 괴로운 마음을 열어서 잠을 잘 이루게 한다.

치자 꽃차의 제다법

치자(꽃, 열매, 잎)차, 인동(꽃, 잎, 줄기)차, 방풍(꽃, 잎, 열매, 뿌리)차를 블렌딩한 한방꽃차의 탕색은 붉은 황색으로 향기는 향긋한 초향이 난다. 맛은 싱그럽고 단백하다.

생약명
치자(익은 열매를 말린 것)
산치자(생 열매를 말린 것)

이용부위
꽃, 잎, 열매

개화기
6~7월

채취시기
열매(가을), 잎(가을~겨울)

독성 여부
무독無毒

❶ 치자는 꽃, 열매, 잎을 차로 제다하여 음용할 수 있다.

❷ 꽃은 6~7월에 갓 피어난 꽃을 아침에 채취한다.

❸ 치자 꽃은 가열을 하면 향기가 모두 발산하고, 꽃잎도 갈변을 잘 하므로 저온에서 덖음을 하여 치자 꽃차를 완성한다.

❹ 치자 열매는 푸른 열매(산치자)와 붉게 익은 열매를 차로 만든다.

❺ 푸른 열매는 8월에, 붉게 익은 열매는 9월에 채취하여 반을 갈라서 시들리기를 한다.

❻ 시들리기한 치자는 중온에서 덖음과 식힘을 반복하여 구증구포의 원리로 치자 열매차를 완성한다.

박하薄荷

박하의 약성

- 맛이 맵고, 성질이 서늘하다.
- 머리와 눈을 맑게 한다.
- 풍을 없앤다.
- 담을 삭인다.
- 골증을 치료한다.

박하는 맛이 맵다. 머리와 눈을 최고로 맑게 하고, 풍을 없애며 담을 삭이고, 골증骨蒸에 복용하면 좋다.

「동무유고」

중풍으로 오장의 기가 막혀 말을 더듬고 수족을 쓰지 못하며 정신이 혼몽하고 대변이 잘 나오지 않는 증상을 치료한다. 동마자 0.5되, 백량미 3홉, 박하 한줌, 형개 한줌을 큰 3잔의 물로 박하 등을 달여 2잔의 즙을 취하여 찌꺼기는 버리고 갈은 마자를 넣고 걸러서 다시 즙을 취하고 여기에 백량미로 죽을 끓여 빈속에 먹는다. 『향약집성방』

박하는 적풍(허하여 발생한 질병)이나 상한으로 땀이 나는 증상, 나쁜 기로 가슴과 배가 불러 오르고 그득해지는 증상, 곽란, 묵은 음식이 소화되지 않는 증상을 치료한다. 『본초정화』

박하는 매운 맛은 발산할 수 있고, 서늘한 성질은 맑게 하고 매끄럽게 할 수 있으므로 소풍산열(풍을 몰아내고 열을 내림)하는 작용이 강하다. 그러므로 두통·두풍·눈·인후·입·치아 등의 모든 질병과 소아가 경기로 열이 나는 증상·나력·창개를 치료하는 중요한 약이 된다. 고양이에 물린 것을 치료하는 데에 이 약을 즙을 내어 상처에 발랐더니 유효하였는데, 대개 이 약의 상제相制하는 점을 취한 것이다. 『본초정화』

박하는 두풍을 치료하고, 또, 풍열두통도 치료한다. 몸의 상부를 맑게 하는 중요한 약이다. 달여 먹거나 가루내어 먹는데 모두 좋다. 『동의보감』

박하와 소양인의 마음작용·몸 기운(心氣·生氣)

『동무유고』, 「동무약성가」에서 밝힌 박하의 약성은 '머리와 눈을 최고로 맑게 하고, 풍을 없애며 담을 삭이고, 골증骨蒸에 복용하면 좋다.(最淸頭目, 祛風化痰, 骨蒸宜服.)'이다. 박하는 신약腎藥으로, 머리와 눈을 맑게 하고 뼈 속이 달아오르는데 복용히는 소양인의 꽃차이다.

먼저 소양인의 마음작용(心氣)과 박하를 보면, 「사단론」에서는 '신장의 기운은 온화하면서 쌓는다.(腎氣 溫而畜)'고 하였다. 박하는 머리와 눈을 맑게 하여 시작한 일을 끝까지 성실하게 이루게 한다. 또 소양인은 항상 두려운 마음을 가지고 있는데, 박하는 머리와 눈을 맑게 하기 때문에 자신의 거처를 살펴서 두려운 마음을 고요하게 한다.

다음 소양인이 몸 기운(生氣)과 박히를 보면, 「장부론」에시는 "징해의 닥한 찌써기는 발이 구부리는 강한 힘으로 단련하여 뼈(骨)를 이루게 한다.(精海之濁滓則足, 以屈强之力, 鍛鍊之而成骨.)"라고 하였다. 뼈 속이 달아오르는 골증에 복용하는 박하는 정해精海의 탁한 찌꺼기를 잘 생성시키는 것이다. 옆의 그림에서 보면, 방광의 정해精海가 뼈로 잘 흐르게 한다.

또 「장부론」에서는 "신장은 거처를 단련하고 통달하는 락樂의 힘으로 정해精海의 맑은 즙을 빨아내어 신장에 들어가 신장의 원기를 더해주고, 안으로는 액해液海를 옹호하여 수곡한기를 고동시킴으로써 그 액液을 엉겨 모이게 한다.(腎, 以鍊達居處之樂力, 吸得精海之淸汁, 入于腎, 以滋腎元而內以擁護液海, 鼓動其氣, 凝聚其液.)"라고 하였다. 신약腎藥인 박하는 정해精海를 잘 빨아들여 신장의 원기를 더해주는 것이다. 따라서 박하는 소양인의 '위수열이열병'에 음다하는 꽃차로, 신당腎黨의 기인 수곡한기水穀寒氣의 속기운을 잘 흐르게 한다.

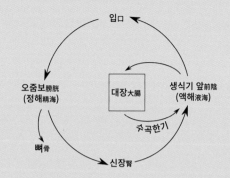

수곡한기水穀寒氣
수곡한기水穀寒氣는 대장大腸에서 시작하여 생식기 앞(前陰, 液海)으로 들어가고, 입(口, 精)으로 나와서 다시 오줌보(膀胱, 精海)로 들어가고, 신장으로 돌아가서 신장에서 다시 생식기 앞으로 고동하여 순환한다.

박하 블렌디드 한방꽃차

'박하 블렌디드 한방꽃차'는 『동의수세보원』 제3권 「원·명 2개 의가들의 저술한 의서 중에서 소양인의 병에 경험한 중요한 약 9가지 방문」에 있는 양격산(涼膈散, 연교 2돈, 대황·망초·감초 각1돈, 박하·황금·치자 각5푼)에 바탕하여, 박하에 망초와 대황을 블렌딩하였다.

양격산에서 망초와 대황을 블렌딩한 것은, 박하는 향이 강하여 부드럽고 순한 망초를 추가하고, 위완을 편안하게 하는 대황을 추가한 것이다.

양격산 용례

어떤 아이가 갓난아이부터 동자가 되기까지 잠자면서 땀을 흘리기가 7년이나 계속되었으나 모든 약이 효력이 없더니 양격산을 3일간 복용하고 병이 멈췄다. 소양인의 대장의 맑은 양기가 위胃에 충족하여 머리와 얼굴 그리고 사지에 차서 넘치면 땀이 반드시 나지 않는다. 소양인이 땀을 흘리는 것은 본래 양기가 약한 것인데 양격산을 복용하고 병이 그쳤다는 것은 이 병은 곧 상소上消로 병이 경한 것이다.

『동의수세보원』

소양인이 땀을 흘리는 것은 양기가 약하기 때문이다. 양격산을 쓴다.

『동의사상 신편』

박하에 망초를 같이 쓰면 망초는 오장의 적취와 오랜 열로 위胃가 막힌 것을 주치한다. 사기를 제거하고 어혈과 뱃속에 뭉친 담음을 없앤다. 경맥을 통하게 하고 대소변과 월경이 잘 나오게 하며 오림을 뚫는다. 묵은 것을 없애고 새로운 것이 이르게 한다.

『본초정화』

박하에 마황을 같이 쓰면 마황은 중풍과 상한으로 인한 두통·온학 등에 발표시켜 땀을 내며, 사기인 열기를 제거하고, 해역과 상기를 멎게 하며, 오한발열을 제거하고. 징가(여자의 아랫배에 생긴 덩어리)가 단단한 것과 적취를 부순다. 붉고 검은 반점의 독을 삭인다. 많이 먹으면 사람을 허하게 만든다.

『본초정화』

블렌딩한 마황과 망초는 어혈과 뱃속에 뭉친 담을 없애고 경맥을 잘 통하게 하고, 사기인 열기를 제거하고 오한 발열을 제거한다. '박하 블렌디드 한방꽃차'는 열로 막힌 위상을 통하게 하여 맑은 양기가 마음이 니그럽고 원대하고 활달하게 한다.

박하 꽃차의 제다법

박하(꽃, 잎, 줄기)차, 대황(잎, 줄기, 뿌리)차, 망초(잎, 꽃)차를 블렌딩한 한방꽃차
의 우림한 탕색은 맑은 황색이고 향기는 청량한 박하향이 은은하게 올라온다.
맛은 쌉쌀하면서 초향이 상쾌하다.

생약명
박하(전초를 말린 것)

이용부위
꽃, 잎, 줄기

개화기
6~9월

채취시기
잎(봄~가을)

독성 여부
무독無毒

❶ 박하는 잎, 꽃, 줄기를 차로 제다하여 음용할 수 있다.

❷ 봄에 잎을 채취하여 고온에서 살청 → 유념 → 건조 과정으로 박하 잎차를 완성한다.

❸ 7~9월에 꽃이 필 때에 줄기와 함께 채취하여 꽃과 잎, 줄기를 따로 따로 분리하여 다듬어 놓는다.

❹ 꽃은 저온에서 덖음을 하여 박하 꽃차를 완성한다.

❺ 줄기는 1~2cm 길이로 잘라서 덖음과 식힘을 반복하여 박하 줄기차를 완성한다.

❻ 잎도 차로 제다한다.

으름 (목통木通)

목통(으름)의 약성

- 맛이 쓰고, 성질이 차다.
- 신장을 견실하게 한다.
- 소장이 막힌 것을 낫게 한다.
- 구규九竅와 경맥을 통하게 한다.
- 음식에 체한 것을 내려가게 한다.

신장을 견실하게 하여 안팎을 충족시키는 힘이 있다.
壯腎而有充足內外之
목통은 성질이 차다. 소장이 열로 막힌 것을 낫게 하고, 아홉 개의 구멍과 경맥을 통하게 하며, 음식에 체한 것을 내려가게 하는데 가장 능하다. 목통은 신장을 견실하게 하여 안팎을 충족시키는 힘이 있다. 『동무유고』

부종이 병됨은 급히 치료하면 살 수 있고 급히 치료하지 않으면 위태로우니 약을 빨리 쓰면 쉽게 낫고 약을 빨리 쓰지 않으면 맹랑하게 죽는다. 이 병은 밖에 나타난 형세가 평완하여 급하게 죽을 것 같지 않아서 사람들이 반드시 쉽게 생각하나 이 병은 실은 급한 증으로 4~5일 내에 반드시 그 질병을 치료해야 하며 늦어도 10일 이상을 논하는 것은 불가하다. 부종은 처음 발생했을 때 마땅히 목통대안탕을 써야 하며 혹은 형방지황탕에 목통을 더하여 하루 2회 먹으면 6~7일 내에 부종이 반드시 풀릴 것이다. 『동의수세보원』

목통은 심에 통하고 폐를 식혀 두통을 치료하고 구규를 부드럽게 하며, 아래로는 습열을 배출하여 소변을 잘 나오게 하고, 대장의 기를 통하게 하여 전신의 경련과 통증을 치료한다. 화를 배출하게 되면 폐가 사기를 감수하지 않게 되어 수도水道를 통하게 할 수 있게 되니, 물의 근원이 이미 맑아지면 진액이 저절로 변화하여 모든 경의 습과 열이 소변을 통해 배출되는 까닭이다. 전신의 잠복된 열과 동통·팔다리에 경련이 일어나면서 오그라드는 증상·족냉 등을 치료하는데, 이러한 증상들은 모두 잠복된 열이 혈분을 상한 것이며, 혈은 심에 속하는데 목통을 음용하여 심규를 통하게 하면 잠복된 열이 경락으로 유행하게 된다. 『본초정화』

목통은 오림(기림. 노림. 고림. 혈림. 석림의 5가지 소변증상)을 치료하고 관격(대소변을 잘 보지 못하는 증상)을 열어준다. 또한 소변이 잦고 갑자기 아픈 데 주로 쓴다. 썬 것을 달여서 빈 속에 먹는다. 『동의보감』

목통과 소양인의 마음작용·몸 기운(心氣·生氣)

『동무유고』, 『동무약성가』에서 밝힌 목통의 약성은 '소장이 열로 막힌 것을 낮게 하고, 아홉 개의 구멍과 경맥을 통하게 하며, …… 신장을 견실하게 하여 안팎을 충족시키는 힘이 있다.(小腸熱閉, 利竅通經, 壯腎而有充足內外之力.)'이다. 목통은 신약腎藥으로, 소장小腸의 막힌 기를 풀어주고 신장을 견실하게 하는 소양인의 꽃차이다.

먼저 소양인의 마음작용(心氣)과 목통을 보면, 『사단론』에서는 '신장의 기운은 온화하면서 쌓는다.(腎氣 溫而畜)'고 하였다. 목통은 신장을 튼튼하게 하고 경락을 통하게 하여 정직하지만 온화한 마음을 놓치지 않고, 시작한 일을 성실하게 이루게 한다.

또 소양인은 항상 두려운 마음을 가지고 있는데, 목통은 신장을 튼튼하게 하고 막힌 구멍과 경락을 열어주기 때문에 자신의 거처를 살펴서 두려운 마음을 고요하게 한다.

다음 소양인의 몸 기운(生氣)과 목통을 보면, 「장부론」에서는 "신장은 거처를 단련하고 통달하는 락樂의 힘으로 정해精海의 맑은 즙을 빨아내어 신장에 들어가 신장의 원기를 더해주고, 안으로는 액해液海를 옹호하여 수곡한기를 고동시킴으로써 그 액液을 엉겨 모이게 한다.(腎, 以錬達居處之樂力, 吸得精海之清汁, 入于腎, 以滋腎元而內以擁護液海, 鼓動其氣, 凝聚其液.)"라고 하였다. 신장을 튼튼하게 하는 목통은 정해精海의 맑은 즙을 신장에 빨아들여 원기를 더해주는 것이다. 신당腎黨의 기인 수곡한기에서 방광膀胱에서 신장으로 가는 기 흐름을 좋게 한다.

또한 목통은 소장이 열로 막힌 것을 풀어주는데, 「장부론」에서는 "수곡량기는 소장小腸으로부터 유油로 변화하여 배꼽(臍)에 들어가 유해油海가 되니, 유해는 유가 있는 곳이다. …… 소장·제·비·요척·육은 모두 간의 무리肝黨다.(水穀凉氣, 自小腸而化油, 入于臍, 爲油海, 油海者, 油之所舍也. …… 小腸與臍鼻腰脊肉, 皆肝之黨也.)"라고 하였다.

따라서 목통은 소양인의 '위수열이열병'에 음다하는 꽃차이지만, 간당肝黨의 수곡량기水穀凉氣의 속 기운인 소장에서 배꼽으로 잘 흐르게 한다.

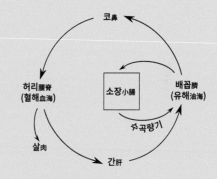

수곡량기水穀凉氣
수곡량기水穀凉氣는 소장小腸에서 시작하여 배꼽(臍, 油海)으로 들어가고, 코(鼻, 血)로 나와서 다시 허리(腰脊, 血海)로 들어가고, 간으로 돌아가서 간에서 다시 배꼽으로 고동하여 순환한다.

목통 블렌디드 한방꽃차

'목통 블렌디드 한방꽃차'는 『동의수세보원』 제3권 「새로 정한 소양인에서 응용하는 중요한 약 17가지 방문」에 있는 목통대안탕(木通大安湯, 목통·생지황 각5돈, 적복령 2돈, 택사·차전자·천황련·강활·방풍·형개 각1돈)에 바탕하여, 목통에 생지황과 차전자를 블렌딩하였다.

목통대안탕에서 생지황과 차전자를 블렌딩한 것은, 신장의 기능을 보중하기 위하여 차전자를 추가 하고, 소양인의 위열을 내려 마음을 편안하게 하기 위하여 생지황을 추가한 것이다.

목통대안탕 용례

부종에 병들면 급히 치료해야 살고 급히 치료하지 못하면 위험해지며, 약 쓰기를 빠르게 하면 가장 쉽게 낫게 되고, 빠르게 하지 못하면 치료하기가 매우 어려워 허망하게 죽게 된다. 이 병의 겉으로 드러나는 병세가 완만하고 늦어 빨리 죽을 것 같지 않아 보이는 까닭에 사람들이 이를 가볍게 여기나, 이 병은 실로 위급한 병증으로 4–5일 내에 반드시 치료해야 하는 병이니 늦어도 10일 이상을 치료시점으로 논하는 것은 안 되는 것이다. 부종이 처음 발생했을 때 마땅히 목통대안탕을 써야 하니 하루에 두 번씩 복용하면 6–7일 내 부종이 반드시 풀린다 『동의수세보원』

목통에 차전자를 같이 쓰면 차전자음은 임병으로 소변에서 피가 나오고 신체에 열이 많이 나는 것을 치료한다. 『향약집성방』

목통에 생지황을 같이 쓰면 부인이 붕루로 피가 그치지 않는 것 및 산후에 피가 위로 심心을 압박하여 가슴이 답답하면서 정신을 잃으려고 하는 증상을 다스린다. 몸을 손상하여 태아가 움직이며 하혈을 하는 증상·넘어지거나 떨어져 어혈이 생겨 피가 정체된 증상·그리고 코피가 나오고 피를 토하는 증상 등에 모두 찧어 마신다. 『본초정화』

블렌딩한 차전자와 생지황은 삼습(滲濕, 오줌, 땀, 몸안의 습기를 치료)의 작용으로 혈변을 치료하고 소변이 잘 나오게 한다. 태아가 움직여 하혈하는 증상 등을 치료한다. '목통 블렌디드 한방꽃차'는 신장에 습열을 내려 눈을 밝게 하고 열독을 제거한다.

목통(으름) 꽃차의 제다법

생약명
목통(줄기를 말린 것)
통초(뿌리를 말린 것)
팔월찰(열매를 말린 것)

이용부위
꽃, 잎, 줄기, 열매

개화기
5월

채취시기
잎(봄~여름), 열매(가을), 줄기(가을~봄)

독성 여부
무독無毒

목통(꽃, 잎, 줄기, 열매)차, 차전자(잎, 꽃, 씨)차, 생지황(꽃, 잎, 뿌리)차를 블렌딩한 한방꽃차의 탕색은 맑은 황색으로 향기는 풍미로운 향이 난다. 맛은 두텁고 묵직하다.

❶ 목통(으름덩굴)은 꽃, 잎, 줄기, 열매를 차로 제다하여 음용할 수 있다.

❷ 으름 꽃은 5월에 자색으로 암수 따로(암꽃은 크고 숫꽃은 작고 많이 핀다.) 꽃이 핀다.

❸ 꽃과 잎을 같이 채취하여 꽃과 잎을 분리하여 다듬어 꽃은 저온에서 덖음을 하여 으름 꽃차를 완성을 한다.

❹ 잎은 고온에서 살청 → 유념 → 건조 과정으로 으름 잎차를 완성한다.

❺ 열매는 9월 가을에 터지기 전에 채취하여 동그랗고 얇게 썰어서 반건조하여 중온에서 덖음과 식힘을 반복하여 열매차를 완성한다.

❻ 줄기 차는 가을·봄에 채취하여 겉껍질을 긁어내고 1~2cm 길이로 잘라서 증제하여 덖음과 식힘의 반복으로 구증구포의 원리로 으름줄기 차를 완성한다.

질경이씨 (차전자車前子)

차전자 (질경이씨)의 약성

- 맛이 달고, 성질이 차다.
- 오줌을 잘 나가게 치료한다.
- 눈이 벌건 것을 치료한다.
- 대변을 실實하게 한다.
- 소변을 잘 통하게 한다.

차전은 기운이 차다. 오줌이 잘 나가지 않는 것과 눈이 벌건 것을 치료한다. 소변을 능히 통하게 하고, 대변도 능히 실實하게 한다.　　　　　　　　　　　『동무유고』

'양명증'이란 것은 단지 열만 있고 한寒이 없는 것을 말하는 것이고 삼양三陽이 합병合病한다는 것은 태양·소양·양명증이 함께 있는 것을 말하는 것이다. 이러한 증에는 마땅히 저령탕이나 백호탕을 써야 한다. 그러나 옛 처방인 저령탕이 새 처방인 저령차전자탕의 구비한 것만 못하고, 옛 처방인 백호탕이 새 처방인 지황백호탕의 완전한 것만 못하다. 만일 양명병에 소변이 잘 나오지 않는 것에 겸하여 대변이 막히고 마른 것은 지황백호탕을 쓰는 것이 좋다.

『동의수세보원』

차전자는 기에 원인이 있는 융병을 치료하고 통증을 그치며, 물길과 소변을 부드럽게 해주며 습비를 제거한다. 오래 복용하면 몸이 가벼워지고 노화가 억제된다. 남자의 중초가 손상된 것과 여자가 소변을 찔끔찔끔 보는 것을 치료하며, 폐를 기르고 음을 강하게 하며 정精을 보태어 애를 낳게 하고, 눈을 밝히며 충혈되고 아픈 것을 치료한다. 소장의 열을 이끌어 내보내고, 서습으로 인한 설사를 멎게 한다. 소변을 잘 나오게 하면서도 기를 내보내지는 않는다. 복령과 효과가 같다.

『본초정화』

차전자는 기륭(氣癃 방광에 열이 있어 발생하는 증상)에 쓰고 오림五淋에 두루 쓴다. 소변을 잘 나오게 하고 소변이 찔끔찔끔 나오는 것을 통하게 한다. 눈을 밝게 하고, 간의 풍열과 독풍毒風이 눈을 쳐서 눈이 붉고 아픈 것, 장예(障醫. 눈의 백태가 있다.)를 없앤다.

『동의보감』

차전자와 소양인의 마음작용·몸 기운(心氣·生氣)

『동무유고』, 「동무약성가」에서 밝힌 차전자의 약성은 '오줌이 잘 나가지 않는 것과 눈이 벌건 것을 치료하며, 소변을 능히 통하게 하고 대변도 능히 실實하게 한다.(溺澀眼赤, 小便能通, 大便能實.)'이다. 차전자는 신약腎藥으로, 소변과 대변을 통하게 하고 눈이 벌건 것을 치료하는 소양인의 꽃차이다.

「장부론」에서는 "수곡한기는 대장大腸으로부터 액液으로 변화하여 전음前陰의 털 사이 속으로 들어가서 액해液海가 되니, 액해란 것은 액이 있는 곳이다. 액해의 맑은 기운이 구口로 나와 정精이 되고 방광에 들어가 정해精海가 되니, 정해는 정이 있는 곳이다. 정해의 정즙이 맑은 것은 안으로 신장에 들어가고 탁재는 밖으로 뼈(骨)에 돌아감으로 대장·전음·구·방광·골은 모두 신장의 무리腎黨다.(水穀寒氣, 自大腸而化液, 入于前陰毛際之內, 爲液海, 液海者, 液之所舍也, 液海之清

氣, 出于口而爲精, 入于膀胱而爲精海, 精海者, 精之所舍也, 精海之精汁淸者, 內歸于腎, 濁滓, 外歸于骨故, 大腸與前陰口膀胱骨, 皆腎之黨也.)"라고 하였다. 산치자의 약성에서 밝힌 오줌보인 방광과 대변을 담당하는 대장이 모두 신장의 무리임을 알 수 있다.

먼저 소양인의 마음작용(心氣)과 차전자를 보면, 「사단론」에서는 '신장의 기운은 온화하면서 쌓는다.(腎氣 溫而畜)'고 하였다. 차전자는 신장의 무리에 해당되는 방광膀胱과 대장大腸을 실하게 하여 시작한 일을 끝까지 성실하게 이루게 한다.

다음 소양인의 몸 기운(生氣)과 차전자를 보면, 「장부론」에서는 "신장은 거처를 단련하고 통달하는 락樂의 힘으로 정해精海의 맑은 즙을 빨아내어 신장에 들어가 신장의 원기를 더해주고, 안으로는 액해液海를 옹호하여 수곡한기를 고동시킴으로써 그 액液을 엉겨 모이게 한다.(腎, 以鍊達居處之樂力, 吸得精海之淸汁, 入于腎, 以滋腎元而內以擁護液海, 鼓動其氣, 凝聚其液.)"라고 하였다. 차전자는 방광의 정해精海를 잘 빨아 들이고, 대장의 수곡한기를 잘 생성시키는 것이다. 옆의 그림을 보면, 방광에서 신장으로 가는 기 흐름과 대장에서 전음前陰으로 가는 기 흐름을 좋게 한다.

또한 「태양인 내촉소장병론太陽人 內觸小腸病論」에서 소양인 열증은 이병裏病으로 옆의 그림에서는 신장에서 전음前陰로 가는 이기裏氣에 해당된다. 따라서 차전자는 소양인의 '위수열이열병'에 음다하는 꽃차로, 신당腎黨의 기인 수곡한기水穀寒氣의 속 기운을 잘 흐르게 한다.

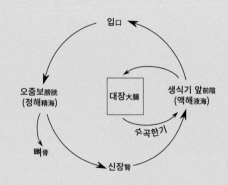

수곡한기水穀寒氣

수곡한기水穀寒氣는 대장大腸에서 시작하여 생식기 앞(前陰, 液海)으로 들어가고, 입(口, 精)으로 나와서 다시 오줌보(膀胱, 精海)로 들어가고, 신장으로 돌아가서 신장에서 다시 생식기 앞으로 고동하여 순환한다.

차전자 블렌디드 한방꽃차

'차전자 블렌디드 한방꽃차'는 『동의수세보원』 제3권 「새로 정한 소양인에서 응용하는 중요한 약 17가지 방문」에 있는 저령차전자탕(猪苓車前子湯, 복령·택사 각2돈, 저령·차전자 각1돈 5푼, 지모·석고·강활·독활·형개·방풍 각1돈)에 바탕하여, 차전자에 독활과 복령을 블렌딩하였다.

저령차전자탕에서 독활과 복령을 블렌딩한 것은, 차전자의 차가운 성질을 조화롭게 하기 위하여 따뜻한 성질의 독활을 추가하고, 부드러운 맛을 보강하고자 복령을 추가한 것이다.

저령차전자탕 용례

소양인의 몸에 열이 나고 머리가 아프며 설사하는 경우에는 당연히 저령차전자탕이나 형방사백산을 쓸 것이며 몸이 차고 배가 아프며 설사하는 경우에는 마땅히 활석고삼탕이나 형방지황탕을 써야 한다. 이러한 병을 망음병이라 한다. 망음병으로 몸에 열이 나고 설사하는 것을 치료한다. 머리와 배가 아프고 설사를 하는 것을 치료하는데 쓴다.

『동의수세보원』

차전자에 독활을 같이 쓰면 풍한이 침입한 것을 치료하고, 금창(금속에 다친 상처)의 통증을 멎게 한다. 신구新舊를 불문하고 모든 적풍을 치료한다.

『본초정화』

차전자는 소변을 잘 나오게 하면서도 기를 내보내지는 않는다. 복령과 효과가 같다. 소장의 열을 이끌어 내보내고, 서습으로 인한 설사를 멎게 한다.

『본초정화』

블렌딩한 독활과 복령은 금창에 통증을 멎게 하고, 서습으로 인한 설사를 멈추게 한다. 풍한과 적풍을 치료하고 소변을 잘 나가게 한다. '차전자 블렌디드 한방꽃차'는 소장에 열을 내려 기를 보충하니 신기가 쇠하지 않아서 신선의 경지에 오를 수 있다.

차전자 꽃차의 제다법

생약명
차전자(씨를 말린 것)
차전초(잎을 말린 것)

이용부위
꽃, 잎, 씨

개화기
6~8월

채취시기
씨(가을), 잎(봄~가을)

독성 여부
무독無毒

차전자(꽃, 잎, 씨)차, 독활(땅두릅꽃, 잎, 뿌리)차, 복령(소나무뿌리 혹)차를 블렌딩한 한방꽃차의 우림한 탕색은 밝은 연미색으로 향기는 청순하고, 달콤한 청향이 난다. 맛은 달고 단백하며 깊고 목 넘김이 부드럽다.

❶ 질경이는 꽃, 잎, 씨를 차로 제다하여 음용할 수 있다.

❷ 꽃은 6~8월에 기다란 꽃대를 채취하여 1cm 길이로 잘라서 중온에서 덖음과 식힘을 반복하여 질경이 꽃차를 완성한다.

❸ 잎은 봄~가을에 채취하여 깨끗이 씻어서 1cm 길이로 잘라서 고온에서 살청 → 유념 → 건조 과정으로 질경이 잎차를 완성한다.

❹ 차전자는 가을에 익은 검은 씨를 채취하여 중온에서 덖음과 식힘을 반복하여 질경이 차전자 차를 완성한다.

인동초꽃 (금은화金銀花)

금은화 (인동초꽃)의 약성

- 맛이 달고, 성질이 차다.
- 큰 종기를 치료한다.
- 풍을 치료한다.
- 붓는 증상을 치료한다.

금은화는 맛이 달다. 큰 종기를 치료하는 데서 다른 약은 대비도 안 되는데, 곪지 않은 것을 흩어지게 하고, 이미 곪은 것은 터지게 한다. 　　　　　　　『동무유고』

수년 동안 복약한다는 것은 가난하고 곤궁하여 살기 어려운 사람들이 할 수 있는 것이 아니니 마땅히 자기뇨, 생지황, 인동등, 고삼 등을 써야 한다. 하소와 강중은 위화로 인해 기육이 문드러지는 오래된 병이고, 음허오열은 대장화로 뼈가 저릿저릿하고 지지는 것 같은 새롭게 생긴 병이니, 모두 수 년 동안을 조절하고 다스리며 약을 복용한 연후에야 가히 위태로움을 면하고 병을 치료할 수 있다. 약두, 해삼, 석화, 저육 등을 쓰거나, 혹은 동변, 생지황, 인동등, 고삼 등을 써야 하니 음식이나 차 등에 섞어서 쓴다. 혹은 수개월 동안 복약하지 않는다. 대개 한 달 동안을 복약하면서 10첩, 20첩 넘거나 하루에 한 번 복용하는 것을 넘어서는 안 되는 것은 오래된 병을 급하게 치료해서는 안 되기 때문이다. 섞어서 쓴다는 것은 음식과 차 등에 역시 약리가 있기 때문이다. 반드시 애哀와 노怒를 경계하고 주색을 끊어야 한다.

『동의수세보원』

금은화는 모든 풍습병과 종독·옹저·개선·양매창(성병) 및 모든 악창을 치료하고, 열을 흩어주며 독을 풀어주는 효능이 있다. 음력 4월에 채취하여 그늘에 말린다.

『본초정화』

금은화는 한열寒熱이 나면서 몸이 붓는 증상을 치료한다. 오랫동안 복용하면 몸이 거뜬해지고 오래 산다. 사람들은 이것을 달여서 즙을 내어 술을 담그는데, 허虛를 보補하고 풍風을 치료한다.

『향약집성방』

금은화와 소양인의 마음작용·몸 기운(心氣·生氣)

『동무유고』, 『동무약성가』에서 밝힌 금은화의 약성은 '큰 종기를 치료하는데 다른 약은 대비도 안 되는데, 곪지 않은 것을 흩어지게 하고, 이미 곪은 것은 터지게 한다.(療癰無對, 未成則散, 已成則潰.)'이다. 금은화는 신약腎藥으로, 큰 종기를 치료하는 대표적인 소양인의 꽃차이다.

먼저 소양인의 마음작용(心氣)과 금은화를 보면, 「사단론」에서는 '신장의 기운은 온화하면서 쌓는다.(腎氣 溫而畜)'고 하였다. 금은화는 신장을 보하여 소양인이 정직하지만 온화한 마음을 놓치지 않고, 시작한 일을 성실하게 이루게 한다.

다음 소양인의 몸 기운(生氣)과 금은화를 보면, 「장부론」에서는 "신장은 거처를 단련하고 통달하는 락樂의 힘으로 정해精海의 맑은 즙을 빨아내어 신장에 들어가 신장의 원기를 더해주고, 안으로는 액해液海를 옹호하여 수곡한기를 고동시킴으로써 그 액液을 엉겨 모이게 한다.(腎, 以鍊達居處之樂力, 吸得精海之淸汁, 入于腎, 以滋腎元而內以擁護液海, 鼓動其氣,

凝聚其液.)"라고 하였다. 금은화는 전음前陰의 액해液海를 옹호하여 액液이 잘 엉겨 모이게 하는 것이다.

또 소양인 열증은 이병裏病으로 옆의 그림에서는 신장에서 전음前陰으로 가는 이기裏氣에 해당된다. 따라서 금은화는 소양인의 '위수열이열병'에 음다하는 꽃차로, 신당腎黨의 기인 수곡한기水穀寒氣의 속 기운을 잘 흐르게 한다.

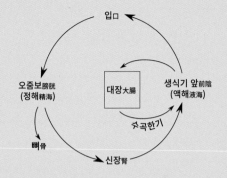

수곡한기水穀寒氣
수곡한기水穀寒氣는 대장大腸에서 시작하여 생식기 앞(前陰. 液海)으로 들어가고, 입(口. 精)으로 나와서 다시 오줌보(膀胱. 精海)로 들어가고, 신장으로 돌아가서 신장에서 다시 생식기 앞으로 고동하여 순환한다.

금은화 블렌디드 한방꽃차

'금은화 블렌디드 한방꽃차'는 『동의수세보원』 제3권 「새로 정한 소양인에서 응용하는 중요한 약 17가지 방문」에 있는 인동등지골피탕(忍冬藤地骨皮湯, 인동등 4돈, 산수유·지골피 각2돈, 천황련·황백·현삼·고삼·생지황·지모·산치자·구기자·복분자·형개·방풍·금은화 각1돈)에 바탕하여, 금은화에 산수유와 구기자를 블렌딩하였다.

인동등지골피탕에서 산수유와 구기자를 블렌딩한 것은, 금은화의 찬 성질에 따뜻한 성질의 산수유를 추가하고 금은화의 쓴맛을 부드럽게 하기 위하여 구기자를 추가한 것이다.

인동등지골피탕 용례

소갈이라는 것은 환자의 마음이 너그럽고 원대하고 활달하지 못하고 견문이 좁고 완고하며 작은 일에 집착하여 보는 바가 얕고 하고자 하는 바는 조급하며 계책은 골돌한데 생각은 모자라니 대장의 맑은 양이 위로 올라가는 기운이 자연히 만족하지 못하여 날이 갈수록 소모되고 노곤해서 이 병이 발생하는 것이다.

위국胃局의 맑은 장기가 상승하여 머리와 얼굴 그리고 사지四肢에까지 충족되지 못하면 상소上消가 되고, 대장국大腸局의 맑은 양기가 위로 올라가 위국胃局에까지 충족되지 못하면 중소中消가 된다. 상소上消는 자체가 중증이 되는데 중소中消는 상소上消보다 배는 중하고 중소中消는 자체가 험증이 되는데 하소下消는 중소中消보다 배는 험한 병이다. 상소上消는 양격산화탕을 쓰는 것이 마땅하고, 중소中消는 인동등지골피탕을 쓰는 것이 마땅하다.

또 마음을 너그럽고 넓게 가져야 할 것이고 작은 일에 집착하는 마음을 가져서는 안 될 것이니 마음을 너그럽고 넓게 가진다는 것은 하고자 하는 일을 반드시 완만하게 하는 것이니 맑은 양기가 위로 도달하고, 작은 일에 집착한다는 것은 하고자 하는 일을 반드시 조급하게 하는 것이니 맑은 양의 기운이 아래에서 소모될 것이다. 『동의수세보원』

금은화에 산수유를 같이 쓰면 허리와 무릎을 따뜻하게 하고 수장을 도우며 일체의 풍을 없애고 일체의 기를 몰아낸다. 간을 따뜻하게 하고 술을 마셔서 생긴 딸기코를 치료한다. 『본초정화』

금은화에 산수유를 같이 쓰면, 뇌腦와 뼈의 통증과 생리불순生理不順을 치료한다. 신기腎氣를 보補하고, 양기陽氣를 강하게 하며, 음경陰莖을 단단하고 길게 만들고, 정수精髓를 불어나게 하며, 이명耳鳴을 치료한다. 얼굴의 창瘡을 치료하고, 땀이 나게 하며, 노인이 소변을 참지 못하는 증상도 치료한다. 『향약집성방』

금은화에 구기자를 같이 쓰면 오장의 사기를 다스린다. 열중·소갈·주비(풍한습의 사기가 혈맥을 침범해서 생긴병)·풍습을 치료한다. 오래 복용하면 근골이 강해지고 추위와 더위를 잘 견디며 늙지 않는다. 『본초정화』

블렌딩한 산수유와 구기자는 풍을 없애고 뇌腦와 뼈의 통증과 생리불순을 치료한다. 열중·소갈·주비·풍습을 치료한다. '금은화 블렌디드 한방꽃차'는 신기腎氣를 보補하고, 양기陽氣를 강하게 하여 소갈이 해소되어 마음이 너그럽고 원대하게 된다.

금은화(인동초꽃) 꽃차의 제다법

금은화(꽃, 잎, 줄기)차, 산수유(꽃, 열매), 구기자(꽃, 어린순, 열매, 뿌리껍질)차를 블렌딩한 한방꽃차의 우림한 탕색은 밝은 등황색으로 향기는 은은한 난향이 난다. 맛은 감칠맛으로 신령스럽다.

생약명
금은화(꽃을 말린 것)
인동등(잎이 붙어 있는 덩굴을 말린 것)

이용부위
꽃, 잎, 줄기

개화기
6~7월

채취시기
잎(봄~가을), 줄기(봄~가을)

독성 여부
무독無毒

❶ 금은화(인동초의 꽃)는 꽃, 잎, 줄기를 차로 제다하여 음용할 수 있다.

❷ 금은화는 6~7월에 은색으로 꽃이 피었다가 금색으로 변하여 금은화라 한다.

❸ 은색 봉오리를 채취하여 저온에서 덖음과 식힘으로 금은화 꽃차를 완성한다.

❹ 가을에는 줄기와 잎을 같이 채취하여 잎과 줄기를 분리하여 다듬는다.

❺ 잎은 깨끗이 씻어서 고온에서 살청 → 유념 → 건조 과정으로 인동초 잎차를 완성한다.

❻ 줄기는 깨끗이 씻어서 1~2cm 길이로 잘라서 증제하고 덖음과 식힘을 반복하여 인동초 줄기차를 완성한다.

죽여竹茹

죽여 (대나무 속껍질)의 약성

· 맛이 달고, 성질이 차다.
· 위장의 위기를 열어준다.
· 식욕을 당기게 한다.
· 음식을 소화시킨다.

신장의 위기胃氣를 열어주어 음식을 소화시키고 식욕이 당기게 한다.
開腎之胃氣 而消食進食
腎의 위기를 열어주어 음식을 소화시키고 식욕이 당기게 한다. 「동무유고」

온사溫邪로 인한 오한발열·토혈·붕중을 주로 치료한다. 열광·번민을 치료한다. 중풍으로 말을 못하는 것·경계·온역을 다스린다. 임산부가 머리가 흔들려 쓰러지는 것과 소아의 경간·천조를 치료한다. 죽여음자(죽여, 인삼, 노근, 황금, 치자인) 시기병에 걸린 지 5일에 머리가 아프고 고열이 나며 먹으면 구역질이 나는 것을 치료한다. 죽여탕(청죽여, 인삼, 오매)은 상한병을 토하고 설사시킨 뒤에 번갈증이 그치지 않는 것을 치료한다.

『본초정화』

죽여는 상한노복傷寒勞復·소아의 열간熱癎·부인의 태동을 치료한다. 족양명경으로 들어간다. 위가 차가우면 쓰지 말아야 한다. 기운을 내리기도 하고 올리기도 한다. 그 쓰임에는 2가지가 있는데, 신구의 풍사로 인한 번열을 제거하고, 천촉으로 기가 상승하여 상충하는 것을 멎게 한다. 뿌리는 번열을 제거하고 단석독으로 인한 발열과 갈증을 풀어주는데 삶아서 복용한다. 담을 제거하고 풍열을 없앤다. 심경을 서늘하게 하고 원기를 북돋우며 열을 제거하고 비장을 느슨하게 한다.

『본초정화』

죽여는 술을 마셔 머리가 아픈 경우를 치료한다.

『동의보감』

죽여와 소양인의 마음작용·몸 기운(心氣·生氣)

『동무유고』, 「동무약성가」에서 밝힌 죽여의 약성은 '신장의 위기를 열어주어 음식을 소화시키고 식욕이 당기게 한다.(開腎之胃氣 而消食進食.)'이다. 죽여는 신약腎藥으로, 위기胃氣를 열어주어 음식을 소화시키고 식욕을 당기게 하는 소양인의 꽃차이다.

먼저 소양인의 마음작용(心氣)과 죽여를 보면, 「사단론」에서는 '신장의 기운은 온화하면서 쌓는다.(腎氣 溫而畜)'고 하였다. 죽여는 소양인의 위기胃氣를 열어주는 소화제로, 정직하지만 온화한 마음을 놓치지 않고, 시작한 일을 성실하게 이루게 한다.

다음 소양인의 몸 기운(生氣)과 죽여를 보면, 「장부론」에서는 "신장은 거처를 단련하고 통달하는 락樂의 힘으로 정해精海의 맑은 즙을 빨아내어 신장에 들어가 신장의 원기를 더해주고, 안으로는 액해液海를 옹호하여 수곡한기를 고동시킴으로써 그 액液을 엉겨 모이게 한다.(腎, 以鍊達居處之樂力, 吸得精海之淸汁, 入于腎, 以滋腎元而內以擁護液海, 鼓動其氣, 凝聚其

液.)"라고 하였다. 죽여가 소양인의 위기를 열어주는 것은 액해液海를 옹호하여 액液이 잘 엉겨 모이게 하는 것이다. 옆의 그림을 보면, 신장에서 전음前陰으로 가는 기 흐름을 좋게 하는 것이다.

또 소양인 열증은 이병裏病으로 옆의 그림에서는 신장에서 전음前陰으로 가는 이기裏氣에 해당된다. 따라서 죽여는 소양인의 '위수열이열병'에 음다하는 꽃차로, 신당腎黨의 기인 수곡한기水穀寒氣의 속 기운을 잘 흐르게 한다.

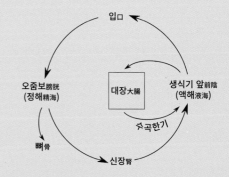

수곡한기水穀寒氣

수곡한기水穀寒氣는 대장大腸에서 시작하여 생식기 앞(前陰, 液海)으로 들어가고, 입(口, 精)으로 나와서 다시 오줌보(膀胱, 精海)로 들어가고, 신장으로 돌아가서 신장에서 다시 생식기 앞으로 고동하여 순환한다.

죽여 블렌디드 한방꽃차

'죽여 블렌디드 한방꽃차'는 『향약집성방』 제6권 「상한문」에 있는 죽여음자(죽여 0.5냥, 인삼뇌두 제거 0.5냥, 노근 0.5냥, 황금 0.5냥, 치자인 0.5냥)에 바탕하여, 죽여에 황금과 치자를 블렌딩하였다.

죽여음자에서 황금과 치자를 블렌딩한 것은, 가슴 속에 열을 내리기 위하여 치자를 추가하고, 위의 열기를 내려 가슴을 편안하게 하는 황금을 추가한 것이다.

죽여음자 용례

시기병(봄에는 따뜻해야 하는데 추우며, 여름에는 더워야 하는데 서늘하며, 가을에 더우며, 겨울에 따뜻한 것)에 걸린지 5일에 머리가 아프고 고열이 나며 먹으면 구역질이 나는 것을 치료한다. 죽여 0.5냥, 인삼뇌두 제거 0.5냥, 노근 0.5냥, 황금 0.5냥, 치자인 0.5냥 이 약재들을 곱게 썰고 잘 섞어 매회 0.5냥씩 먹는데 큰 한 잔의 물에 생강 0.5 푼을 넣고 달여 5푼이 되면 찌꺼기는 버리고 수시로 따뜻하게 먹는다.　　　　　『향약집성방』

죽여에 황금을 같이 쓰면 폐열을 사瀉하는 것이 첫째요, 상초 피부의 풍열과 풍습을 치료하는 것이 둘째요, 모든 열을 내리는 것이 셋째요, 가슴속의 기氣를 부드럽게 하는 것이 넷째요, 담이 횡격막에 있는 것을 삭이는 것이 다섯째요, 비경의 갖가지 습濕을 제거하는 것이 여섯째요, 여름에 꼭 사용해야 하는 것이 일곱째요, 부인의 산후에 음을 기르고 양을 물러나게 하는 작용을 하는 것이 여덟째요, 태아를 안정시키는 것이 아홉째이다. 『본초정화』

죽여에 치자를 같이 쓰면 치자는 위중의 열기를 다스린다. 눈이 붉고 열이 나면서 아픈 것·가슴과 심장 및 대소장大小腸의 대열大熱과 심중번민을 치료한다. 토혈·뉵혈·혈리·하혈·혈림·손상되어 생긴 어혈·화상을 치료한다. 『본초정화』

블렌딩한 황금과 치자는 풍열, 풍습을 치료하고, 번열을 제거하고, 태아를 안정시킨다. 치질을 다스리고 눈이 열나고 아픈 것, 대·소장大小腸의 대열大熱과 심중번민을 치료한다. '죽여 블렌디드 한방꽃차'는 위胃중의 열기를 다스리고, 비장에 습을 제거하여 답답한 가슴을 안정시킨다.

죽여(대나무 속껍질) 꽃차의 제다법

죽여(대나무 속껍질, 잎, 죽순, 뿌리)차, 황금(꽃, 잎)차, 치자(꽃, 열매)차를 블렌딩한 한방꽃차의 우림한 탕색은 황금색이고 향기는 구수하며 상쾌한 미조향이다. 맛은 달콤하며 부드럽고 시원하다.

생약명
죽력(푸른 대나무를 불에 구워 받은 진액)
죽여(대나무 줄기 안에 있는 속껍질)
죽엽(잎을 말린 것)

이용부위
죽여, 잎, 죽순, 뿌리

개화기
6~7월

채취시기
죽여(가을~봄), 잎(가을~봄), 죽순(봄)

독성 여부
무독無毒

❶ 죽여는 잎, 속껍질, 죽순, 뿌리를 차로 제다하여 음용할 수 있다.

❷ 죽여는 대나무 안에 있는 속껍질을 채취하여 중온에서 덖음과 식힘을 반복하여 죽여차를 완성한다.

❸ 잎은 겨울에 채취하여 깨끗이 씻어서 1cm 간격으로 잘라서 고온에서 살청 → 유념 → 건조 과정으로 죽엽차를 완성한다.

❹ 죽순은 채취하여 다듬어서 1cm 간격으로 잘라서 고온에서 살청 → 유념 → 건조 과정으로 죽순차를 완성한다.

❺ 뿌리는 채취하여 깨끗이 씻어서 1~2cm 길이로 잘라서 증제하여 덖음과 식힘을 반복하여 대나무 뿌리차를 완성한다.

좁쌀 (속미粟米)

속미(좁쌀)의 약성

- 맛은 짜고, 성질이 차다.
- 기를 더해주고, 신기腎氣를 보양한다.
- 비위脾胃의 열을 제거한다.
- 소변을 잘 나가게 한다.

속미(좁쌀)는 맛이 짜고 성질이 차다. 기氣를 더해주고 신腎을 보양하며, 위胃 안의 열을 없애고 소변이 잘 나가게 할 수 있다.

『동무유고』

217

좁쌀은 장과 위를 잘 통하게 하는데 껍질을 벗겨 납작하게 썰어 기장과 좁쌀을 반씩 섞을 것과 함께 아침과 저녁에 밥으로 지어 먹거나 혹은 감저(돼지감자)만을 쓰고 쌀을 쓰지 않는데, 3·4·5·6개월 동안 계속 먹게 되면 비록 극도로 위험한 부종이라도 완전히 낫지 않는 경우가 없다.   『동의수세보원』 갑오구본

좁쌀은 소변을 잘 나오게 한다. 그러므로 비위를 보익할 수 있다. 좁쌀 뜸 물 즙은 곽란癨亂과 갑작스런 열과 가슴이 답답하고 갈증이 나는 증상을 치료한다. 소갈消渴을 그치게 하고 피부 가려움증에 씻으며, 벌레를 죽인다. 마시면 오치를 치료한다.   『본초정화』

속미(좁쌀)는 위열胃熱과 소갈·번열을 해소하고, 설사를 그치게 하며, 대장을 실하게 하고, 광물성 약으로 인한 발열을 억제한다.   『향약집성방』

곽란으로 번갈이 있는 경우를 치료한다. 몇 되를 마시면 바로 효과가 있다. 또 좁쌀을 갈아서 맑은 물에 섞은 다음 걸러서 즙을 내어 마시면 뱃속까지 뒤틀리는 경우를 치료한다.   『동의보감』

좁쌀과 소음인의 마음작용·몸 기운(心氣·生氣)

『동무유고』, 「동무약성가」에서 밝힌 좁쌀의 약성은 '기氣를 더해주고 신장腎臟을 보양하며, 위胃 안의 열을 없애고 소변이 잘 나가게 할 수 있다.(益氣養腎, 去胃中熱, 能利小便.)'이다. 좁쌀은 신약腎藥으로, 기운을 더해주고 신장을 보양하는 소양인의 꽃차이다.

먼저 소양인의 마음작용(心氣)과 좁쌀을 보면, 「사단론」에서 '신장의 기운은 온화하면서 쌓는다.(腎氣 溫而畜)'고 하였다. 좁쌀은 소양인의 기운을 더해주고 신장을 보양하여, 정직하지만 온화한 마음을 놓치지 않고, 시작한 일을 끝까지 성실하게 이루게 한다.

다음 소양인의 몸 기운(生氣)과 좁쌀의 작용을 보면, 「장부론」에서 "신장腎

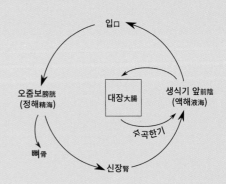

수곡한기水穀寒氣
수곡한기水穀寒氣는 대장大腸에서 시작하여 생식기 앞(前陰, 液海)으로 들어가고, 입(口, 精)으로 나와서 다시 오줌보(膀胱, 精海)로 들어가고, 신장으로 돌아가서 신장에서 다시 생식기 앞으로 고동하여 순환한다.

臟은 거처를 단련하고 통달하는 락樂의 힘으로 정해의 맑은 즙을 빨아내어 신장에 들어가 신장의 원기를 더해주고, 안으로는 액해를 옹호하여 수곡의 한기를 고동시킴으로써 그 액을 엉겨 모이게 한다.(腎, 以鍊達居處之樂力, 吸得精海之淸 汁, 入于腎, 以滋腎元而內以擁護液海, 鼓動其氣, 凝聚其液.)"라고 하였다. 좁쌀은 정해精海의 맑은 즙을 잘 생성시켜 신장의 원 기를 더해주는 것이다.

또 소양인 열증은 이병裏病으로 앞의 그림에서는 신장에서 전음前陰로 가는 이기裏氣에 해당된다. 따라서 좁쌀은 소양 인의 '위수열이열병'에 음다하는 꽃차로, 신당腎黨의 기인 수곡한기水穀寒氣의 속 기운을 잘 흐르게 한다.

좁쌀 블렌디드 한방꽃차

'좁쌀 블렌디드 한방꽃차'는 『향약집성방』 「소아과 3」에 있는 반속산(半粟散, 반하 1냥을 끓인 물에 7번 씻어 썰어서 불에 말림, 진속미 3돈, 이상을 썰어 3돈씩 먹는다. 물 1.5잔에 생강 10쪽)에 바탕하여, 좁쌀에 생강을 블렌딩하였다.

반속산에서 좁쌀과 생강을 블렌딩한 것은, 좁쌀은 성질이 차가워서 따뜻한 생강이 위기를 열어주어 마음이 답답하 고 괴로워하는 것을 풀어주는 생강을 추가한 것이다.

반속산 용례

빈속신은 소이기 비위脾胃가 허한하여 토하고 설사하는 등이 병을 치류하고 또 냉담을 치료한다. 『향약집성방』

거품을 토하거나 희푸른 물을 토하는 것은 위가 차가운 것이니 이 약을 써야 한다. 토하고 설사하며 한담寒痰이 있 을 때는 반속산을 주로 쓴다. 『동의보감』

좁쌀에 생강을 쓰면 습을 제거하고, 원기를 보할 때에는 대추를 음다하고, 중초의 화를 다스릴 때에는 생강즙에 볶아서 쓴다.

『본초정화』

좁쌀은 신기腎氣를 기르고, 위기脾胃 속의 열을 제거하고, 기를 보탠다. 묵은 것은 맛이 쓰고 성질이 한寒하여 위열로 인하여 생긴 소갈을 치료하고, 소변을 잘 나오게 한다.

『본초정화』

블렌딩한 좁쌀과 생강은 습을 제거하고, 허열로 인한 소갈을 치료하고, 소변을 잘 나오게 한다. '좁쌀 블랜디드 한방 꽃차'는 비장의 습을 제거하여 화를 다스려 속을 편안하게 안정시킨다.

속미(좁쌀) 꽃차의 제다법

좁쌀(꽃, 열매)차, 생강(잎, 뿌리)차를 블렌딩한 한방꽃차의 우림한 탕색은 황금색이고, 향기는 고소하면서 은은한 난향이 난다. 맛은 좁쌀의 구수하고 달콤하며 약간의 매운맛이 마음을 열어준다.

생약명
속미粟米

이용부위
꽃, 씨

개화기
8~9월

채취시기
꽃(꼬투리가 연하게 올라 와서 고개를 숙이기 전), 씨(가을)

독성 여부
무독無毒

❶ 좁쌀은 꽃, 열매(씨)를 차로 제다하여 음다할 수 있다.

❷ 좁쌀 꽃은 꼬투리가 생성되고 꽃이 피면 수숙 이삭을 꼬투리 채취를 한다.

❸ 기다란 수숙(좁쌀) 꽃의 이삭을 1~2cm 간격으로 잘라서 증제하여 구증구포의 원리에 의하여 덖음으로 수숙 꽃차를 완성한다.

❹ 열매(좁쌀)는 가을에 채취하여 알알이 털어서 고온에 덖음과 식힘을 반복하여 좁쌀차로 완성한다.

소양인 한증과 꽃차

숙지황熟地黃

숙지황의 약성

- 맛이 달고 약간 쓰며, 성질이 따뜻하다.
- 신을 보하고 신을 조화시킨다.
- 혈을 보한다.
- 골수를 보태준다.
- 머리칼을 검어지게 한다.

숙지황은 신장을 보하고 신장을 조화시킨다.

熟芐 補腎和腎

숙지황은 성질이 약간 따뜻하다. 신장을 자양滋養하고 혈을 보하며, 골수를 보태주고 신정腎精을 채워주며, 머리칼을 검어지게 한다. 숙지황은 신장을 보하고 신장을 조화시킨다. 『동무유고』

위국의 맑은 장기가 상승하여 머리와 얼굴 그리고 사지에까지 충족되지 못하면 상소가 되고, 대장국의 맑은 양기가 위로 올라가 위국에까지 충족되지 못하면 중소가 된다. 상소는 자체가 중증이 되는데 중소는 상소보다 배는 중하고 중소는 자체가 험증(소양인의 건망증)이 되는데 하소는 중소보다 배는 험한 병이다. 상소는 양격산화탕을 쓰는 것이 마땅하고, 중소는 인동등지골피탕을 쓰는 것이 마땅하며, 하소는 숙지황고삼탕을 쓰는 것이 마땅하다. 『동의수세보원』

숙지황은 혈기를 보하고 신수腎水를 불리며, 진음을 보태고 배꼽 주위가 급하게 아픈 것을 제거하고, 병을 앓은 다음에 정강이와 다리가 시고 아픈 것을 치료한다. 생지황은 성질이 매우 차서 피를 식히므로 혈열의 경우에는 반드시 음용하여야 하고, 숙지황은 성질이 약간 따뜻하고 신腎을 보하므로 혈쇠의 경우에는 반드시 음용하여야 한다. 또 배꼽 아래의 통증이 신경에 속한 경우에는 숙지황이 아니면 제거할 수 없는데, 이는 숙지황이 신경으로 통하는 약이기 때문이다. 꽃은 신이 허하여 요척이 아플 때에는 가루내어 술에 먹는다. 『본초정화』

숙지황은 토혈·육혈·변혈·요혈 등 온갖 실혈을 치료한다. 즙을 내어 반되씩 하루에 3번 먹거나, 박하즙이나 생강즙과 섞어서 먹는다. 모두 효과가 있다. 『동의보감』

숙지황과 소양인의 마음작용·몸 기운(心氣·生氣)

소양인은 '비대신소脾大腎小'로 비장의 기운이 크고 신장의 기운이 작은 사람이다. 또 '노성애정怒性哀情'으로 노성기怒性氣와 애정기哀情氣의 성·정性情을 가지고 있다. 따라서 소양인은 작은 장국인 신장의 심기心氣나 생기生氣가 부족하고, 잘하지 못한다.

『동무유고』, 「동무약성가」에서 밝힌 숙지황의 약성은 '신장을 자양滋養하고 혈을 보하며, 골수를 보태주고 신정腎精을 채워주며, 머리칼을 검어지게 한다. 숙지황은 신장을 보하고 신장을 조화시킨다.(滋腎補血, 益髓塡精, 烏髮黑髮, 熟芐 補腎和腎.)'이다. 숙지황은 신약腎藥으로, 골수를 보태주고, 신장의 정기를 채워서 보하고 조화롭게 하는 소양인의 꽃차이다.

먼저 소양인의 마음작용(心氣)과 숙지황을 보면, 「사단론」에서는 '신장의 기운은 온화하면서 쌓는다.(腎氣 溫而畜)'고 하였다. 숙지황은 신장의 정기를 채워주고 조화롭게 하여, 소양인이 정직하지만 온화한 마음을 놓치지 않고, 시작한 일을 성실하게 이루게 한다.

또 소양인은 항상 두려운 마음을 가지고 있는데, 숙지황은 신장을 보하고 조화롭게 하기 때문에 자신의 거처를 살펴서 두려운 마음을 고요하게 한다.

다음 소양인의 몸 기운(生氣)과 숙지황을 보면, 「장부론」에서는 "신장은 거처를 단련하고 통달하는 락樂의 힘으로 정해精海의 맑은 즙을 빨아내어 신장에 들어가 신장의 원기를 더해주고, 안으로는 액해液海를 옹호하여 수곡한기를 고동시킴으로써 그 액液을 엉겨 모이게 한다.(腎, 以鍊達居處之樂力, 吸得精海之淸汁, 入于腎, 以滋腎元而內以擁護液海, 鼓動其氣, 凝聚其液.)"라고 하였다. 숙지황은 신장의 원기를 자양하게 하는 정해精海의 맑은 즙을 생성시키는 것이다.

또 「장부론」에서는 "정해의 탁한 찌꺼기는 발이 구부리는 강한 힘으로 단련하여 뼈(骨)를 이루게 한다.(精海之濁滓則足, 以屈强之力, 鍛鍊之而成骨.)"라고 하여, 골수를 더해주는 숙지황은 정해精海의 탁한 찌꺼기를 충족시켜준다. 아래의 그림에서 방광에 있는 정해의 탁한 찌꺼기가 뼈로 잘 흐르게 한다.

숙지황이 혈血을 보해주는 것은 중하초中下焦인 간당肝黨의 요척腰脊에 혈이 쌓이게 하는 것이다. 「장부론」에서는 "코(비, 鼻)는 인륜을 널리 냄새 맡는 힘으로 유해油海의 맑은 기운을 끌어내어 중하초中下焦에 가득차게 하여 혈血이 되게 하고, 허리에 쏟아 넣어서 혈이 엉기게 하는 것이니, 이것이 쌓이고 쌓여서 혈해血海가 된다.(鼻, 以廣博人倫之嗅力, 提出油海之淸氣, 充滿於中下焦, 爲血而注之腰脊, 爲凝血, 積累爲血海.)"고 하였다.

또한 『동의수세보원』 제4권 「태양인 내촉소장병론太陽人 內觸小腸病論」에서는 "소양인의 노성기怒性氣가 입(口)과 방광膀胱의 기운을 상하게 하고, 애정기哀情氣가 신장과 대장大腸의 기운을 상하게 한다.(少陽人, 怒性傷口膀胱氣, 哀情傷腎大腸氣.)"라고 하여, 소음인 노성애정怒性哀情의 성기性氣·정기情氣에 따른 표기(表氣, 겉의 기운)·리기(裡氣, 속의 기운)를 밝히고 있다.

소양인 한증은 표병表病으로 노성기怒性氣와 연계되기 때문에 옆의 그림에서는 입에서 방광膀胱으로 가는 표기表氣에 해당된다. 따라서 숙지황은 소양인의 '비장이 한을 받아서 겉으로 차가운 병'인 '비수한표한병론脾受寒表寒病論'에 음다하는 꽃차로, 신당腎黨의 기인 수곡한기水穀寒氣의 겉 기운을 잘 흐르게 한다.

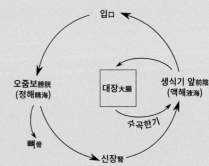

수곡한기水穀寒氣
수곡한기水穀寒氣는 대장大腸에서 시작하여 생식기 앞(前陰, 液海)으로 들어가고, 입(口, 精)으로 나와서 다시 오줌보(膀胱, 精海)로 들어가고, 신장으로 돌아가서 신장에서 다시 생식기 앞으로 고동하여 순환한다.

숙지황 블렌디드 한방꽃차

'숙지황 블렌디드 한방꽃차'는 『동의수세보원』 제3권 「새로 정한 소양인에서 응용하는 중요한 약 17가지 방문」에 있는 숙지황고삼탕(熟地黃苦參湯, 숙지황 4돈, 산수유 2돈, 백복령·택사 각1돈5푼, 지모·황백·고삼 각1돈)에 바탕하여, 숙지황에 산수유와 고삼을 블렌딩하였다.

숙지황고삼탕에서 산수유와 고삼을 블렌딩한 것은, 숙지황에 신장의 기운을 보하기 위하여 산수유를 추가하고, 숙지황과 산수유의 따뜻한 성질의 중화를 위하여 찬 성질인 고삼을 추가한 것이다.

숙지황고삼탕 용례

소양인이 몸이 차고 배가 아프며 하루 밤낮 동안 설사를 3, 4, 5회 하는 경우는 마땅히 활석고삼탕을 써야 하고 몸이 차고 배가 아프나 2–3일 밤낮을 설사를 하지 않거나 또는 간신히 1번 설사를 하는 경우는 마땅히 활석고삼탕을 쓰거나 또는 숙지황고삼탕을 써야 한다.

『동의수세보원』

숙지황에 산수유를 같이 쓰면 산수유는 심하의 사기로 생기는 한열을 다스린다. 속을 데우고 한습으로 생긴 비증을 치료힌디. ·삼충(장충, 저충, 유충 세 가지 기생충)을 죽인다. 오래 복용하면 몸이 가벼워진다.

『본초정화』

숙지황에 고삼을 같이 쓰면 고삼의 고한苦寒한 약성은 신을 보할 수 있다. 신수腎水가 약하고 화가 많은 자가 고삼을 쓰는 것이 좋다. 신으로 들어가면 한寒하게 되고, 비脾로 들어가면 지음이 되어 사기를 겸하게 된다. 풍을 치료하는데에 효과가 있는데, 풍열로 인해 생긴 작은 부스럼 치료를 한다.

『본초정화』

블렌딩한 산수유와 고삼은 신腎을 보하여 비증을 치료하고, 풍열로 인한 부스럼을 치료한다. '숙지황 블렌디드 한방꽃차'는 심장에 열을 내려주고 비장에는 사기四氣를 더해주어서 맑은 양기가 마음을 완만하고 너그럽게 한다.

숙지황 꽃차의 제다법

숙지황(꽃, 잎, 뿌리)차, 산수유(꽃, 열매)차, 고삼(꽃, 잎, 뿌리)차를 블렌딩한 한방 꽃차의 우림한 탕색은 검은 흑색으로 향기는 농후하고 두터운 진향이 난다. 맛은 쓰고 달며 오묘하다.

생약명
숙지황(뿌리를 포제가공 한 것)

이용부위
꽃, 잎, 뿌리

개화기
6~7월

채취시기
잎(봄~여름), 뿌리(가을~겨울)

독성 여부
무독無毒

❶ 숙지황(지황)은 꽃, 잎, 뿌리차로 만들어 음용할 수 있다.

❷ 꽃은 6~7월에 붉은 자주 빛의 꽃이 핀다.

❸ 갓 피어나는 꽃을 채취하여 저온에서 덖음을 하여 지황 꽃차를 완성한다.

❹ 잎은 봄~여름에 채취한다.

❺ 잎은 넓고 길어서 1cm 간격으로 잘라서 고온에서 살청 → 유념 → 건조 과정으로 지황 잎차를 완성한다.

❻ 뿌리는 가을~봄에 채취하여 깨끗이 씻어서 막걸리로 구증구포하여 숙지황 뿌리차를 완성한다.

방풍防風

방풍의 약성

· 맛이 달고, 성질이 따뜻하다.

· 신腎의 표사를 풀어준다.

· 머리의 어지러움을 없앤다.

· 골절이 저리고 아픈 것을 치료한다.

· 풍증을 치료한다.

신기腎氣의 표사를 풀어주는데, 강활의 힘이 우세하다.

解腎氣之表邪 而羌活優力

방풍은 맛이 달고 성질이 따뜻하다. 능히 머리의 어시러움을 없애며, 골절骨節이 저리고 아
픈 것을 낫게 하며, 여러 가지 풍증風症과 구금口噤을 치료한다. 방풍은 신기腎氣의 표사表
邪를 풀어주고 강활羌活의 힘이 우세하다.　　　　　　　　　　　　　　　『동무유고』

소양인 한 사람이 처음에 몸에 열이 나고 머리가 아픈 표한表寒병이 걸렸는데 그 사이에 황연·과루인·강활·방풍 등에 속하는 약을 썼으나 병세가 좀 낫기는 한다. 열이 나면서 오한이 있고 맥이 부긴하며 몸이 아프고 땀이 나지 않으면서 번조가 있는 것은 소양인의 외감표증이다. 이 병증에서 열이 나고 오한이 있으면서 오한이 심한 경우에는 형방패독산을 써야 하며, 열이 나며 오한이 있으면서 열나는 것이 심한 경우에는 방풍통성산을 써야 한다.   「동의수세보원」

척추가 아프고 뒷목이 뻣뻣하여 고개를 돌릴 수 없고, 허리는 끊어질 것 같고, 뒷목은 빠질 것 같은 것은 바로 수·족태양증인데, 마땅히 방풍을 써야 한다. 일반적으로 부스럼이 횡격막 이상에 있을 때에는 비록 수·족태양증이 없더라도 또한 방풍을 써야 하는데, 이는 방풍이 맺힌 것을 풀 수 있고, 상부의 풍을 제거하기 때문이다. 환자의 몸이 뻣뻣하거나 뒤틀리는 것은 풍이므로, 모든 부스럼에 이러한 증상이 나타나면 또한 방풍을 써야 한다.   「본초정화」

방풍은 땀을 멎게 한다. 오한도 멎게 한다. 물에 달여 먹는 데, 잎이 더 좋다.   「동의보감」

방풍과 소양인의 마음작용·몸 기운(心氣·生氣)

『동무유고』, 「동무약성가」에서 밝힌 방풍의 약성은 '능히 머리의 어지러움을 없애며, 골절骨節이 저리고 아픈 것을 낮게 하며, 여러 가지 풍증을 치료한다. 신기腎氣의 표사表邪를 풀어준다.(能除頭暈, 骨節痺疼, 諸風口噤, 解腎氣之表邪.)'이다. 방풍은 신약腎藥으로, 머리의 어지러움을 없애고 골절을 낮게 하며, 신장의 겉의 삿된 기운을 풀어주는 소양인의 꽃차이다.
먼저 소양인의 마음작용(心氣)과 방풍을 보면, 「사단론」에서는 '신장의 기운은 온화하면서 쌓는다.(腎氣, 溫而畜)'고 하였다. 방풍은 신장의 삿된 기운을 풀어주어, 소양인이 정직하지만 온화한 마음을 놓치지 않게 한다.
또 소양인은 항상 두려운 마음을 가지고 있는데, 방풍은 골절骨節이 저리고 아픈 것을 낮게 하기 때문에 자신의 거처를 살펴서 두려운 마음을 고요하게 한다.
다음 소양인의 몸 기운(生氣)과 방풍을 보면, 「장부론」에서는 "신장은 거처를 단련하고 통달하는 락樂의 힘으로 정해精海의 맑은 즙을 빨아내어 신장에 들어가 신장의 원기를 더해주고, 안으로는 액해液海를 옹호하여 수곡한기를 고동시킴으로써 그 액液을 엉겨 모이게 한다.(腎, 以鍊達居處之樂力, 吸得精海之淸汁, 入于腎, 以滋腎元而內以擁護液海, 鼓動其氣, 凝聚其

液.)"라고 하였다. 방풍은 신장의 삿된 기운을 풀어서 정해精海의 맑은 즙을 생성시킴을 알 수 있다.

또 「장부론」에서는 "정해의 탁한 찌꺼기는 발이 구부리는 강한 힘으로 단련하여 뼈(骨)를 이루게 한다.(精海之濁滓則足, 以屈强之力, 鍛鍊之而成骨.)"라고 하여, 골절骨節이 저리고 아픈 것을 낫게 하는 방풍은 정해精海의 탁한 찌꺼기를 잘 충족시켜주는 것이다. 아래의 그림에서 방광에서 뼈로 가는 정해의 탁한 찌꺼기가 잘 흐르게 한다.

방풍이 입을 꼭 다물고 열지 못하는 증세症勢인 구금口噤을 낫게 하는 것은 하초인 방광膀胱에 정精이 쌓이게 하는 것이다. 「장부론」에서는 "입(구, 口)은 지방을 널리 맛보는 힘으로 액해의 맑은 기운을 끌어내어 하초에 가득 차게 하여 정精이 되게 하고, 방광에 쏟아 넣어서 정이 엉기게 하는 것이니 이것이 쌓이고 쌓여서 정해가 된다.(口, 以廣博地方之味力, 提出液海之淸氣, 充滿於下焦, 爲精而注之膀胱, 爲凝精, 積累爲精海.)"고 하였다.

또한 「태양인 내촉소장병론太陽人 內觸小腸病論」에서 소양인 한증은 표병表病으로 옆의 그림에서 입에서 방광膀胱으로 가는 표기表氣에 해당된다. 따라서 방풍은 소양인의 '비수한표한병론脾受寒表寒病論'에 음다하는 꽃차로, 신당腎黨의 기인 수곡한기水穀寒氣의 겉 기운을 잘 흐르게 한다.

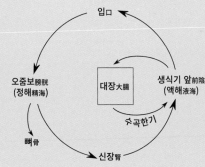

수곡한기水穀寒氣

수곡한기水穀寒氣는 대장大腸에서 시작하여 생식기 앞(前陰, 液海)으로 들어가고, 입(口, 精)으로 나와서 다시 오줌보(膀胱, 精海)로 들어가고, 신장으로 돌아가서 신장에서 다시 생식기 앞으로 고동하여 순환한다.

방풍 블렌디드 한방꽃차

'방풍 블렌디드 한방꽃차'는 『동의수세보원』 갑오구본 제3권 「새로 만든 소양인병에 응용할 수 있는 중요한 약 19개 처방」에 있는 방풍통성산(防風通聖散, 활석·생지황 각 돈, 방풍·석고 각1돈, 강활·독활·시호·전호·박하·형개·우방자·산치자 각5푼)에 바탕하여, 방풍에 형개와 박하를 블렌딩하였다.

방풍통성산에서 형개와 박하를 블렌딩한 것은, 형개는 신장의 기와 표사表邪를 보강하기 위하여 추가하고, 박하는 청량한 맛과 향을 내기 위하여 추가한 것이다.

방풍통성산 용례

열이 나면서 오한이 있고 맥이 부긴(부운 상태)하며 몸이 아프고 땀이 나지 않으면서 번조가 있는 것은 소양인의 외감 표증이다. 이 병증에서 열이 나고 오한이 있으면서 오한이 심한 경우에는 형방패독산을 써야 하며, 열이 나며 오한이 있으면서 열 나는 것이 심한 경우에는 방풍통성산을 써야 한다. 옹저가 강중인 병에는 청량산화탕, 방풍통성산, 양독 백호탕을 써야 하며, 반드시 애哀와 노怒를 경계하고 주색을 끊어야만 한다.

『동의수세보원』

방풍에 형개를 같이 쓰면 봄에는 신온腎溫한 약, 즉 박하와 형개 같은 종류의 약을 가하여 봄의 올라가는 기운을 순 조롭게 하는 것이 좋으며… 형개는 풍사를 제거하고 어혈을 흩어주며 뭉친 기를 부수고, 창독을 삭이는 데에 장점이 있다. 대개 궐음은 풍목이므로 혈을 주관하면서 상화가 붙어 있다. 그러므로 형개는 풍병·혈병·창병을 치료하는 중 요한 약이 된다.

『본초정화』

방풍에 박하를 같이 쓰면 나력이 멍울져서 아프고 부으며 터져서 고름물이 끊이지 않고 흘러내리는 증상을 치료한 다. 오래전에 생긴 것이나 새로 생긴 것을 불문하고 다 낫게 한다.

『본초정화』

블렌딩한 형개와 박하는 풍사를 제거하고 풍병·혈병·창병을 치료하고, 고름이 흐르는 증상을 치료한다. '방풍 블렌디 드 한방꽃차'는 몸의 열을 치료하고, 어혈을 흩어주어서 신腎을 편안하게 하여 마음을 안정시킨다.

방풍 꽃차의 제다법

생약명
방풍(뿌리를 말린 것)

이용부위
꽃, 잎, 뿌리

개화기
7~8월

채취시기
잎(봄~가을), 뿌리(가을~봄)

독성 여부
무독無毒

방풍(꽃, 잎, 뿌리)차, 형개(꽃, 어린순)차, 박하(꽃, 잎, 줄기)차를 블렌딩한 한방꽃차의 우림한 탕색은 맑은 연미색으로 향기는 상쾌한 싱그러운 향이 난다. 맛은 신선하며 깊다.

❶ 방풍은 꽃, 잎, 뿌리를 차로 제다하여 음용할 수 있다.

❷ 꽃은 7~8월에 하얗게 피려고 할 때에 채취하여 중온에 덖음을 하여 방풍 꽃차를 완성한다.

❸ 잎은 봄과 가을에 채취를 하여 깨끗이 씻어서 고온에서 살청 → 유념 → 건조 과정으로 방풍 잎차를 완성한다.

❹ 뿌리는 가을~봄에 채취하여 얇게 썰어서 고온에서 덖음과 식힘을 반복하여 구증구포의 원리에 의하여 방풍 뿌리 차를 완성한다.

땅두릅 (강활羌活)

강활(땅두릅)의 약성

- 맛이 쓰고 매우며, 성질이 따뜻하다.
- 신기의 표사를 풀어준다.
- 풍을 없앤다.
- 신통과 두통을 치료한다.
- 관절을 원활하게 한다.

신기腎氣의 표사를 풀어주는데, 강활의 힘이 우세하다.

解腎氣之表邪 而羌活優力

강활은 성질이 약간 따뜻하다. 풍을 없애고 습을 제거하며, 신통身通과 두통頭痛을 낫게 하고, 근육을 펴주며 관절을 원활하게 한다. 강활은 신기腎氣의 표사表邪를 풀어주고 강활의 힘이 우세하다.

『동무유고』

소양인 한 사람이 처음에 몸에 열이 나고 머리가 아픈 표한表寒병이 걸렸는데 그 사이에 황연·과루인·강활·방풍 등에 속하는 약을 썼으나 병세가 좀 낫기는 한다. 황달과 이소변을 시켜야 할 황달증·비만·부종과 변을 잘 나오게 하는 형개·방풍·강활·독활·복령·택사는 소양인의 약재들이다.

『동의수세보원』

강활(땅두릅)은 풍한습으로 인한 비증痺症·목이 잘 펴지지 않는 것을 다스린다. 중풍이나 습냉으로 천식하고 기가 상역하며, 피부가 가려워 괴롭고, 손발이 구련拘攣하면서 아프고, 풍독으로 치통이 있는 것을 다스린다. 강활은 적풍으로 실음하여 말을 못하고, 많이 가려우며 손발이 말을 듣지 않고, 얼굴과 입이 비뚤어진 증상을 치료한다. 강활은 일체의 풍으로 뼈마디가 시고 우리하며, 머리가 빙빙 돌고 눈이 충혈되는 것을 치료한다.

『본초정화』

강활(땅두릅)은 적풍으로 인한 두통과 현훈을 치료한다. 태양두통의 주약이다. 그리고 풍독으로 머리에서 이빨까지 아픈 것도 치료한다. 썰어서 달여 먹는다.

『동의보감』

강활과 소양인의 마음작용·몸 기운(心氣·生氣)

『동무유고』, 「동무약성가」에서 밝힌 강활의 약성은 '풍을 없애고 습을 제거하며, 신통身通과 두통頭痛을 낮게 하고, 근육을 펴주며 뼈를 원활하게 한다. 신기腎氣의 표사表邪를 풀어준다.(祛風除濕, 身痛頭疼, 舒筋活骨, 解腎氣之表邪.)'이다. 강활은 신약腎藥으로, 몸의 통증을 낮게 하고 근육과 관절을 원활하게 하며, 신장의 겉의 삿된 기운을 풀어주는 소양인의 꽃차이다.

먼저 소양인의 마음작용(心氣)과 강활을 보면, 「사단론」에서는 '신장의 기운은 온화하면서 쌓는다.(腎氣 溫而畜)'고 하였다. 강활은 신장의 겉의 삿된 기운을 풀어주고 몸의 통증을 낮게 하여, 소양인의 정직하지만 온화한 마음을 놓치지 않게 한다.

또 소양인은 항상 두려운 마음을 가지고 있는데, 강활은 신통身通과 두통頭痛을 낮게 하기 때문에 거처를 살펴서 두려운 마음을 고요하게 한다.

다음 소양인의 몸 기운(生氣)과 강활을 보면, 「장부론」에서는 "신장은 거처를 단련하고 통달하는 락樂의 힘으로 정해精

233

海의 맑은 즙을 빨아내어 신장에 들어가 신장의 원기를 더해주고, 안으로는 액해液海를 옹호하여 수곡한기를 고동시 킴으로써 그 액液을 엉겨 모이게 한다.(腎, 以鍊達居處之樂力, 吸得精海之淸汁, 入于腎, 以滋腎元而內以擁護液海, 鼓動其氣, 凝聚其液.)"라고 하였다. 강활은 신장의 삿된 기운을 풀어서 정해精海의 맑은 즙을 생성시킴을 알 수 있다.

또 「장부론」에서는 "막해膜海의 탁한 찌꺼기는 손이 능히 거두는 힘으로 단련하여 근육(筋)을 이루게 하고 …… 정해精海의 탁한 찌꺼기는 발이 구부리는 강한 힘으로 단련하여 뼈(骨)를 이루게 한다.(膜海之濁滓則手, 以能收之力, 鍛鍊之而成筋, …… 精海之濁滓則足, 以屈强之力, 鍛鍊之而成骨.)"라고 하여, 근육을 펴주고 뼈를 원활하게 하는 강활은 막해膜海와 정해精海의 탁한 찌꺼기를 잘 충족시켜주는 것이다. 옆의 그림에서는 방광에 있는 정해의 탁한 찌꺼기가 뼈로 잘 흐르게 한다.

또한 「태양인 내촉소장병론太陽人 內觸小腸病論」에서 소양인 한증은 표병表病으로 옆의 그림에서 입에서 방광膀胱으로 가는 표기表氣에 해당된다. 따라서 강활은 소양인의 '비수한표한병론脾受寒表寒病論'에 음다하는 꽃차로, 신당腎黨의 기인 수곡한기水穀寒氣의 겉 기운을 잘 흐르게 한다.

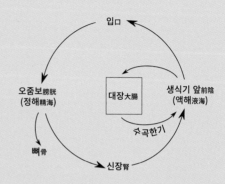

수곡한기水穀寒氣
수곡한기水穀寒氣는 대장大腸에서 시작하여 생식기 앞(前陰, 液海)으로 들어가고, 입(口, 精)으로 나와서 다시 오줌보(膀胱, 精海)로 들어가고, 신장으로 돌아가서 신장에서 다시 생식기 앞으로 고동하여 순환한다.

강활 블렌디드 한방꽃차

'강활 블렌디드 한방꽃차'는 『동의수세보원』 제3권 「새로 정한 소양인에서 응용하는 중요한 약 17가지 방문」에 있는 양독백호탕(陽毒白虎湯, 석고·생지황 각4돈, 형개·우방자·강활 각1돈, 독활·시호·현삼·산치자·인동등·박하 각5푼)에 바탕하여, 강활에 현삼과 우방자(우엉 씨앗)를 블렌딩하였다.

양독백호탕에서 현삼과 우방자를 블렌딩한 것은, 쓴맛이 있는 현삼은 신의 보강을 위하여 추가하고, 현삼의 쓴맛을 완화하기 위하여 우방자를 추가한 것이다.

양독백호탕 용례

소양인이 안으로 인후병이 나고 밖으로 목과 뺨이 붓는 것을 전후풍이라고 하는데 2~3일, 안에 사람을 죽이니 최고로 급하다. 또한 윗입술의 인중혈의 종기를 순종이라 하는데 인중의 좌우에 손가락 하나 놓일 만한 곳에 종기가 나면 비록 그것이 좁쌀알같이 작은 것이라도 또한 위태로운 증세이다. 이 두 가지 증세가 처음 나타나 가벼운 경우에는 마땅히 양격산화탕이나 양독백호탕을 쓸 것이며 중한 경우에는 수은훈비방을 써야 하는데 한 대를 태워 코에 연기를 쏘여서 목과 뺨에 땀이 나면 낫는다.

『동의수세보원』

강활(땅두릅)에 현삼을 같이 쓰면, 신수腎水가 손상되면 진음이 제 역할을 못하여, 양기가 마치 뿌리가 없는 것처럼 홀로 뜨게 되어 화병이 생기게 되는 것인데, 이의 치법은 수를 길러 화를 제어하여야 하는 것이니, 따라서 현삼은 이러한 측면에서 지황과 공효가 동일하다.

『본초정화』

강활(땅두릅)에 우방자를 같이 쓰면 우방자는 폐를 윤택하게 하고 기를 흩어주며, 인후와 횡격막을 부드럽게 하고, 피부의 풍을 제거하며, 12경락을 통하게 해 준다.

『본초정화』

블렌딩한 현삼과 우방자는 신의 진음(腎의 음기)의 역할 부족으로 인한 화병을 제어하고, 풍한 침입과 적풍을 치료한다. '강활 블렌디드 한방꽃차'는 12경락을 잘 통하게 하여 방종放縱하는 마음을 다스리게 된다.

강활(땅두릅) 꽃차의 제다법

강활(꽃, 잎, 뿌리)차, 현삼(꽃, 잎, 뿌리)차, 우방자(꽃, 잎, 뿌리)차를 블렌딩한 한방꽃차의 우림한 탕색은 붉은 황색이고, 향기는 산뜻하고 그윽한 초향이 난다. 맛은 씁쓸하면서 깔끔하다.

생약명
강활(뿌리줄기 및 뿌리를 말린 것)

이용부위
꽃, 잎, 뿌리

개화기
8~9월

채취시기
잎(봄~여름), 뿌리(가을~봄)

독성 여부
무독無毒

❶ 강활은 꽃, 잎, 뿌리를 차로 제다하여 음용할 수 있다.

❷ 꽃은 8~9월에 하얀색으로 핀다.

❸ 꽃을 채취하여 다듬어서 저온에 덖음으로 강활 꽃차를 완성한다.

❹ 잎은 봄~여름에 채취하여 깨끗이 씻어서 고온에서 살청 → 유념 → 건조 과정으로 강활 잎차를 완성한다.

❺ 뿌리는 가을에 채취하여 깨끗이 씻어서 증제하여 1~2cm 간격으로 잘라 덖음과 식힘을 반복으로 구증구포의 원리에 의하여 뿌리차를 완성한다.

산수유山茱萸

산수유의 약성

- 맛이 시고, 성질이 따뜻하다.
- 신장을 튼튼하게 한다.
- 골수를 보충해 준다.
- 이명을 낮게 한다.
- 요통과 슬통(무릎)을 치료한다.

산수유는 성질이 따뜻하다. 신장의 정을 잡아주고 골수를 보태주며, 신허腎虛로 인한 이명耳鳴을 낮게 하고, 허리 통증과 무릎 통증을 멈추게 한다. 산수유는 신장을 튼튼하게 하고 신기腎氣를 곧게 한다.
「동무유고」

산수유는 사약(使藥, 주약을 돕는 약)으로 쓴다. 맛이 짜고 매우며, 약성이 아주 뜨겁다. 뇌와 뼈의 통증과 생리불순을 치료한다. 신기를 보하고, 양기를 강하게 하며, 음경을 단단하고 길게 만들고, 정수를 불어나게 하며, 이명을 치료한다. 얼굴의 창(부스럼)을 치료하고, 땀이 나게 하며, 노인이 소변을 참지 못하는 증상도 치료한다. 서여 1냥, 방풍 1냥뇌두 제거, 세신, 산수유, 승마, 감국화, 만형자, 고본 각0.5냥은 두면풍으로 눈이 어지럽고 귀가 안 들리는 것을 치료한다.

『향약집성방』

산수유는 뇌와 뼈의 통증을 다스리고 이명을 치료하며 신장의 기를 보하고, 성기능을 높이며 음경을 단단하게 한다. 정과 골수를 더해주고 노인이 소변을 참지 못하는 것과 얼굴에 창이 생기는 것을 치료한다. 땀이 나게 하고, 월경이 일정하지 않는 것을 그치게 한다. 장위의 풍사를 다스리고, 음기를 강하게 하며 정을 북돋운다. 오장을 편안하게 하고, 구규를 통하게 한다. 오래 복용하면 눈을 밝게 하고 힘을 강하게 하며 수명을 연장시킨다.

『본초정화』

산수유는 신을 보하고 정을 더해 주며, 신을 따뜻하게 하고 정기精氣가 새어 나가는 것을 막는다.

『동의보감』

산수유와 소양인의 마음작용·몸 기운(心氣·生氣)

『동무유고』, 「동무약성가」에서 밝힌 산수유의 약성은 '신장의 정精을 잡아주고 골수를 보태주며, 신허腎虛로 인한 이명耳鳴을 낫게 하고, 허리 통증과 무릎 통증을 멈추게 한다. 신장을 튼튼하게 하고 신기腎氣를 곧게 한다.(澁精益髓, 腎虛耳鳴, 腰膝痛止, 健腎直腎.)'이다. 산수유는 신약腎藥으로, 신장의 정을 잡아주고 골수를 보태주며, 신장을 튼튼하게 하고 신기를 곧게 하는 소양인의 꽃차이다.

먼저 소양인의 마음작용(心氣)과 산수유를 보면, 「사단론」에서는 '신장의 기운은 온화하면서 쌓는다.(腎氣 溫而畜)'고 하였다. 산수유는 신장을 튼튼하게 하고 신장의 기운을 곧게 하여, 정직하지만 온화한 마음을 놓치지 않게 하고, 시작한 일은 잘 수렴하도록 한다.

또 소양인은 항상 두려운 마음을 가지고 있는데, 산수유는 신장의 정精을 잡아주고 골수를 더해주기 때문에 자신의 거처를 안정되게 하여 두려운 마음을 고요하게 한다.

다음 소양인의 몸 기운(生氣)과 산수유를 보면, 「장부론」에서는 "신장은 거처를 단련하고 통달하는 락樂의 힘으로 정해精海의 맑은 즙을 빨아내어 신장에 들어가 신장의 원기를 더해주고, 안으로는 액해液海를 옹호하여 수곡한기를 고동시킴으로써 그 액液을 엉겨 모이게 한다.(腎, 以錬達居處之樂力, 吸得精海之淸汁, 入于腎, 以滋腎元而內以擁護液海, 鼓動其氣, 凝聚其液.)"라고 하였다. 산수유는 정해精海의 맑은 즙을 생성시켜 신장의 원기를 더해주고, 액해液海를 옹호하여 액液이 엉겨서 모이게 한다.

또 「장부론」에서는 "정해精海의 탁한 찌꺼기는 발이 구부리는 강한 힘으로 단련하여 뼈(骨)를 이루게 한다.(精海之濁滓則足, 以屈強之力, 鍛錬之而成骨.)"라고 하여, 골수를 더해주는 산수유가 정해精海의 탁한 찌꺼기를 잘 충족시켜주는 것이다. 옆의 그림에서 방광에 있는 정해의 탁한 찌꺼기가 뼈로 잘 흐르게 한다.

또한 「태양인 내촉소장병론太陽人 內觸小腸病論」에서 소양인 한증은 표병表病으로 옆의 그림에서 입에서 방광膀胱으로 가는 표기表氣에 해당된다. 따라서 산수유는 소양인의 '비수한표한병론脾受寒表寒病論'에 음다하는 꽃차로, 신당腎黨의 기인 수곡한기水穀寒氣의 겉 기운을 잘 흐르게 한다.

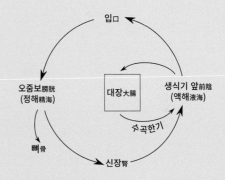

수곡한기水穀寒氣

수곡한기水穀寒氣는 대장大腸에서 시작하여 생식기 앞(前陰, 液海)으로 들어가고, 입(口, 精)으로 나와서 다시 오줌보(膀胱, 精海)로 들어가고, 신장으로 돌아가서 신장에서 다시 생식기 앞으로 고동하여 순환한다.

산수유 블렌디드 한방꽃차

'산수유 블렌디드 한방꽃차'는 『동의수세보원』 제3권 「장중경 『상한론』 중 소양인병에 경험된 주요 10처방」에 있는 백호탕(白虎湯, 석고·생지황 각4돈, 지모 2돈, 산수유·복분자 각2돈)에 바탕하여, 산수유에 생지황과 복분자를 블렌딩하였다.

백호탕에서 생지황과 복분자를 블렌딩한 것은, 산수유는 성질이 따뜻하여 생지황을 추가하고, 신장의 정을 보충하여 마음을 편안하게 하기 위하여 복분자를 추가한 것이다.

백호탕 용례

소양인 상한傷寒에 발광을 하고 헛소리하며 상한에 한寒이 많고 열이 적은 병에 걸려 4~5일 후에 숨이 차고 호흡이 급한데 이때에 경험이 부족하여 단지 소양인의 약 육미탕을 쓰니, 숨이 찬 것이 조금도 안정되지 못하고 잠시 있다가 혀가 말리고 풍이 동하며 이를 악물고 말을 못하게 되니 여기에 비로소 육미탕으로 될 수 없는 것을 알고 급히 백호탕 1첩을 달여 대나무 관으로 병인의 코에 불어넣어 목구멍으로 넘어가게 하고 그 동정을 살피니 혀가 말리고 이를 악문 증상은 풀리지 않고 환자의 뱃속에서 약간 소리가 났다. 그래서 2개의 화로로 약을 달여 계속해서 코에 3첩을 부어 넣었더니 환자의 뱃속에서 큰 소리가 나고 방귀가 나왔다. 마지막에 환자의 뱃속이 대단히 부르고 각궁반장(허리와 다리가 휘는 증상)의 증세가 나더니 각궁반장한 후에 잠시 있다가 땀이 나고 잠이 들었다. 이튿날 동이 틀 때 환자에게 또 백호탕 1첩을 먹이고 해가 돋은 후에 활변을 한 번 보고서 병이 나았다.

『동의수세보원』

산수유에 생지황을 같이 쓰면 생지황은 부인이 붕루로 피가 그치지 않는 것, 및 산후에 피가 위로 심心을 압박하여 가슴이 답답하면서 정신을 잃으려고 하는 증상을 다스린다. 몸을 손상하여 태아가 움직이며 하혈을 하는 증상·넘어지거나 떨어져 어혈이 생겨 피가 정체된 증상·그리고 코피가 나오고 피를 토하는 증상 등에 모두 찧어 마신다. 신을 보하고 음을 보태는 중요한 약이다.

『본초정화』

산수유에 복분자를 같이 쓰면 복분자는 허한 것을 보태주고 끊어진 것을 이어주며 음양을 강건하게 해주고 기육과 피부를 윤택하게 해주며, 오장을 안정되고 화평하게 해주며 온중溫中시키고 기력을 더해주며 노손(장부와 기혈에 생긴 여러 가지 허약한 증후)과 풍허를 치료해주고 간을 보하며 눈을 밝게 해준다. 남자가 신정이 허하고 고갈되어 음위증이 생겼을 때 복용하면 발기가 될 수 있고, 여자가 복용하게 되면 임신을 할 수 있다.

『본초정화』

블렌딩한 생지황과 복분자는 가슴이 답답한 증상과 하혈하는 증상을 다스리고, 노손과 풍혈을 치료하며 신을 보하는 중요한 약이다. '산수유 블렌디드 한방꽃차'는 신장의 정을 보충하여 가슴이 답답한 것을 풀어주어 오장이 안정되고 화평하게 한다.

산수유 꽃차의 제다법

산수유(꽃, 열매)차, 생지황(꽃, 잎, 뿌리)차, 복분자(잎, 열매)차를 블렌딩한 한방
꽃차의 우림한 탕색은 검붉은 색으로 향기는 진향이 난다. 맛은 새콤달콤하면
서 농후하다.

생약명
산수유(열매를 말린 것)

이용부위
꽃, 열매

개화기
3~4월

채취시기
열매(가을)

독성 여부
무독無毒, 씨앗에 유독有毒

❶ 산수유는 꽃, 열매를 차로 제다하여 음용할 수 있다.

❷ 꽃은 3~4월에 갓 피어난 꽃을 채취한다.

❸ 중온에서 덖음과 식힘을 반복하여 산수유 꽃차를 완성한다.

❹ 산수유 열매는 가을에 채취하여 씨를 제거한다.

❺ 과육을 반건조하여 중온에서 덖음과 식힘을 반복하여 산수유 열매차를 완성한다.

구기자拘起子

구기자의 약성

- 맛이 달고, 성질이 따뜻하다.
- 신장의 정을 보충한다.
- 골수를 견고하게 한다.
- 풍을 치료한다.
- 눈을 밝게 한다.

골수를 자양한다.

滋骨髓

구기자는 맛이 달고 성질이 따뜻하다. 신장의 정을 보태주고 골수를 견고하게 하며, 눈을 밝게 하고 풍을 없애는데, 음정陰精이 축적되고 양물陽物이 발기한다. 구기자는 골수骨髓를 자양한다.

『동무유고』

구지자는 여자의 신비하고 효과 있는 처방으로서 천금을 주어도 전하여 주지 않는다는 처방으로 신단전이라고도 한다. 이를 복용하면 온갖 병이 없어지고 신명이 통하게 되고 오장이 편안하게 되고 나이를 먹어도 늙지 않게 하며 아울러 부인이 임신하지 못하는 것과 냉병에도 효과가 있으니 항상 복용하면 안색이 좋아지고 15~16살 같이 보이게 한다.

『향약집성방』

구기자는 심병으로 목이 마른 것·심통으로 갈증이 나서 물을 찾는 것·신병으로 인한 소중을 치료한다. 신장을 자양하고 폐를 윤택하게 한다. 씨는 신장을 보하고 폐를 윤택하게 하며 정을 생성하고 기를 북돋운다.

『본초정화』

구기자는 정기精氣를 보한다. 환으로 만들거나 술에 담가서 먹거나 모두 좋다.

『동의보감』

구기자와 소양인의 마음작용·몸 기운(心氣·生氣)

『동무유고』, 「동무약성가」에서 밝힌 구기자의 약성은 '신장의 정을 보태주고 골수를 굳게 하며, 눈을 밝게 하고 풍을 없애는데, 음정陰精이 축적되고 양물陽物이 발기한다. 골수骨髓를 자양한다.(添精固髓, 明目祛風, 陰奧陽起, 滋骨髓.)'이다. 구기자는 신약腎藥으로, 신장의 정을 보태주고 골수를 굳게 하며, 안으로 음정陰精을 쌓고 양물陽物을 일으키는 소양인의 꽃차이다.

먼저 소양인의 마음작용(心氣)과 구기자를 보면, 「사단론」에서는 '신장의 기운은 온화하면서 쌓는다.(腎氣 溫而畜)'고 하였다. 구기자는 신장의 정을 보태고 안으로 음정陰精을 쌓고 양물陽物을 일으켜, 정직하지만 온화한 마음을 놓치지 않게 하고, 시작한 일은 잘 수렴하도록 한다.

또 소양인은 항상 두려운 마음을 가지고 있는데, 구기자는 신장의 정精을 보태고, 골수를 자양하기 때문에 거처를 안정되게 하여 두려운 마음을 고요하게 한다. 『동무유고』 「사상인 약재류」에서는 "흑상심과 구기자는 정精을 편안하게 하고, 지志를 안정시킨다.(黑桑椹 枸杞子, 安精定志.)"라고 하여, 구기자가 소양인의 마음을 편안하게 안정시킴을 알 수 있다.

다음 소양인의 몸 기운(生氣)과 구기자를 보면, 「장부론」에서는 "신장은 거처를 단련하고 통달하는 락樂의 힘으로 정해精海의 맑은 즙을 빨아내어 신장에 들어가 신장의 원기를 더해주고, 안으로는 액해精海를 옹호하여 수곡한기를 고동시킴으로써 그 액液을 엉겨 모이게 한다.(腎, 以鍊達居處之樂力, 吸得精海之淸汁, 入于腎, 以滋腎元而內以擁護液海, 鼓動其氣, 凝聚其液.)"라고 하였다. 구기자는 정해精海의 맑은 즙을 생성시켜 신장의 정精을 보태주고 골수를 견고하게 한다.

또 「장부론」에서는 "정해精海의 탁한 찌꺼기는 발이 구부리는 강한 힘으로 단련하여 뼈(骨)를 이루게 한다.(精海之濁滓則足, 以屈强之力, 鍛鍊之而成骨.)"라고 하여, 골수를 자양하는 구기자가 정해精海의 탁한 찌꺼기를 잘 충족시켜주는 것이다. 옆의 그림에서 방광에 있는 정해의 탁한 찌꺼기가 뼈로 잘 흐르게 한다.

또한 「태양인 내촉소장병론太陽人 內觸小腸病論」에서 소양인 한증은 표병表病으로 옆의 그림에서 입에서 방광膀胱으로 가는 표기表氣에 해당된다. 따라서 구기자는 소양인의 '비수한표한병론脾受寒表寒病論'에 음다하는 꽃차로, 신당腎黨의 기인 수곡한기水穀寒氣의 겉 기운을 잘 흐르게 한다.

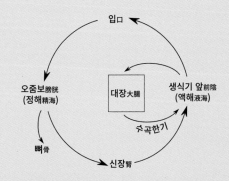

수곡한기水穀寒氣

수곡한기水穀寒氣는 대장大腸에서 시작하여 생식기 앞(前陰, 液海)으로 들어가고, 입(口, 精)으로 나와서 다시 오줌보(膀胱, 精海)로 들어가고, 신장으로 돌아가서 신장에서 다시 생식기 앞으로 고동하여 순환한다.

구기자 블렌디드 한방꽃차

'구기자 블렌디드 한방꽃차'는 『동의수세보원』 제3권 「새로 정한 소양인에서 응용하는 중요한 약 17가지 방문」에 있는 십이미지황탕(十二味地黃湯, 숙지황 4돈, 산수유 2돈, 백복령·택사 각1돈 5푼, 목단피·지골피·현삼·구기자·복분자·차전자·형개·방풍 각1돈)에 바탕하여, 구기자에 목단피와 백봉령을 블렌딩하였다.

십이미지황탕에서 백봉령과 목단피을 블렌딩한 것은, 달고 따뜻한 구기자의 성질에 서늘한 목단피를 추가하여 온열溫熱을 조화롭게 하고, 맛이 단백하게 하기 위하여 백봉령을 추가한 것이다.

십이미지황탕 용례

음이 허하여 낮에 열이 나고 물을 많이 마시고 등이 차고 구역하는 것은 겉과 속의 음양이 모두 허손된 것으로 병이 되는 까닭에 더욱 험하게 되고 하소와 더불어 경중이 서로 비슷하다는 것이다. 그러나 능히 몸과 마음을 잘 조섭하고 약을 먹는다면 10에 6, 7은 오히려 살아날 수 있을 것이나 몸과 마음을 잘 조섭하지 않고 약을 먹는다면 백이면 백이 반드시 죽을 것이다. 이러한 증에는 당연히 독활지황탕이나 십이미지황탕을 써야 한다. 『동의수세보원』

구기자에 백봉령을 같이 쓰면 신장을 굳세고 단단하게 한다. 『사상의학요람』

구기자에 목단피를 같이 쓰면 기침에는 전호를 더하고, 혈증에는 현삼·목단피를 더하며, 편두통에는 황련·우방자를 더하고, 먹은 것이 체하여 막힌 듯 그득한 것에는 목단피를 더한다. 『동의수세보원』

구기자는 오장의 사기를 다스린다. 열중, 소갈, 주비, 풍습을 치료한다. 오래 복용하면 근골이 강해지고 추위와 더위를 잘 견디며 늙지 않는다. 『본초정화』

블렌딩한 백봉령과 목단피는 오장의 사기를 다스리고 소갈, 기침, 먹은 것이 체한 것을 치료하고, 신장을 단단하게 한다. '구기자 블렌디드 한방꽃차'는 신장과 폐를 윤택하게 하고, 정기를 생산하여 노화를 방지한다.

구기자 꽃차의 제다법

생약명
구기자(익은 열매 말린 것)
지골피(뿌리껍질 말린 것)
구기엽(잎을 말린 것)

이용부위
꽃, 잎, 열매, 뿌리껍질

개화기
6~8월

채취시기
잎(봄~여름), 열매(가을), 뿌리(가을~봄)

독성 여부
무독無毒

구기자(잎·꽃·뿌리)차, 백봉령(소나무 뿌리혹)차, 목단피(꽃·뿌리)차를 블렌딩한 한방꽃차 우림한 탕색은 밝은 등황색으로 향기는 그윽하고 지속적인 청순한 살구향이 난다. 맛은 새콤달콤하면서 순하지만 상쾌하지 못하고 단백하다.

❶ 구기자는 꽃, 잎, 열매, 뿌리껍질(지골피)을 차로 제다하여 음용할 수 있다.

❷ 잎은 봄에 채취하여 고온에서 살청 → 유념 → 건조 과정으로 구기자 잎차를 완성한다.

❸ 꽃은 6~8월에 채취하여 저온에서 덖음을 하여 구기자 꽃차를 완성한다.

❹ 열매는 8~9월에 채취하여 반건조한다.

❺ 반건조한 열매는 청주에 담갔다가 건져서 중온에서 덖음과 식힘을 반복하여 구기자 열매차를 완성한다.

❻ 뿌리는 가을~봄에 채취하여 깨끗이 씻는다.

❼ 껍질을 벗겨서 감초 물에 담갔다가 1cm 길이로 잘라서 고온에서 덖음과 식힘을 반복하여 구기자 뿌리차를 완성한다.

복분자覆盆子

복분자의 약성

- 맛이 달고 시며, 성질이 따뜻하다.
- 정이 허한 신장을 치료한다.
- 눈을 밝게 한다.
- 기를 보익한다.

복분자는 맛이 달다. 신장이 허손되어 정이 고갈된 것을 보해주며, 수염을 검게 하고 눈을 밝게 한다. 허한 것을 보하고 기혈이 거의 없어진 것을 이어준다.　　　　　『동무유고』

기를 보익하고 몸이 가볍고 머리가 세지 않는다. 신약으로 쓴다. 약성이 약간 뜨겁고, 남성의 신정이 허하고 고갈할 때 치료하고, 여성이 먹으면 임신한다. 삼초해(삼초의 기능장애로 생긴 기침)로 배가 그득하고 음식 생각이 없는 증상을 치료하니 기를 순조롭게 한다. 오미자볶음, 복분자(꼭지 제거), 선령비 각량을 찧어 체로 걸러 가루를 받아 연밀로 오동나무 씨앗 크기로 환을 만들어 20알씩 생강엽차탕으로 먹는다. 양을 늘려 30알까지 먹어도 되며 공복과 식전에 먹는다.

『향약집성방』

복분자는 남자가 신정이 허하고 고갈되어 음위증이 생겼을 때 복용하면 발기가 될 수 있고, 허한 것을 보태주고 끊어진 것을 이어주며 음양을 강건하게 해주고 기육과 피부를 윤택하게 해주며, 오장을 안정되고 화평하게 해주며 온중시키고 기력을 더해주며 노손(원기부족)과 풍허를 치료해주고 간을 보하며 눈을 밝게 해준다.

『본초정화』

복분자는 신장을 보하고 신을 따뜻하게 한다. 술에 담갔다 불에 쬐어 말린다. 환약에 넣어 쓰거나, 가루내어 먹는다.

『동의보감』

복분자와 소양인의 마음작용

『동무유고』, 「동무약성가」에서 밝힌 복분자의 약성은 '신장이 허손되어 정이 고갈된 것을 보해주며, 수염을 검게 하고 눈을 밝게 한다. 허한 것을 보하고 기혈이 거의 없어진 것을 이어준다.(腎損精竭, 黑鬚明眸, 補虛續絶.)'이다. 복분자는 신약腎藥으로, 신장의 허손된 정을 보해주고 기혈이 거의 없는 것을 이어주는 소양인의 꽃차이다.

먼저 소양인의 마음작용(心氣)과 복분자를 보면, 「사단론」에서는 '신장의 기운은 온화하면서 쌓는다.(腎氣 溫而畜)'고 하였다. 복분자는 고갈된 신장의 정을 보해주고 기혈을 이어주어 정직하지만 온화한 마음을 놓치지 않게 한다.

또 소양인은 항상 두려운 마음을 가지고 있는데, 복분자는 고갈된 신장의 정精을 더해주기 때문에 자신의 거처를 안정되게 하여 두려운 마음을 고요하게 한다.

다음 소양인의 몸 기운(生氣)과 복분자를 보면, 「장부론」에서는 "신장은 거처를 단련하고 통달하는 락樂의 힘으로 정해精海의 맑은 즙을 빨아내어 신장에 들어가 신장의 원기를 더해주고, 안으로는 액해液海를 옹호하여 수곡한기를 고동시킴으로써 그 액液을 엉겨 모이게 한다.(腎, 以鍊達居處之樂力, 吸得精海之淸汁, 入于腎, 以滋腎元而內以擁護液海, 鼓動其氣, 凝聚其液.)"

라고 하였다. 복분자는 정해精海의 맑은 즙을 생성시켜 고갈된 신장의 정精을 채워주고 거의 끊어진 기혈을 이어준다.

또 「태양인 내촉소장병론太陽人 內觸小腸病論」에서 소양인 한증은 표병表病으로 옆의 그림에서 입에서 방광膀胱으로 가는 표기表氣에 해당된다. 따라서 복분자는 소양인의 '비수한표한병론脾受寒表寒病論'에 음다하는 꽃차로, 신당腎黨의 기인 수곡한기水穀寒氣의 겉 기운을 잘 흐르게 한다.

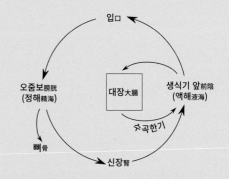

수곡한기水穀寒氣
수곡한기水穀寒氣는 대장大腸에서 시작하여 생식기 앞(前陰, 液海)으로 들어가고, 입(口, 精)으로 나와서 다시 오줌보(膀胱, 精海)로 들어가고, 신장으로 돌아가서 신장에서 다시 생식기 앞으로 고동하여 순환한다.

복분자 블렌디드 한방꽃차

'복분자 블렌디드 한방꽃차'는 『동의수세보원』 갑오구본 제3권 「새로 만든 소양인의 병에 응용하는 중요한 약 19가지 방문」에 있는 천금도적산(千金導赤散, 생지황 4돈, 목통·황련·시호·산수유·복분자 각2돈)에 바탕하여, 복분자에 목통과 시호를 블렌딩하였다.

천금도적산에서 목통과 시호를 블렌딩한 것은, 복분자는 성질이 따뜻해서 차가운 성질의 목통을 추가하고, 한열을 다스려 신열로 불안한 신을 진정시키는 시호를 추가한 것이다.

천금도적산 용례

소양병은 소양인의 방광으로 하강하여야 하는 음기가 열사에 가로막혀 하강하지 못하고, 등골 사이에 엉겨 모여 단단히 갇혀 정체되어 발생하는 병증이다. 이 병증에서 구토를 하는 경우는 리열이 위로 거슬러 올라가기 때문이니 마땅히 천금도저산을 써야 한다. 오한과 열나는 것이 교대로 반복하여 나타나고 옆구리와 가슴이 그득한 것이 있으면서 대변을 하루 밤낮 남짓을 넘지 않고 보게 되면 천금도적산, 시호과루탕을 써야 한다.

『동의수세보원』

복분자에 목통을 같이 쓰면 비위의 한열을 제거하고 구규와 혈맥, 그리고 관절을 통하여 부드럽게 하며, 사람으로 하여금 잘 잊어버리지 않게 하고 악충을 제거하는 효능이 있다. 대소변을 부드럽게 해주며 마음을 편안하게 하고, 기를 내려준다.

『본초정화』

복분자에 시호를 같이 쓰면 맑은 기氣를 이끌어 양도로 운행할 수 있어, 상한 외에도 갖가지 증상에 열이 있는 경우에는 가하여 사용하며, 열이 없는 경우에는 사용할 수 없다. 위기를 이끌어 상승시켜 봄에는 이 약을 가하는 것이 좋다. 또 일반적으로 학질을 치료하는 데에 시호를 군약君藥으로 사용하는데, 학질이 발작하는 때에 사기가 어느 경에 있는지에 따라 그 인경약을 좌약佐藥으로 사용한다. 12경락의 창저를 치료할 때에는 반드시 시호를 사용하여 모든 경락의 혈이 뭉치고 기氣가 맺힌 것을 흩뜨린다.

『본초정화』

블렌딩한 목통과 시호는 학질을 치료하고 12경락의 창저를 치료한다. 비위의 한열을 제거하고 악충을 제거하여 대소변을 부드럽게 한다. '복분자 블렌디드 한방꽃차'는 위장의 기운을 이끌고 신장을 따뜻하게 하여 마음을 편안하게 한다.

복분자 꽃차의 제다법

복분자(잎·열매)차, 목통(꽃·잎·줄기), 시호(꽃·잎·뿌리)차를 블렌딩한 한방꽃차의 우림한 탕색은 검붉은 색으로 향기는 향긋한 과일향이 난다. 맛은 새콤달콤하면서 농우하고 상쾌하다.

생약명
복분자(덜 익은 열매를 말린 것)

이용부위
잎, 열매

개화기
5월

채취시기
열매(6월), 잎(봄~여름)

독성 여부
무독無毒

❶ 복분자는 잎, 열매를 차로 제다하여 음용할 수 있다.

❷ 잎은 봄에 어린 순을 채취하여 고온에서 살청 → 유념 → 건조 과정으로 복분자 잎차를 완성한다.

❸ 열매는 5~6월에 덜 익은 푸른색의 열매를 채취한다.

❹ 덜 익은 복분자 열매는 술에 버무려서 승제하여 고온에서 덖음과 식힘을 반복하여 복분자 열매차를 완성한다.

꽃차와 태양인

태양인 열증熱症의 대표적인 꽃차는 『동의수세보원』 제4권에서 밝힌 「태양인의 외감요척병론(太陽人 外感腰脊病論, 이하 熱症)」에서 사용된 '오가피五加皮', '다래 (미후도獼猴桃)', '용담초龍膽草' 등 3개를 선정하였다.

또 태양인 한증寒症의 대표적인 꽃차는 『동의수세보원』 제4권에서 밝힌 「태양인의 내촉소장병론內觸小腸病論」에서 사용된 '모과木瓜' 1개를 선정하였다.

꽃차의 약성藥性은 이제마가 직접 약성을 밝힌 『동무유고東武遺藁』 「동무 약성가東武 藥性歌」와 『동의수세보원』의 내용을 기본으로 하였다. 참고자료로 조선시대 대표적인 본초학本草學 저술인 『본초정화本草精華』와 허준의 『동의보감東醫寶鑑』 그리고 『향약집성방鄕藥集成方』 등의 내용을 보충하였다.

태양인은 폐의 기운이 크고 간의 기운이 작은 '폐대간소肺大肝小'의 장국을 가지고 있다. 태양인의 꽃차는 기본적으로 작은 장부인 간의 기운에 작용하는 간약肝藥이다. 꽃차와 태양인의 마음작용(心氣)·몸 기운(生氣)에서는 「동무약성가」에서 밝힌 꽃차의 약성을 바탕으로, 간기肝氣의 마음작용과 수곡량기水穀凉氣를 위주로 설명하였다.

또한 선정한 블렌디드 한방꽃차는 『동의수세보원』 제4권 태양인론 마지막에서 밝힌 「새로 정한 태양인의 병에 응용하는 2가지 처방」, 「본초本草에 실린 태양인병 경험 요약要藥 단방 10종 및 이천·공신의 경험 요약 단방 2종」을 기준으로 블렌딩하였다.

태양인 열증과 꽃차

오가피五加皮

오가피의 약성

- 맛이 쓰고, 성질이 차다.
- 근골을 튼튼하게 한다.
- 풍열을 치료한다.
- 소변을 원활하게 한다.

오가피는 성질이 차다. 통증을 없애고 풍비風痺를 낫게 하며, 걸음을 잘 걷게 하고 힘줄을 단단하게 하며, 정精을 더하고 소변이 방울방울 떨어지는 것을 멈추게 한다.(오가피는 간肝과 신腎 2경에 들어가 풍열을 없애고 근골筋骨을 튼튼하게 하는 약이다.)

『동무유고』

태양인의 땀이 몸 전체에서 나더라도 '등골 사이 척추뼈 위(脊間脊上)'에서 땀이 나지 않으면 위증이다. 만약 응용할 수 있는 약방을 사용한다면 인삼, 석고, 승마, 오가피 등의 약을 하루에 3~4회씩 여러 날을 계속해서 써야 한다.

『동의수세보원』

오가피는 풍습으로 인한 위증과 비증을 다스리고 근골을 튼튼하게 하는 데 있어 그 효과가 아주 좋다. 술에 삶아서 마신다.

『본초정화』

오가피는 오래 복용하면 몸이 가벼워지고 늙지 않는다. 뿌리와 줄기를 달인 후 일반적인 방법대로 술을 빚어 복용한다. 주로 몸을 보한다. 혹은 차 대신 달여 마셔도 좋다. 세상에는 오가피주나 오가피산을 먹고 수명이 늘어나 죽지 않는 사람이 셀 수 없을 만큼 많다. 요추가 아픈 것 및 좌섬 요통을 치료한다. 얇게 썰어 술에 담가 먹는다.

『동의보감』

오가피와 태양인의 마음작용·몸 기운(心氣·生氣)

태양인은 '폐대간소肺大肝小'로 폐의 기운이 크고 간의 기운이 작은 사람이다. 또 '애성노정哀性怒情'으로 애성기哀性氣와 노정기怒情氣의 성·정性情을 가지고 있다. 따라서 태양인은 작은 장국인 간의 심기心氣나 생기生氣가 부족하고, 잘하지 못한다.

『동무유고』, 「동무약성가」에서 밝힌 오가피의 약성은 '통증을 없애고 풍비風痺를 낫게 하며, 걸음을 잘 걷게 하고 힘줄을 단단하게 하며, 정精을 더하고 소변이 방울방울 떨어지는 것을 멈추게 한다.(祛痛風痺, 健步堅筋, 益精止瀝.)'이다. 오가피는 간약肝藥으로 몸의 통증을 없애고 힘줄을 단단하게 히며, 정精을 더해주는 태양인의 꽃차이다.

먼저 태양인의 마음작용(心氣)과 오가피를 보면, 「사단론」에서는 '간의 기운은 너그럽고 느슨하다.(肝氣 寬而緩)'고 하였다. 오가피는 근육을 단단하게 하고 정을 더해주어, 태양인이 엄숙하지만 너그럽게 한다.

또 태양인은 급박한 마음을 가지고 있는데, 오가피는 통증을 없애고 오줌을 잘 배출시키기 때문에 한 걸음 물러서서 일의 완급緩急을 보아 급박한 마음을 고요하게 한다.

다음 태양인의 몸 기운(生氣)과 오가피를 보면, 「장부론」에서는 "간은 당여를 단련하고 통달하는 희喜의 힘으로 혈해血

海의 맑은 즙을 빨아내어 간에 들어가 간의 원기를 더해주고, 안으로는 유해油海를 옹호하여 수곡량기를 고동시킴으로써 그 유油를 엉겨 모이게 한다.(肝, 以鍊達黨與之喜力, 吸得血海之淸汁, 入于肝, 以滋肝元而內以擁護油海, 鼓動其氣, 凝聚其油.)"라고 하였다. 오가피는 간에 작용하는 약재로 정精을 더해주어 혈해血海의 맑은 즙을 생성시키는 것이다.

또 「장부론」에서는 "막해膜海의 탁한 찌꺼기는 손이 능히 거두는 힘으로 단련하여 근육(筋)을 이루게 하고(膜海之濁滓則手, 以能收之力, 鍛鍊之而成筋.)"라고 하여, 근육을 견실하게 하는 오가피는 막해膜海의 탁한 찌꺼기를 잘 충족시켜주는 것이다.

또한 『동의수세보원』 제4권 「태양인 내촉소장병론(太陽人 內觸小腸病論)」에서는 "태양인의 애성기哀性氣가 심착하면 표기(表氣, 코鼻)와 요척(腰脊의 기운)이 상하고, 노정기怒情氣가 폭발하면 리기(裏氣, 간과 소장小腸의 기운)가 상한다.(太陽人哀心, 深着則傷表氣, 怒心, 暴發則傷裡氣.)"라고 하여, 태양인 애성노정哀性怒情의 성기性氣·정기情氣에 따른 표기(表氣, 겉의 기운)·리기(裡氣, 속의 기운)를 밝히고 있다.

태양인 한증은 이병裏病으로 노정기怒情氣의 폭발과 연계되기 때문에 옆의 그림에서 간에서 배꼽으로 가는 이기裏氣에 해당된다. 따라서 오가피는 태양인의 '외감요척병론太陽人 外感腰脊病論'에 음다하는 꽃차로, 간당肝黨의 기인 수곡량기水穀涼氣의 속기운을 잘 흐르게 한다.

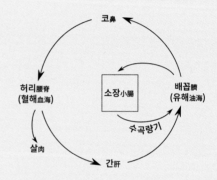

수곡량기水穀涼氣

수곡량기水穀涼氣는 소장小腸에서 시작하여 배꼽(臍, 油海)으로 들어가고, 코(鼻, 血)로 나와서 다시 허리(腰脊, 血海)로 들어가고, 간으로 돌아가서 간에서 다시 배꼽으로 고동하여 순환한다.

오가피 블렌디드 한방꽃차

'오가피 블렌디드 한방꽃차'는 『동의수세보원』 제4권 「새로 정한 태양인의 병에 응용하는 2가지 처방」에 있는 오가피장척탕(五加皮壯脊湯, 오가피 4돈, 모과·청송절 각2돈, 포도근·노근·앵도육 각1돈, 교맥미 반 숟가락)에 바탕하여, 오가피에 모과와 교맥미를 블렌딩하였다.

오가피장척탕에서 모과와 교맥미(메밀)를 블렌딩한 것은, 오가피는 성질이 차서 따듯한 성질의 모과를 추가하고, 오장의 찌꺼기를 제거하는 교맥미를 추가한 것이다.

오가피장척탕 용례

태양인의 요척腰脊병으로 아주 중한증이니 반드시 너무 슬퍼함을 경계警戒하고 성내는 것을 멀리하며 마음을 태평하게 한 후에야 그 병이 가히 나을 수 있다. 이증에는 마땅히 오가피장척탕五加皮壯脊湯을 쓸 것이다.   『동의수세보원』

오가피에 모과를 같이 쓰면 신맛이 간으로 들어갈 수 있으므로 근과 혈을 보익한다. 허리와 신장·다리와 무릎에 병이 들어 힘이 없을 때 사용한다.
『본초정화』

오가피에 교맥을 같이 쓰면 교맥은 기를 내리고 장을 이완시켜주므로 장위의 찌꺼기를 제거하여, 오줌이 뿌옇게 나오는 것·내하·설리·복통·기가 위로 치솟는 질환 등을 치료하므로, 기가 성하면서 습열이 있는 자에게 적당하다.
『동의수세보원』

블렌딩한 모과와 교맥은 신맛이 간으로 들어가 근과 혈을 보익하고, 대하·설리·복통 질환 등을 치료한다. '오가피 블렌디드 한방꽃차'는 간장의 습열을 제거하고 보익하여 슬픔과 성냄을 멀리하고 소통과 교우를 살하게 된다.

오가피 꽃차의 제다법

오가피(잎·열매)차, 모과(꽃·열매)차, 교맥(꽃·잎·열매)차를 블렌딩한 한방꽃차
의 우림한 탕색은 맑은 흑갈색으로 향기는 향긋한 과일향이 난다. 맛은 쓰고 새
콤하고 떫으면서도 부드럽고 순하다.

생약명
오가피(뿌리 또는 나무껍질을 말린 것)

이용부위
잎, 열매, 뿌리

개화기
8~9월

채취시기
잎(봄~여름), 열매(가을), 뿌리(가을~봄)

독성 여부
무독無毒

① 오가피는 잎, 열매, 뿌리를 차로 제다하여 음용할 수 있다.

② 잎은 봄에 어린 싹을 채취하여 제다해도 되고, 많이 자란 잎을 한 잎 한 잎 채취하여 제다를 해도 된다.

③ 열매는 가을에 검게 익은 열매를 채취하여 반건조한다.

④ 반건조한 열매는 고온에서 덖음과 식힘을 반복하여 오가피 열매차를 완성한다.

⑤ 뿌리는 채취하여 깨끗이 씻는다.

⑥ 굵은 뿌리는 껍질을 벗겨서 피를 사용하고, 가는 뿌리는 1~2cm 길이로 잘라서 사용한다.

⑦ 뿌리는 증제하여 구증구포의 원리로 덖음하여 오가피 뿌리차를 완성한다.

다래 (미후도獼猴桃)

미후도(다래)의 약성

- 맛이 시고 달며, 성질이 차다.
- 갈증을 멎게 한다.
- 토하는 증상을 치료한다.
- 석림石淋을 치료한다.

미후도(다래)는 성질이 차다. 갈증을 멈추고 답답한 것을 풀어주며, 열이 옹체된 것과 반위(反胃, 토하는 것)를 다스리고, 능히 석림(石淋, 방광 결석에 의하여 배뇨가 곤란한 것)을 내려가게 한다.

『동무유고』

열이 막아서 된 반위를 치료한다. 즙을 내서 복용한다. 덩굴의 즙은 매우 매끄러워서 위가 막혀 토하는데 주로 쓰며, 즙을 내서 복용하는 것이 매우 좋다. 오가피장척탕과 미후등식장탕의 처방을 만든 것이 보잘 것 없고 비록 수가 모자라 두루 하지 못하기는 하나, 만약 태양인이 병을 얻었을 때 이 두 가지 처방을 가지고 그 이치를 자세히 궁리하고 변통하여 새로운 처방을 만들 수 있다면 어찌 좋은 약이 없는 것을 걱정할 필요가 있겠는가?　　　　『동의수세보원』

미후도(다래)는 갑작스런 갈증을 멎게 하고, 번열을 풀고 단석을 억제하고, 석림石淋과 열옹을 치료한다.　　　　『본초정화』

미후도(다래)는 가슴이 답답하고 열이 나는 것을 풀고, 실열을 없앤다. 다래의 속을 긁어 꿀과 함께 졸여 늘 먹는다. 소갈을 멎게 한다. 서리 내린 뒤에 익은 것을 늘 먹는다. 또, 꿀을 넣어 정과正果를 만들어 먹으면 더욱 좋다.

『동의보감』

미후도와 태양인의 마음작용·몸 기운(心氣·生氣)

『동무유고』, 「동무약성가」에서 밝힌 미후도의 약성은 '갈증을 멈추고 답답한 것을 풀어주며, 열이 막혀서 걸리는 것과 반위反胃를 다스리고, 능히 석림石淋을 내려가게 한다.(止渴解煩, 熱壅反胃, 能下石淋.)'이다. 미후도는 간약肝藥으로, 갈증을 멈추고 반위를 다스리며, 석림을 내려가게 하는 태양인의 꽃차이다.

먼저 태양인의 마음작용(心氣)과 미후도를 보면, 「사단론」에서는 '간의 기운은 너그럽고 느슨하다.(肝氣 寬而緩)'고 하였다. 미후도는 열이 막힌 것을 다스리고 소변이 잘 내려가게 하여, 태양인을 엄숙하지만 너그럽게 한다.

또 태양인은 급박한 마음을 가지고 있는데, 미후도는 갈증을 멈추고 반위를 다스리기 때문에 한 걸음 물러서서 일의 완급緩急을 보아 급박한 마음을 고요하게 한다.

다음 태양인의 몸 기운(生氣)과 미후도를 보면, 「장부론」에서는 "간은 당여

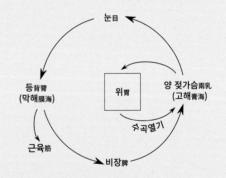

수곡열기水穀熱氣
수곡열기水穀熱氣는 위胃에서 시작하여 양 젖가슴(兩乳, 膏海)로 들어가고, 눈(目, 氣)로 나와서 다시 등(背膂, 膜海)으로 들어가고, 비장으로 돌아가서 비장에서 다시 양 젖가슴으로 고동하여 순환한다.

를 단련하고 통달하는 희喜의 힘으로 혈해血海의 맑은 즙을 빨아내어 간에 들어가 간의 원기를 더해주고, 안으로는 유해油海를 옹호하여 수곡량기를 고동시킴으로써 그 유油를 엉겨 모이게 한다.(肝, 以鍊達黨與之喜力, 吸得血海之淸汁, 入于 肝, 以滋肝元而內以擁護油海, 鼓動其氣, 凝聚其油.)"라고 하였다. 미후도는 기본적으로 간에 작용하는 약재이기 때문에 정 혈해血海의 맑은 즙을 생성시키는 것이다.

또한 태양인의 반위反胃는 아침에 먹은 것을 저녁에 토하고, 저녁에 먹은 것은 아침에 토하는 증상인데, 「장부론」에서 는 "고해의 탁한 찌꺼기는 위가 머물러 쌓는 힘으로 그 탁한 찌꺼기를 취하여 위를 보익해주고(膏海之濁滓則胃, 以停畜之 力, 取其濁滓而以補益胃.)"라고 하였다. 반위反胃를 다스리는 미후도는 고해膏海의 탁한 찌꺼기를 잘 생성시켜 위장을 보익 해준다.

따라서 미후도는 태양인 한증인 '외감요척병론'에 음다하는 꽃차로, 비당脾黨의 기인 수곡열기에서 양유兩乳에 있는 고 해膏海가 위장으로 잘 흐르게 한다.

미후도 블렌디드 한방꽃차

'미후도 블렌디드 한방꽃차'는 『동의수세보원』 제4권 「새로 설정한 태양인병의 주요 2처방」에 있는 미후등식장탕(彌猴 藤植腸湯, 미후도 4돈, 모과·포도근 각2돈, 노근·앵도육·오가피·송화 각1돈, 저두강 반 숟가락)에 바탕하여, 미후도에 송화와 노근 (갈대 뿌리)을 블렌딩하였다.

미후등식장탕에서 송화와 노근을 블렌딩한 것은, 미후등은 성질이 차시 따듯한 성질의 송화를 추가하고, 간장의 열 을 내려주고 담백한 차 맛을 내기 위하여 노근을 추가하였다.

미후등식장탕 용례

채소와 과일의 부류들은 맑고 고르며 성기고 담백한 약들로 모든 간肝의 약이다. 조개의 부류도 역시 간을 보한다. 태양인의 소양병이 아주 중한증이니 반드시 진노嗔怒를 멀리하고 기름진 음식을 끊은 연후에야 그 병이 나을 것이다. 이증에는 마땅히 미후등식장탕獼猴藤植腸湯을 써야 한다.　　　　　　　　　　　　　　　『동의수세보원』

미후도(다래)에 송화를 같이 쓰면 송화는 맛이 달고 성질이 따뜻하다. 심장과 폐를 적시며 기를 북돋우고, 풍사風邪를 제거하여 지혈시킨다. 술을 빚을 수도 있다. '송황'이라고도 한다.　　　　　　　　　　　『본초정화』

미후도(다래)에 송화를 같이 쓰면 소갈을 치료한다. 송화 가루를 정화수에 타서 나을 때까지 복용한다.　　『향약집성방』

미후도(다래)에 노근을 같이 쓰면 헛구역질과 오열로 가슴이 답답한 것을 치료한다.　　　　　　『동의수세보원』

블렌딩한 송화와 노근은 풍사를 제거하고 소갈을 치료한다. 열로 인한 반위를 치료하고 오열로 답답한 가슴을 치료한다. '미후도 블렌디드 한방꽃차'는 위장에 열을 식혀 번열을 풀어서 답답한 가슴을 시원하게 하여 몸이 가벼워진다.

미후도(다래) 꽃차의 제다법

미후도(꽃, 잎, 열매)차, 송화(잎, 순, 꽃가루), 노근(잎, 뿌리)차를 블렌딩한 한방꽃차의 우림한 탕색은 청명한 황금색으로 그윽하고 향긋한 솔향이 난다. 맛은 깔끔한 단맛이 순수하며 산뜻하다.

생약명
미후도(열매를 말린 것)

이용부위
꽃, 잎, 열매

개화기
5~6월

채취시기
열매(가을), 잎(봄~여름), 꽃(5월)

독성 여부
무독無毒

❶ 미후도는 꽃, 잎, 열매를 차로 제다하여 음용할 수 있다.

❷ 꽃은 5월에 갓 피어나는 하얀 꽃은 채취하여 저온에서 덖음과 식힘을 반복하여 다래 꽃차를 완성한다.

❸ 잎은 봄에 어린 순을 채취하여 고온에서 살청 → 유념 → 건조 과정으로 다래 잎차를 완성한다.

❹ 열매는 푸른색의 덜 익은 열매를 채취한다.

❺ 덜 익은 다래 열매는 2mm 정도의 두께로 썰어서 고온에서 덖음으로 구증구포하여 열매차를 완성한다.

용담초龍膽草

용담초의 약성

- 맛이 쓰고, 성질이 차다.
- 눈이 아픈 것을 치료한다.
- 하초下焦의 습종을 치료한다.
- 간경의 번열을 없앤다.

초용담은 맛이 쓰고 성질이 차다. 눈이 벌거면서 아픈 것을 낫게 하고, 하초下焦의 습종濕腫을 치료하며, 간경肝經의 번열煩熱을 없앤다.   『동무유고』

소아의 경간이 심장으로 들어간 증상, 장열, 골열, 옹종 등을 치료한다. 또 유행성 질환으로 인한 열, 황달, 구창 등을 치료한다. 감기, 열병광어, 창개 등을 치료한다. 눈을 밝게 하고, 답답한 증상을 멎게 하며, 지혜를 키우고, 건망증을 치료한다. 용담환 상한후에 가슴에 열이 남아 있어 번갈이 있으면서 답답한 것을 치료한다. 용담뇌두 제거, 청상자 각 1냥, 황금, 치자인, 고삼자름, 과루근 각0.5냥, 승마, 황백자름 각2냥을 절구에 찧어 가루 내어 꿀과 함께 넣어 200-300번 절구에 찧어 오동나무 씨앗 크기의 알약을 만들어 시간에 관계없이 따뜻한 물에 30알씩 복용한다.

『향약집성방』

용담초는 한열과 경간을 다스리고, 끊어져 손상된 것을 이어주며 오장을 안정시키고, 고독을 없앤다. 위 속에 잠복된 열을 제거하고, 계절적으로 유행하는 온열병·열로 인한 설사·이질을 치료하며 장 속의 작은 벌레를 제거하고, 간담의 기를 보익하며 깜짝 놀라 두려워하는 것을 멎게 한다.

『본초정화』

용담초는 간담의 기를 더해 준다. 달여 먹으면 간장의 습열을 치료한다.

『동의보감』

용담초와 태양인의 마음작용·몸 기운(心氣·生氣)

『동무유고』, 「동무약성가」에서 밝힌 용담초의 약성은 '눈이 벌거면서 아픈 것을 낫게 하고, 하초下焦의 습종濕腫을 치료하며, 간경肝經의 번열煩熱을 없앤다.(療眼赤疼, 下焦濕腫, 肝經煩熱.)'이다. 용담초는 간약肝藥으로, 하초의 습종을 치료하고 간경肝經의 몹시 열이 나고 가슴이 답답한 것을 없애는 태양인의 꽃차이다.

먼저 태양인의 마음작용(心氣)과 용담초를 보면, 「사단론」에서는 '간의 기운은 너그럽고 느슨하다.(肝氣 寬而緩)'고 하였다. 용담초는 간경肝經의 몹시 열이 나고 가슴이 답답한 번열煩熱을 없애 태양인이 엄숙하지만 너그럽게 한다.

또 태양인은 급박한 마음을 가지고 있는데, 용담초는 하초의 습종濕腫을 치료하고 간경의 번열을 없애기 때문에 한 걸음 물러서서 일의 완급緩急을 보아 급박한 마음을 고요하게 한다.

다음 태양인의 몸 기운(生氣)과 용담초를 보면, 「장부론」에서는 "신장은 거처를 단련하고 통달하는 라樂의 힘으로 정해精海의 맑은 즙을 빨아내어 신장에 들어가 신장의 원기를 더해주고, 안으로는 액해를 옹호하여 수곡한기를 고동시킴으로써 그 액을 엉겨 모이게 한다.(腎, 以鍊達居處之樂力, 吸得精海之淸汁, 入于腎, 以滋腎元而內以擁護液海, 鼓動其氣, 凝聚其

液.)"라고 하였다. 하초의 습종濕腫을 치료하는 용담초는 액해液海를 옹호하여 그 액을 엉겨보이게 하는 것이다. 하초下焦의 중심인 신장은 수곡한기水穀寒氣가 흐르는 곳이다.

또 「장부론」에서는 "간은 당여를 단련하고 통달하는 희횜의 힘으로 혈해血海의 맑은 즙을 빨아내어 간에 들어가 간의 원기를 더해주고, 안으로는 유해油海를 옹호하여 수곡량기를 고동시킴으로써 그 유油를 엉겨 모이게 한다.(肝, 以鍊達黨與之喜力, 吸得血海之淸汁, 入于肝, 以滋肝元而內以擁護油海, 鼓動其氣, 凝聚其油.)"라고 하였다. 용담초는 간경의 몹시 열이 나고 가슴이 답답한 것을 없애는 약재로 혈해血海의 맑은 즙을 생성시키는 것이다.

또한 「태양인 내촉소장병론太陽人 內觸小腸病論」에서 태양인 한증은 이병裏病으로 옆의 그림에서 간에서 배꼽으로 가는 이기裏氣에 해당된다. 따라서 오가피는 태양인太陽人의 '외감요척병론外感腰脊病論'에 음다하는 꽃차로, 간당肝黨의 기인 수곡량기水穀凉氣의 속 기운을 잘 흐르게 한다.

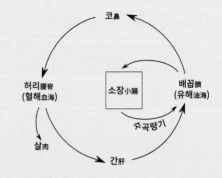

수곡량기水穀凉氣
수곡량기水穀凉氣는 소장小腸에서 시작하여 배꼽(臍, 油海)으로 들어가고, 코(鼻, 血)로 나와서 다시 허리(腰脊, 血海)로 들어가고, 간으로 돌아가서 간에서 다시 배꼽으로 고동하여 순환한다.

용담초 블렌디드 한방꽃차

'용담초 블렌디드 한방꽃차'는 『향약집성방』 제18권 「삼인방」에 있는 곡달환(穀疸圓, 고삼 3냥, 초용담 1냥, 치자껍질을 제거하고 볶음 0.5냥, 인삼 3푼)에 바탕하여, 용담초에 고삼을 블렌딩하였다. 곡달환에서 고삼을 블렌딩한 것은, 간장의 기를 보하기 위하여 고삼을 추가한 것이다.

곡달환 용례

곡달환 위장에 어열이 몰려서 위기가 흐려져 먹은 음식이 소화되지 않고 대소변이 잘 통하지 않으면서 배가 팽팽하게 불러 오르고 소화가 되지 않고 부양맥이 긴하면서 삭한 것을 치료한다. 또한 허로로 인하여 열이 나고 그 열이 울체되어 생긴 황달을 치료한다.

『향약집성방』

용담초에 고삼을 같이 쓰면 고삼은 간담의 기氣를 기르고 오장을 안정시키며, 위기를 진정시키고 구규를 통하게 하며 잠복된 열熱을 제거하고 갈증을 멎게 하며, 술을 깨게 한다. 악창과 음부의 기생충을 치료한다. 오미五味는 위胃에 들어가서 각각 그 좋아하는 바로 귀착되는데, 간으로 들어가면 온溫하게 되고, 심心으로 들어가면 열하게 되며, 폐로 들어가면 서늘하게 되고, 신腎으로 들어가면 한寒하게 되는데, 비로 들어가면 지음至陰이 되어 사기를 겸하므로, 모두 그 미味를 더하면서 그 기를 보태게 되어, 각각 본장本臟의 기를 따르게 된다. 그러므로 황련 고삼을 오래 먹으면 도리어 열하게 되는 것은 이러한 종류에 속하는 것이다.

『본초정화』

블렌딩한 고삼은 간담의 기를 기르고 오장을 안정시키고 악창과 음부의 기생충을 치료한다. '용담초 블렌디드 한방꽃차'는 간장에 열을 내리고 기를 오르게 하여 답답한 마음이 안정된다.

용담초 꽃차의 제다법

용담초(꽃, 잎, 뿌리)차, 고삼(잎, 꽃, 뿌리)차를 블렌딩한 한방꽃차의 우림한 탕색은 연한 회갈색으로 향기는 싱그러운 초향이 난다. 맛은 쓰면서 뒷맛의 여운이 깊다.

생약명
용담초(뿌리줄기와 뿌리를 말린 것)

이용부위
꽃, 잎, 뿌리

개화기
8~10월

채취시기
잎(봄~여름), 뿌리(가을~봄)

독성 여부
무독無毒

① 용담초는 잎, 꽃, 뿌리를 차로 제다하여 음용할 수 있다.

② 용담꽃은 8~10월에 개화한다.

③ 피려고 하는 꽃봉오리나 갓 피어난 꽃을 채취한다.

④ 꽃은 저온에서 덖음과 식힘을 반복하여 건조과정으로 용담 꽃차를 완성한다.

⑤ 잎은 봄에 채취하여 살청 → 유념 → 건조 과정으로 용담초 잎차를 완성한다.

⑥ 뿌리는 가을에 채취하여 깨끗이 씻어서 1~2cm 길이로 자른다.

⑦ 뿌리는 증제하여 덖음과 식힘을 반복하여 용담 뿌리차를 완성한다.

태양인 한증과 꽃차

모과木瓜

모과의 약성

- 맛이 시고, 성질이 따뜻하다.
- 습종과 각기를 치료한다.
- 곽란과 전근을 치료한다.
- 다리와 무릎에 힘없는 것을 낫게 한다.

모과는 맛이 시다. 습종濕腫과 각기脚氣, 곽란癨亂과 전근轉筋을 치료하고, 다리와 무릎에 힘이 없는 것을 낫게 한다. 　　　　　　　　『동무유고』

모과탕은 곽란에 쥐가 나서 뒤틀려 오그라지며 토하고 설사하는 것이 그치지 않는 것을 치료한다. 모과 1냥, 청동전 49잎, 오매깨서 볶음 5개를 물 2잔에 달여, 물이 1잔이 되면 찌꺼기를 버리고 3번에 나누어 조금씩 마신다.

『향약집성방』

성질은 따뜻하여 냉기를 고르고 흩뜨리는 작용이 매우 신속하다. 허약하여 음식을 먹지 못하는 자에게는 모과, 오매, 사인, 익지인, 감초 등과 함께 사용해야 한다.

『본초정화』

모과는 모과가 전근을 치료하는 것은 근을 보익하는 것이 아니고, 비脾를 조리하고 간肝을 벌하기 때문이다. 토가 병들면 금이 쇠하고 목이 성하므로, 산온酸溫한 약으로 비폐脾肺가 모산 된 것을 수렴하고, 그 근으로 달리는 것을 도와 간사肝邪를 잠재운다.

『본초정화』

모과는 담을 없애고 가래침이 나오지 않게 한다. 모과 달인 물은 담을 치료하고 비위를 보한다. 모과를 푹 쪄서 과육을 발라낸 후, 갈고 찧어 체에 걸러서 찌꺼기는 버린다.

『동의보감』

모과와 태양인의 마음작용 · 몸 기운 (心氣 · 生氣)

『동무유고』, 「동무약성가」에서 밝힌 모과의 약성은 '습종濕腫과 각기脚氣, 곽란霍亂과 전근轉筋을 치료하고, 다리와 무릎에 힘이 없는 것을 낫게 한다.(濕腫脚氣, 霍亂轉筋, 足膝無力.)'이다. 모과는 간약肝藥으로, 습종과 각기·곽란과 전근(팔다리근맥 특히 비장근에 경련이 일어 뒤틀리는 것 같이 아픈 것)을 치료하고 다리와 무릎에 힘이 없는 것을 낫게 하는 태양인의 꽃차이다.

먼저 태양인의 마음작용(心氣)과 모과를 보면, 「사단론」에서는 '간의 기운은 너그럽고 느슨하다(肝氣 寬而緩)'고 하였다. 모과는 습종과 각기·곽란과 전근을 치료하여, 태양인이 엄숙하지만 너그럽게 한다.

또 태양인은 급박한 마음을 가지고 있는데, 모과는 다리와 무릎에 힘이 없는 것을 낫게 하기 때문에 한 걸음 물러서서 일의 완급緩急을 보아 급박한 마음을 고요하게 한다.

다음 태양인의 몸 기운(生氣)과 모과를 보면, 「장부론」에서는 "간은 당여를 단련하고 통달하는 희흡의 힘으로 혈해血海의 맑은 즙을 빨아내어 간에 들어가 간의 원기를 더해주고, 안으로는 유해油海를 옹호하여 수곡량기를 고동시킴으로써 그 유油를 엉겨 모이게 한다.(肝, 以鍊達黨與之喜力, 吸得血海之淸汁, 入于肝, 以滋肝元而內以擁護油海, 鼓動其氣, 凝聚其油.)"라고 하였다. 모과는 간에 작용하는 약재로 정精을 더해주어 혈해血海의 맑은 즙을 생성시키는 것이다.

또 「장부론」에서는 "정해의 탁한 찌꺼기는 발이 구부리는 강한 힘으로 단련하여 뼈(骨)를 이루게 한다.(精海之濁滓則足, 以屈强之力, 鍛鍊之而成骨.)"라고 하였다. 다리와 무릎에 힘이 없는 것을 낮게 하는 모과는 정해精海의 탁한 찌꺼기를 잘 충족시켜준다.

또한 『동의수세보원』 제4권 「태양인 내촉소장병론太陽人 內觸小腸病論」에서 태양인 한증은 표병表病으로 옆의 그림에서 코에서 요척腰脊으로 가는 표기表氣에 해당된다. 따라서 모과는 태양인의 '내촉소장병론內觸小腸病論'에 음다하는 꽃차로, 간당肝黨의 기인 수곡량기水穀凉氣의 겉 기운을 잘 흐르게 한다.

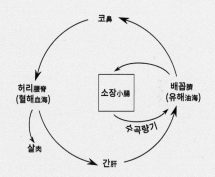

수곡량기水穀凉氣
수곡량기水穀凉氣는 소장小腸에서 시작하여 배꼽(臍, 油海)으로 들어가고, 코(鼻, 血)로 나와서 다시 허리(腰脊, 血海)로 들어가고, 간으로 돌아가서 간에서 다시 배꼽으로 고동하여 순환한다.

모과 블렌디드 한방꽃차

'모과 블렌디드 한방꽃차'는 『향약집성방』 제13권에 있는 모과탕(모과속 제거 1개, 후박생 0.5냥, 건강 1냥, 인삼 1.1냥)에 바탕하여, 모과에 후박을 블렌딩하였다. 모과탕에서 후박을 블렌딩한 것은, 한증치료의 효과를 높이기 위하여 후박을 추가한 것이다.

모과탕 용례

각기를 치료하니, 중초를 고르게 하고 근골을 조화시킨다. 곽란에 헛구역질이 나는 것을 치료한다. 곽란에 쥐가 나서 뒤틀려 오그라지며 토하고 설사하는 것이 그치지 않는 것을 치료한다. 종유석을 먹어 부작용이 생겨 곽란 전근(팔다리근맥 특히 비장근에 경련이 일어 뒤틀리는 것 같이 아픈 것)이 있고 토하고 설사하는 증상을 치료한다. 더위 먹어 답답하고 혼란한 것을 치료한다.

『향약집성방』

모과에 후박을 같이 쓰면 속을 데우고 기를 북돋우며 담을 없애고 기를 내린다. 곽란과 복통·창만·위 속에서 가슴으로 치미는 냉기·구토·설사·임질을 치료하고 놀란 것을 없앤다. 심장에 열이 정체하여 갑갑하고 그득한 상태를 치료하며 장위를 두껍게 한다.

『본초정화』

블렌딩한 후박은 곽란과 복통, 창만, 위 속에서 가슴으로 치미는 냉기, 구토, 설사, 임질을 치료한다. '모과 블렌디드 한방꽃차'는 가슴에 냉기를 치료하여 답답한 가슴을 편안하게 한다.

모과 꽃차의 제다법

생약명
길경桔梗(뿌리를 말린 것)

이용부위
꽃, 잎, 뿌리

개화기
7~8월

채취시기
잎(봄~가을), 뿌리(가을~봄)

독성 여부
유독有毒

모과(꽃, 열매)차, 후박(잎, 나무껍질)차를 블렌딩한 한방꽃차의 우림한 탕색은 황색으로 향기는 은은한 모과향이 향기롭다. 맛은 약간 쓰면서 새콤한 청량감을 준다.

❶ 모과는 꽃, 열매를 차로 제다하여 음용할 수 있다.

❷ 5월에 피는 모과 꽃은 곧 터질려고 하는 꽃봉오리나 갓 핀 꽃을 채취한다.

❸ 저온에서 덖음과 식힘을 한다.

❹ 온도를 높여 가며 덖어서 건조과정으로 모과 꽃차를 완성한다.

❺ 모과는 잘라서 씨를 제거한다.

❻ 씨를 제거한 모과 과육은 5~6등분하여 2mm 정도의 두께로 썬다.

❼ 고온에 잘 익혀가며 덖음과 식힘을 반복한다.

❽ 덖음으로 구증구포하여 완성한다.

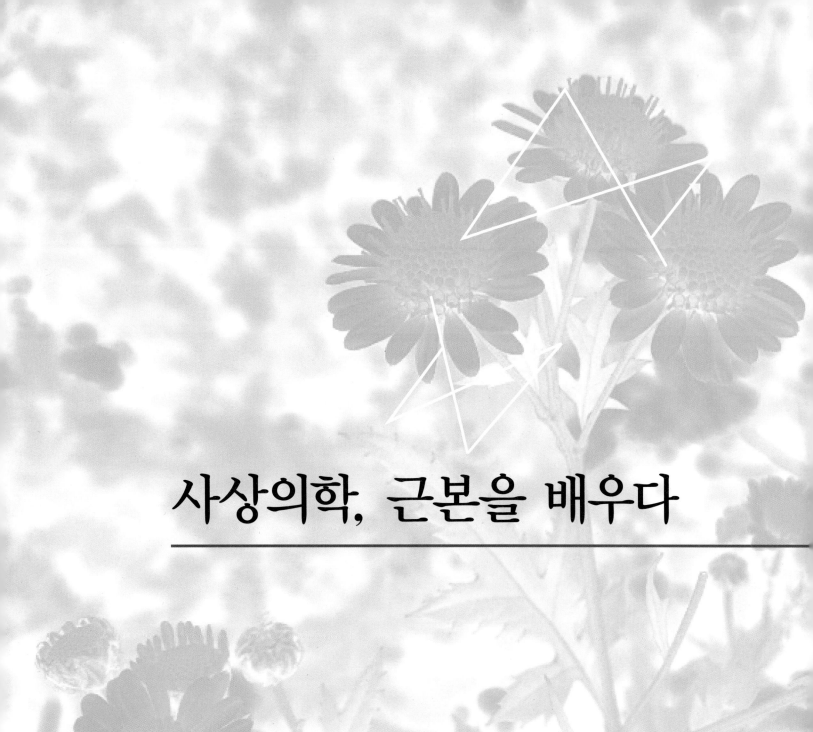

사상의학, 근본을 배우다

동무 이제마와 『동의수세보원』

이제마의 생애

나이	연 도	역 사	일 상 사	학 문
1세	1837(丁酉)	헌종 3년	함흥 탄생(3월 19일), 전주 이씨 부 : 이반오 (李攀五, 1812-1849) 모 : 경주 김씨(미상) 조부 : 이충원 (李忠源, 1777-1849)	
7세	1843(癸卯)			학문 시작 : 스승 • 위종면 (魏鍾冕, 1793-?, 四大文章) • 백부 이반린 (李攀麟, 1803-1853, 北道文章)
13세	1849(己酉)	철종 즉위	향시에서 휘장장원 조부·부 임종	10대 학문기(性理學)
17세	1853(癸丑)		백부 임종	
21세	1857(丁巳)		혼인, 경주 김씨(少陰人)	
23세	1859(己未)		장남 용해龍海 출생(소음인) 부인 사망	20대 학문기(修行)
30세	1866(丙寅)	병인양요		한석지 『명선록明善錄』 접촉 추정
35세	1871(辛未)	신미양요	혼인, 김씨(소양인)	
36세	1872(壬申)	고종 9년	차남 용수龍水 출생(소양인)	

나이	연 도	역 사	일 상 사	학 문
39세	1875(乙亥)		무과武科 등용	'동무東武' 호 사용
40세	1876(丙子)		무위별선군관입위(고종 경호처)	
44세	1880(庚辰)			『격치고』 「유략」 시작
46세	1882(壬午)			『격치고』 「독행편」 완성
50세	1886(丙戌)	고종 23년	진해현감 겸 병마절도사	
54세	1890(庚寅)		진해현감 체직, 상경	『격치고』 「유략」 완성
57세	1893(癸巳)			『격치고』 「반성잠」 완성 『동의수세보원』 시작(7월 13일)
58세	1894(甲午)	청일전쟁	남산 기거(이능화 부)	『동의수세보원』 완성(4월 13일)
59세	1895(乙未)	을미사변	하향下鄕 (의료봉사, 빈민구제)	『제중신편』 「고초」 완성
60세	1896(丙申)		최문환난 평정	
61세	1897(丁酉)	대한제국 광무 연호	고원군수	『제중신편』 「오복론」 「관수론」 「지행론」 완성
62세	1898(戊戌)		모든 관직 물러남	
63세	1899(己亥)		보원국保元局 경영 (차남이 승계)	
64세	1900(庚子)		9월 21일 임종	『동의수세보원』 경자본庚子本 (「성명론」 및 태음인론 개초)
	1901(辛丑)			『동의수세보원』 신축본辛丑本 발간 (후학들)

『동의수세보원』의 구성과 내용

동무東武 이제마(李濟馬, 1837~1900)는 사상철학을 집성한『격치고格致藁』를 저술하고, 바로 이어서 사상의학을 집성한 『동의수세보원』을 저술하였다.

『동의수세보원』은 총 4권으로 구성되어 있다.

제1권

  1. 「성명론性命論」

  2. 「사단론四端論」

  3. 「확충론擴充論」

  4. 「장부론臟腑論」

제2권

  1. 「의원론醫院論」

  2. 「소음인의 신수열표열병론腎受熱表熱病論」

  3. 「소음인의 위수한이한병론胃受寒裏寒病論」

  4. 「범론泛論」

  5. 「장중경張仲景」의『상한론傷寒論』중 소음인의 병을 경험해서 만든 약방문 23가지」

  6. 「송·원·명 3개 의가들의 저술 중 소음인의 병에 경험한 중요한 약 13가지와 파두약 6가지 방문」

  7. 「새로 정한 소음인의 병에 응용하는 중요한 약 24방문」

제3권

1. 「소양인의 비수한표한병론脾受寒表寒病論」

2. 「소양인의 위수열이열병론胃受熱裡熱病論」

3. 「범론」

4. 「장중경의『상한론』중 소양인의 병을 경험한 약방문 10가지」

5. 「원·명 2개 의가들의 저술한 의서 중에서 소양인의 병에 경험한 중요한 약 9가지 방문」

6. 「새로 정한 소양인에서 응용하는 중요한 약 17가지 방문」

제4권

1. 「태음인의 위완수한표한병론胃脘受寒表寒病論」

2. 「태음인의 간수열이열병론肝受熱裡熱病論」

3. 「장중경의『상한론』중에 태음인의 병을 경험해서 만든 약방문 4가지」

4. 「당·송·명 3개 의가들의 저술 중에서 태음인의 병에 경험한 중요한 약 9가지 방문」

5. 「새로 정한 태음인의 병에 응용하는 중요한 약 24가지 방문」

6. 「태양인의 외감요척병론外感腰脊病論」

7. 「태양인의 내촉소장병론內觸小腸病論」

8. 「본초本草에 실린 태양인병 경험 요약要藥 단방 10종 및 이천·공신의 경험 요약 단방 2종」

9. 「새로 정한 태양인의 병에 응용하는 2가지 처방」

10. 「광제설廣濟說」

11. 「사상인변증론四象人辨證論」

『동의수세보원』제1권은『격치고』에서 논한 사상철학을 집약하여 사상의학의 철학적 원리를 밝히고 있기 때문에, 사상철학이나 사상의학을 이해하는데 가장 중요한 부분이다.

첫 번째 논설인「성명론」의 내용을 분석해 보면, 서론은 첫 문장에서 '홀로 행하는 것은 명命이라 한다.(獨行者, 命也)'까지이다. 천기天機를 청·시·후·미聽視嗅味하는 이·목·비·구耳目鼻口와 인사人事를 달·합·입·정達合立定하는 폐·비·간·신肺脾肝腎, 성性인 함·억·제·복頷臆臍腹, 명命인 두견요둔頭肩腰臀을 천·인·성·명의 사상적 구조로 논하고 있다.

본론은 '귀는 좋은 소리를 좋아하고(耳好善聲)'에서 '내가 어리석음을 면하는 것은 나에게 있는 것이다.(我之免不肖, 在我也)'까지이다. 이·목·비·구에 호선지심好善之心, 폐·비·간·신에 오악지심惡惡之心, 함·억·제·복에 무세지심(誣世之心, 邪心·私心), 두·견·요·둔에 망민지심(罔民之心, 怠心·慾心)을 결부시켜 사상의학의 핵심인 사상심四象心에 대하여 논하고 있다.

결론은 '하늘이 만민을 낳음에(天生萬民)'에서 '다른 것이 아니라 지와 행이다.(非他, 知行也)'까지이다. 앞에서 논의한 인간의 문제를 종합하여,「성명론」이 결국 '도덕론'이고, '지행론'이라고 결론을 맺고 있다. 또한 마지막 3문장은 혹자가 질문하고 동무가 답하는 형식이지만, 동무가 직접 묻고 답하는 것으로 보충 설명하고 있다.

다음으로 두 번째 논설인「사단론」의 서론은 첫 문장인 '사람이 품부받은 장부의 이치(人稟臟理)'에서 일곱 번째 문장 '마음의 죄이다.(心之罪也)'까지이다. 사상인四象人 장국臟局의 대소大小에 대하여 선언적으로 정의하고 있다.

본론은 여덟 번째 문장인 '호연지기浩然之氣'에서 '이것은 죽고 살고, 장수하고 요절하는 기틀이니 알지 못하는 것은 불가한 것이다.(此死生壽夭之機關也, 不可不知也)'까지이다. 사상의학에서 기氣의 의미와 사상인 장국의 대소가 결정되는 근거가 애노희락哀怒喜樂의 기에 있음을 논하고 있으며, 결론은 '태소음양의 장국이 짧고 길은(太少陰陽之臟局短長)'에서 끝까지로, 사상인의 불변과 사상인이 경계해야 할 애·노·희·락에 대하여 논하고 있다.

「사단론」에서는 희노애락과 애기哀氣·노기怒氣·희기喜氣·락기樂氣를 언급하여, 희노애락과 애노희락의 순서를 다르게 밝히고 있으며, 또 인간의 기에 있어서도 호연지기와 폐기肺氣·비기脾氣·간기肝氣·신기腎氣, 그리고 애기·노기·희기·락기를 구분하여 논하고 있다.

특히 애노희락을 성性과 정情으로 나누어 태양인太陽人은 애성노정哀性怒情·소양인少陽人은 노성애정怒性哀情·태음인太陰人은 희성락정喜性樂情·소음인少陰人은 락성희정樂性喜情에 의해 사상인 장국의 대소가 형성된다고 하여, 애·노·희·

락에 대한 연구가 선행되어야 사상의학의 철학적 원리가 분명하게 드러날 것이다.

세 번째 논설인 「확충론」은 앞의 「성명론」과 「사단론」에서 논한 내용을 종합하여, 사상의학의 철학적 근거를 확충하면서 동시에 뒤의 「장부론」을 이끌고 있다. 「확충론」은 사상인의 마음 작용에 대하여 논하고 있다. 즉, 사상인이 애기·노기·희기·락기의 기 흐름에 따라 인간 본성을 어떻게 확충하여 수세보원 할 수 있는가의 문제를 밝히고 있다.

「확충론」의 내용을 보면, 먼저 서론은 애·노·희·락의 성性과 정情의 작용을 속임·모욕·도움·보호(欺·侮·助·保)와 연계하여 논한 첫 부분이다. 본론은 「성명론」의 천기 유사와 인사 유사, 이·목·비·구와 폐·비·간·신을 중심으로 사상인의 잘함과 잘하지 못함을 통해 '마음을 어떻게 확충할 것인가'와 사상인의 성기性氣와 정기情氣에 대하여 구체적으로 논하고 있다. 결론에 해당되는 마지막 절에서는 사상인의 성인 함억제복의 주책籌策·경륜經綸·행검行檢·도량度量과 교심驕心·긍심矜心·벌심伐心·과심夸心, 명인 두견요둔의 식견識見·위의威儀·재간材幹·방략方略과 탈심奪心·치심侈心·나심懶心·절심竊心으로 마치고 있다.

마지막 논설인 「장부론」은 그 명칭에서부터 의학적인 내용을 담고 있다고 생각할 수 있지만, 동무는 「장부론」을 제1권에 배치하여 자신의 사상철학을 바탕으로 인체에 대한 철학적·생리적 원리를 종합하고 있다.

「장부론」의 전체 내용을 분석해보면, 먼저 서론에 해당하는 부분에서는 폐·비·간·신과 두·견·요·둔, 위완·위·소장·대장胃脘·胃·小腸·大腸과 함·억·제·복의 위치를 상초上焦·중상초中上焦·중하초中下焦·하초下焦의 네 구역으로 나누고, 사부四腑를 중심으로 수곡水穀의 기가 생성됨을 논하고 있다.

본론에서는 수곡의 온기溫氣·열기熱氣·량기涼氣·한기寒氣가 각각 폐당肺黨·비당脾黨·간당肝黨·신당腎黨에서 어떻게 흐르는지를 논하고, 이·목·비·구, 폐·비·간·신의 청기淸氣와 탁재濁滓에 대하여 밝히고 있다. 또 결론은 이·목·비·구, 폐·비·간·신, 함·억·제·복, 두·수·요·족頭·手·腰·足의 사상적 구조를 종합·정리하고 있는 마지막 부분이라 할 수 있다.

「장부론」은 「성명론」·「사단론」·「확충론」에서 논한 천·인·성·명의 사상적 구조를 종합하여 인간의 생리적 작용을 밝혀, 사상철학이 의학으로 성립될 수 있는 기초적인 내용을 제공하고 있다. 특히 「장부론」에서 사상인에 대한 논의보다 수곡의 온기·열기·량기·한기를 통해 인체의 기 흐름을 종합하고 있다.

다음으로 『동의수세보원』 제2권은 「의원론醫院論」, 「소음인의 신수열표열병론腎受熱表熱病論」, 「소음인의 위수한이한병론胃受寒裡寒病論」, 「범론泛論」, 「장중경張仲景의 『상한론傷寒論』 중 소음인의 병을 경험해서 만든 약방문 23가지」, 「송·원·명 3개 의가들의 저술 중 소음인의 병에 경험한 중요한 약13가지와 파두약 6가지 방문」, 「새로 정한 소음인의 병에 응용하는 중요한 약 24방문」으로 구성되어 있다.

「의원론」은 한의학의 유래와 역사를 이야기하면서, 기존의 의학과 사상의학의 차이를 분명하게 밝히고 있다. 이제마는 우연히 인간의 장부臟腑 성리性理를 얻어 『동의수세보원』을 지었다고 하면서, 『상한론傷寒論』의 병증에 따른 분류와 사상의학의 태양인·태음인·소양인·소음인의 인물에 따른 분류는 전혀 다른 것이라 하였다. 또 병이 생기는 원인을 마음의 좋아함과 싫어함 그리고 하고자 하는 바, 희·노·애·락의 치우침에 있음을 밝히고 있다.

제3권은 「소양인의 비수한표한병론脾受寒表寒病論」, 「소양인의 위수열이열병론胃受熱裡熱病論」, 「범론」, 「장중경의 『상한론』 중 소양인의 병을 경험한 약방문 10가지」, 「원·명 2개 의가들의 저술한 의서 중에서 소양인의 병에 경험한 중요한 약 9가지 방문」, 「새로 정한 소양인에서 응용하는 중요한 약 17가지 방문」으로 소양인의 임상에 대한 내용으로 구성되어 있다.

다음 제4권은 「태음인의 위완수한표한병론胃脘受寒表寒病論」, 「태음인의 간수열이열병론肝受熱裡熱病論」, 「장중경의 『상한론』 중에 태음인의 병을 경험해서 만든 약방문 4가지」, 「당·송·명 3개 의가들의 저술한 중에서 태음인의 병에 경험한 중요한 약 9가지 방문」, 「새로 정한 태음인의 병에 응용하는 중요한 약 24가지 방문」, 「태양인의 외감요척병론外感腰脊病論」, 「태양인의 내촉소장병론內觸小腸病論」, 「본초本草에 실린 태양인병 경험 요약要藥 단방 10종 및 이천·공신의 경험 요약 단방 2종」, 「새로 정한 태양인의 병에 응용하는 2가지 처방」, 「광제설廣濟說」, 「사상인변증론四象人辨證論」으로 태음인과 태양인의 임상과 「광제설」, 「사상인변증론」으로 구성되어 있다.

「광제설」의 광제廣濟는 '세상을 널리 구제한다'는 뜻으로 사상철학의 사회·정치철학을 담고 있다고 하겠다. 「광제설」에서는 제1권에서 집약하고 있는 사상철학에 근거하여, 인생의 시기를 유년幼年·소년少年·장년壯年·노년老年으로 구분하고, 인간의 장수와 요절에 직접적 영향을 미치는 주酒·색色·재財·권權을 논하고, 그리고 인간의 유형을 산곡지인·시정지인·향야지인·사림지인으로 나누어, 인간의 삶을 논하고 있다.

주·색·재·권은 사람의 장수와 요절을 결정하는 핵심적 문제를 넘어서 가정과 국가 사회의 근본이 됨을 밝히고 있다. 즉, 「광제설」은 주·색·재·권을 중심으로 세상을 널리 구제하는 이치를 논하고 있다.

『동의수세보원』의 마지막 논설인 「사상인변증론」은 제목 그대로 태양인·태음인·소양인·소음인을 증상에 따라 변별하는 내용을 중심으로 논하고 있다. 「사상인 변증론」을 이해함에 있어서도 『동의수세보원』 제1권의 철학적 원리를 근거로 해야 한다. 우리가 현재 사용하고 있는 '체질體質'이란 용어는 『동의수세보원』에는 나오지 않는다. 동무는 '사상인四象人'을 변별한다고 하였기 때문에 사상인으로 사용해야 한다.

마지막으로 사상의학(철학) 연구에 대해 한 가지 분명하게 알아야 하는 사실이 있다.

한국 철학계에서 『동의수세보원』에 대한 연구는 대체로 두 방향으로 진행되고 있다. 첫째는 사상의학의 철학적 원리를 기존 한의학漢醫學의 철학적 기초인 『황제내경』의 음양오행설의 입장에서 연구하는 것이고, 둘째는 경험·인식론적 관점에서 동무의 사상설을 경험적 결과로 파악하여 연구하는 것이다.

그러나 동무는 『동의수세보원』 갑오甲午 구본의 간지에서 "마음에 깊이 두어 생각함이 진실로 '역도易道'에 있다.(潛心之下, 眞有易道存焉.)"라고 하여, 자신의 학문이 역학易學의 진리를 근본하고 있음을 밝혔다. 그의 저서에서 공통적으로 언급된 태극太極이나 음陰과 양陽, 태양太陽·태음太陰·소양少陽·소음少陰 등의 기본적인 개념들은 『주역』에 근거한 것이다.

『격치고』에서 논하고 있는 『주역』의 학문적 내용은 세 부분으로 요약할 수 있다.

먼저 『격치고』 제2권 「반성잠反誠箴」에서 자신의 사상철학의 가장 핵심적 개념인 사상四象에 대하여, 『주역』 계사상편 제11장의 인용을 통해 태극은 마음이고, 양의兩儀는 마음과 몸이고, 사상은 사심신물事心身物이라 규정하고 있다.

사상四象의 의미를 설명하면, 사四는 구口와 인儿으로 '땅(현상)에서 사람이 작용한다'는 의미이고, 상象은 '진리를 상징하다'·'표상하다'의 뜻을 가지고 있기 때문에 하늘의 작용이 땅에서 네 가지로 드러남을 표상한다는 것이다. 그래서 『주역』에서는 '주역에 사상四象이 있는 것은 하늘의 작용을 보이는 것이다.(易有四象, 所以示也)'라고 하였다.

둘째 「반성잠」 서문에서는 "형상과 이치에서 괘상을 취함은 단지 마음 속으로 헤아린 견해臆見이지만, 그 괘상이 여덟 개가 있음은 진실로 복희역伏羲易의 괘상이 이와 같다고 일컫는 것은 아니다."라고 하여, 복희팔괘도伏羲八卦圖를 말한 것이다.

셋째 제1권 「유략儒略」에서 "그 마음을 다하는 사람은 그 본성을 알고 그 마음을 다하는 사람은 뜻을 씀이 무궁하며, 그 본성을 아는 사람은 본성의 이치를 모두 얻게 된다. 본성의 이치는 문왕역文王易의 괘상에 혼연하고 온전히 나의 지각 속에 갖추어진 것이니 '본성을 다한다'고 말하는 것이다."라고 하여, 문왕팔괘도文王八卦圖를 언급한 것이다.

동무의 사상철학은 기본적으로 유학에서 밝히고 있는 인간 존재의 규명을 통해 독창적인 철학사상을 전개하고 있기 때문에 「유략」에서 인간 본성의 이치가 문왕팔괘도에 있다고 한 것에서 문왕팔괘도의 원리가 자신이 창안한 사상철학과 직접적인 관계가 있음도 생각할 수 있다.

특히 「동무자주東武自註」로 불리는 『동무유고』 제3권 「성명론」에서 동무가 직접 문왕팔괘도를 통해 「성명론」에 대하여 주석하고 있기 때문에 문왕팔괘도가 사상의학의 철학적 원리를 해석하는 방법 내지 도구가 되는 것이다.

동무는 『격치고』를 통해 사상의학의 설계도가 되는 사상철학을 완성하고, 그것을 근거로 사상의학을 집성한 『동의수세보원』이라는 완성된 집을 지은 것이다. 따라서 『동의수세보원』에서 논한 사상의학의 철학적 원리를 밝히기 위해서는 『격치고』에서 논하고 있는 역학적易學的 사유를 근거로 해야 할 것이다.

사상의학의 학문 연원

사상의학의 창안創案

『격치고』를 통해 이제마의 학문적 연원에 대한 논의는 네 가지로 요약할 수 있다. 첫째, 동무는 선진유학을 집대성한 공맹지도孔孟之道에 근거하여 자신의 철학을 전개하고 있다. 둘째, 『주역』의 학문적 체계를 근거로 하고 있다. 사상四象, 음양陰陽, 문왕팔괘도文王八卦圖, 복희팔괘도伏羲八卦圖, 태극太極 등은 모두 『주역』의 핵심적 개념이다. 셋째, 한대漢代 이후 내려온 제자諸子의 학문과 불교佛敎를 비판하고 있다. 넷째, 당시의 지배적 사상인 성리학적 사유체계를 넘어서 독창적인 사상철학을 논하고 있다.

『동의수세보원』을 통해 학문 연원에 대해 정리해 보면, 『동의수세보원』 제1권 「성명론」에서는 "하늘이 모든 사람들을 태어나게 할 때에 성으로 혜각慧覺을 주었으니, 모든 사람이 삶을 살아갈 때 혜각이 있으면 사는 것이고, 혜각이 없으면 죽는 것이다. 혜각이란 것은 하늘의 덕에서 생겨난 것이다."라고 하여, 사상의학의 창안은 『주역』을 비롯한 공맹지학孔孟之學의 학문을 통해 혜각慧覺의 지혜를 얻었기 때문임을 알 수 있다.

『동의수세보원』 제2권 「의원론」에서 "내가 의학 경험이 나온 5천년 이후에 앞선 사람들의 저술로 인하여 우연히 사상인의 장부성리를 얻어서 한 책을 지으니 이름하여 『동의수세보원』이라 이름 하였다. 원래 책의 가운데에 장중경이 논한 태양병, 소양병, 양명병, 태음병, 소음병, 궐음병은 병증으로서 명목이고, 내가 논한 태양인, 소양인, 태음인, 소음인은 인물로서 명목이다. 두 가지를 섞어서 보는 것은 옳지 못하고, 또한 싫어하고 번잡하지 않은 이후에 그 근본 뿌리를 탐색하고 그 가지와 잎을 채택하는 것이 옳은 것이다. 만약 무릇 맥법脈法은 증상을 잡는 하나의 단서이니, 그 이치는 뜨고 가라앉고 더디고 자주함에 있으니, 반드시 그 묘한 것에 이름을 연구할 필요는 없다. 삼음三陰과 삼양三陽은 증상의 같음과 다름을 변별하는 것이니, 그 이치는 배와 등, 겉과 속에 있으니 반드시 그 경락經絡의 변화를 연구할 필요는 없는 것이다."라고 하여, 이제마는 겸손하게 사상인의 장부 성리를 우연히 얻었다고 하였다.

이제마는 장부臟腑의 성리性理를 얻게 된 것은 선진유학先秦儒學에 연원을 두고, 성인聖人의 학문을 배웠기 때문에 가능했던 것이다. 그의 전기傳記를 보면 수저를 들지 못할 정도의 집중을 통해 『주역』을 연구한 결과임을 확인할 수 있다. 또 『동의수세보원』 제4권의 마지막인 「사상인 변증론」에서는 "『황제내경』 「영추」의 가운데에 태음, 소음, 태양, 소양, 음양화평지인의 오행인론이 있지만, 간략히 겉으로 드러난 형체에서 얻은 것이고, 아직 장부의 이치를 얻지는 못하였다. 대개 태음인, 소음인, 태양인, 소양인이 일찍이 옛날부터 보았지만 아직 정밀한 연구를 다하지 못한 것이다."라고 하여, 『황제내경』은 만 가지로 다른 장국臟局의 입장이고, 사상의학은 하늘의 품부해준 네 가지의 이치인 사상인의 장리臟理를 얻었음을 다시 한 번 강조하고 있다.

『황제내경』과 사상의학에 대한 단순한 비교가 불가능함을 알 수 있다. 『황제내경』의 연구를 통해 『동의수세보원』을 이해하면, 사상의학의 본래적 면목을 볼 수가 없는 이유가 여기에 있다.

사상인의 장부臟腑 성리性理는 『동의수세보원』 제1권 「사단론」 첫 머리에서 논한 '장리臟理'로 장부의 이치이다. 즉, 이치 리理는 그대로 천리天理이고, 진리眞理이기 때문에 하늘이 정해준 인간 몸의 이치를 말하는 것이다. 그 동안의 의학醫學이 현상적인 몸의 생리적 현상 내지 마음의 현상에 대한 연구를 통해 인간을 이해하였다면, 이제마는 인간의 몸이 가지고 있는 형이상形而上의 이치를 혜각慧覺하여 사상의학을 창안한 것이다.

기존의 사상의학 연원 비판

이제마의 학문적 연원에 대해 고찰함에 있어서는

① 무엇보다 이제마의 학문적 성과를 담고 있는 저술이나 남겨진 글을 철저히 분석하고 이해함으로써 올바로 파악될 것이다.

② 이제마의 생애를 통해 그 사람의 삶의 모습을 보아야 한다.

③ 이제마가 살았던 시대적 상황을 이해해야 한다. 그가 배우고 생각했던 것이 무엇인지를 파악하기 위해서는 그가 받은 교육의 내용이 무엇인지를 밝혀야 한다.

④ 후인들의 평가에 의해 왜곡된 내용을 비판적 입장에서 보아야 한다. 자기의 주관이 개입되지 않을 수 없는 후인들

의 평가는 철저히 경계되어야 한다. 물론 본 저자도 주관이 개입되지 않을 수는 없으나 자신의 주장을 논증할 만한 객관적 자료를 제시해야 할 것이다.

⑤ 사상의학의 가장 핵심적 문제인『주역周易』에 대한 기본적인 이해가 되어야 한다.

⑥ 송대宋代 성리학의 철학적 근거를 제공하는 송대 역학易學에 대한 이해가 선행되어야 한다.

한석지韓錫地『명선록明善錄』의 연원설

이제마의 사상의학이 반주자학反朱子學을 주장한 운암芸菴 한석지(1709~1791)에 연원하고 있다는 주장이 철학계와 한의학계에서 광범위하게 알려져 있기 때문에 한석지의『명선록』에 연원하고 있다는 주장에 대하여 비판을 함으로써 사상의학의 연원에 대하여 다시 생각해보고자 한다.

사상의학의 한석지 연원에 대한 주장은 이제마의 전기를 처음으로 쓴 이능화(李能和, 1869~1945)에서 시작된 것으로 보인다. 그는『조선불교통사』하편의「사상학설인품성정四象學說人稟性情」에서 "동무공의 경술은 운암 한석지 선생을 근본으로 삼았고, 그 격물치지格物致知와 궁리진성窮理盡性은 역학易學으로부터 나왔으며, 저서에는『동무유고』,『격치고』,『동의수세보원』등이 있으며, 사상학설을 창안한 것은 그 학문이 심리心理이고, 성리性理이고, 생리生理이고, 의리醫理인 것이다."라고 하고, 동무의 학문이 한석지를 연원으로 삼았다고 하였다.

먼저 두 분의 생애를 보면, 운암은 1769년에 태어나 1863년에 임종하여, 이제마(1837~1900)의 나이 27세까지 살아 있었으나 두 분이 생전에 만난 일이 없었고, 다만『명선록』을 보고 '운암은 조선에 제일인 자'라는 평가를 했다는 이야기가 후대에 전해지고 있다.

이제마가『명선록』을 본 것은 그의 나이 30세 이후로 추증하는데, 그는 7세부터 학문을 시작하여 30세 전후는 24년 이상을 학문하였으며, 특히 동무는 19세기 후반의 탁월한 재능을 가진 유학자이었기 때문에 30세라면 벌써 학문적 세계가 거의 완성되었다고 추론할 수 있다. 즉, 이제마가 한석지 사후에『명선록』을 보고 그를 높이 평가했다는 이야기를 가지고, 사상의학이 한석지에 연원하고 있다는 주장은 다시 검토되어야 할 것이다.

다음으로 근본적인 부분인 사상의학과『명선록』의 학문적 내용에서 검토해 보면, 이제마의 사상의학이 기존의 성리학적 학문적 내용을 넘어선 새로운 경지를 논한다고 하여, 한석지의 반주자학적反朱子學的 학문방법론과 단순하게 연결시키는 것은 문제가 있다고 하겠다. 동무의 철학사상이 반주자학이라고 할 수 있는 부분이 없으며, 오히려 성리학의 학문을 통해 자신의 사상의학을 완성하였기 때문이다. 그의 역학적易學的 사유를 통해 분명하게 밝혀질 것이다.

『명선록』에서는 '온고찬도溫故贊圖'에서부터 '오행류취지도五行類聚之圖', '오행분류지도五行分類之圖', '오행상종지도五行相從之圖'를 그리고, 오행五行·오방五方·오상五常·오륜五倫·오장五臟·오상五象·오실五實·오부五腑·오감五感·오태五態·오사五事·오의五宣·오온五蘊·오후五侯·오휴五休·오구五咎·오기五氣·오복五福·오미五味·오음五音·오색五色·오충五蟲 등 오행五行을 근거로 하는 자신의 학문을 논하고 있다. 『명선록』을 검토해 보면 운암의 학문적 체계는 오행에 근거를 두고 있음을 알 수 있다.

특히 『명선록』에서 오장五臟과 오행五行의 관계에서는 간肝은 목木·심心은 화火·비脾는 토土·신腎은 수水·폐肺는 금金에 배치하여 기존의 『황제내경黃帝內經』의 오행설을 그대로 인용하고 있기 때문에 사상의학과는 근본적으로 다르다는 점을 발견하게 된다. 이는 오히려 성리학의 오행론을 수용한 것으로, 한석지의 반주자학 학풍에 한계를 드러낸 것이다.

또 부腑에 있어서도 사상의학에서는 위완胃脘·위胃·소장小腸·대장大腸의 사부四腑를 논하고 있으나, 한석지는 오부五腑라고 하여 담膽·소장小腸·위胃·방광膀胱·대장大腸으로 밝히고 있다.

『명선록』에서 논하고 있는 오행五行은 한대漢代 이후의 상수역학에서 주장하는 오행상생상극설五行相生相剋說에 바탕한 것으로, 이것은 이제마의 사상철학과는 정면으로 배치되는 부분이다. 이제마는 『주역』을 바탕으로 선진유학先秦儒學에 학문적 연원을 두고 철두철미 사상적四象的 사유체계로 자신의 철학을 전개하고 있으며, 『격치고』와 『동의수세보원』에서는 오행五行에 대하여는 논하지 않고 있다. 다만 『동무유고』에서는 학문 초기에 오행에 대해 언급한 부분이 있지만, 최종으로 마무리한 저술에서는 찾을 수 없다.

현대에서 사상의학의 선구자라 할 수 있는 이을호는 『명선록』 해제에서 "운암의 학은 동무에게 깊은 영향을 끼치었다는 이야기가 구전되어 왔기 때문에 은연중 필자는 언젠가는 동무의 『격치고』와 더불어 운암의 『명선록』도 익히 섭렵해야겠다고 마음속으로 벼르고 있었지만, 아쉽게도 필자에게는 그런 기회가 주어지지 않는 채 오늘에 이르렀다."라고 하여, 구전으로 전해진 이야기로 인해 『명선록』에 관심을 가지게 되었다고 하였다.

또 해제의 마지막에 "동무는 스스로의 학을 정립하면서도 송인宋人을 지칭한 일은 일구도 없다. 그럼에도 불구하고 운암 - 동무의 학은 어떠한 점에서 선후의 학으로 간주할 수 있을 것인가. 우리의 학적 관심은 이점에 대해서도 결코 소홀해서는 안된다는 사실을 여기에 지적해두지 않을 수 없다."라고 하여, 운암의 학문이 동무의 연원이라는 주장에 신중해야 함을 지적하고 있다. 즉, 해제解題는 그 책에 대한 해설을 앞에 붙인 것으로 이을호가 보기에도 한석지의 『명선록』과 동무의 사상의학을 연계시키는 것은 무리가 있다는 것을 학자적 입장에서 고백한 것이라 하겠다.

또한 전해지는 이야기에서 이제마가 한석지를 높이 평가한 것은 사실이지만, 사상의학의 연원이 한석지가 아님을 밝히는 내용을 찾을 수 있다.

> 『명선록』을 평가하기를 '문체가 너무 아름다워서 뜻을 소홀히 하기 쉽다. 그러나 운암은 과연 조선에 제
> 일인 자'라고 하였다. 그런 관계로 『동의수세보원』 말미에 '운암 연원芸菴 淵源'이라고 기대되었으니, 이는
> 제자 중에 한씨들이 문중 명현을 높이고자 편집할 때에 임의로 삽입한 것을 동무 후손들이 크게 반발
> 한 일도 있었다.(洪淳用·李乙浩, 『四象醫學原論』, 행림출판, 1992, 396쪽.)

다음으로 김달래를 대표로 하는 학자들이 한석지의 『명선록』과 동무의 사상의학을 직접적으로 연계시키고 있으나, 그 내용을 보면 빈약하기 그지없다.

김달래는 『명선록』 번역본 해제 중 '3. 동무사상과의 상관성'에서 동무가 정기正근와 지인知人에 있어서 성誠을 강조하였는데, 한석지도 『중용』의 성誠을 바탕으로 하고 있다는 것이며, 또 지행합일知行合一의 문제 등 몇 가지는 논하고 있으나, 이런 정도의 내용은 모든 유학자들에게 공통된 내용이지 유독 한석지와 이제마의 상관성으로 언급하기에는 억지스러움을 지울 수가 없다.

또한 방정균의 박사논문인 「운암 한석지 사상 연구 - 이제마 사상과의 비교 -」(경희대학교 대학원 한의학과, 2003.)에서는 한석지와 이제마의 철학사상을 비교하면서, '성상근性相近, 희노애락喜怒哀樂, 기품청탁설氣稟淸濁說, 인욕人慾의 긍정'에 대하여 논하고 있으나, 이것도 일반 유학자들 누구나 비교할 수 있는 내용이지, 동무철학의 핵심적 내용과는 거리

가 멀다고 하겠다.

그리고 김양진의 석사논문 「동무 이제마와 운암 한석지의 태극론 연구」(경희대학교 대학원 임상한의학과, 2010.)에서는 동무가 운암의 학문을 체로 삼았다는 결론을 내리면서 근거로 밝히고 있는 내용이 철학자가 보기에는 여러 가지로 모순적인 내용이라 하겠다.

그런 정도의 공통점은 철학자이면 누구나 가능하다는 것이다. 이황의 철학사상과 이제마의 철학사상을 비교하여도 공통점은 금방 찾을 수 있다. 대표적으로 퇴계는 리理도 발하고 기氣도 발한다는 이기호발설理氣互發說을 주장하는데, 이것이 동무철학에서는 애노희락哀怒喜樂을 성性과 정情으로 나누는데, 성기性氣도 작용하고, 정기情氣도 작용하는 것으로 이해할 수 있다.

불교 연원설

사상의학과 불교의 연원에 대해서는 박성식의 「동무 이제마의 사상의학과 불교의 영향」(『불교의 마음 챙김과 사상의학─불교와 의학의 만남─』, 운주사, 2011, 260~261쪽 참조)을 통해 확인할 수 있다.

박성식은 '이제마의 삶과 불교'에서 이제마의 학문적 연원과 삶, 사상의학의 이론 분야에 이르기까지 불교의 직접적인 영향을 언급한 적은 없지만 다음의 두 가지 추론을 통해 이제마가 불교의 영향을 받았다는 주장을 하고 있다.

첫째, 이제마가 어린 나이인 13세에 아버지 이반오와 할아버지 이충원의 죽음을 당하여 방황을 하면서 불교를 접했을 것이라는 추론이다. 어린 나이에 경험한 삶과 죽음이 문제와 방황이란 정황적인 여건을 고려하면 이제마의 성장과정에서 불교를 접하였을 가능이 매우 높다는 것이다.

둘째, 중국 연변의 사상의학자인 손영석씨의 증언으로 "이제마에게 의학을 가르친 분이 스님이다. 그러나 이제마 선생이 불교를 숭상한 불교 신도였다는 이야기는 없다. 다만 이제마 선생이 젊어서 러시아와 중국을 거쳐 의주 홍씨 부잣집에 머물면서 공부를 했는데, 자기를 가르친 스님을 찾아 중국 심양의 천산에 있는 아주 큰 절에서 장기간 체류하다가 안산鞍山의 탕강자湯崗子를 거쳐 길림성吉林省 사평시四平市에 있는 작은 절에까지도 있었다."고 하였다.

그러나 동무는 한대 이래 내려온 제자지학諸子之學과 불교를 비판하고, 선진유학의 학문방법을 따르고 있다.

『격치고』제 2권「반성잠反誠箴」에서는 "상앙이 형법으로 다스리고자 하였고, 부처는 자비로 다스리고자 하였으며, 양주楊朱는 위아爲我로 다스리고자 하였고, 묵자墨子는 겸애로 다스리고자 하였으며, 왕안석은 명분과 법률로써 다스리고자 하였고, 노자는 무위無爲로써 다스리고자 하였으나, 옛날부터 지금까지 이 진실의 밝음(誠明)에 어긋나면서 능히 다스린 사람이 있었는가?"라고 하였다.

또 법가法家인 상앙商鞅과 부처의 자비慈悲·양주陽朱의 위아爲我, 묵자墨子의 겸애兼愛, 왕안석王安石의 명분名分과 법률法律, 노자老子의 무위無爲는 모두 간사함과 속임을 살피지 않는데서 나온 것으로, 유학의 격물치지格物致知와 성의정심誠意正心·수신제가修身齊家·치국평천하治國平天下는 모두 속임을 살피는데 있다고 하였다.

『격치고』제 1권「유략儒略」에서도 '부처의 본성은 지식을 끊어서 생각을 고요하게 하는 것이고, 고자의 마음은 물을 막아서 마음을 단단히 함이고, 천박한 선비의 몸은 번거롭게 망령되어 몸을 높이는 것이라 하고, 맹자의 말씀을 인용하여 제자지학諸子之學은 부모를 섬기는데도 부족하다'고 비판하고 있다.

또한 『동의수세보원』제 1권「사단론」에서는 "성인의 마음에 욕심이 없다는 것은 청정淸淨, 적멸寂滅하여 노자老子나 석가釋家의 욕심 없는 것과 같은 것이 아니다. 성인의 마음은 천하가 다스려지지 않는 것을 깊이 근심하기 때문에 다만 욕심이 없을 뿐만 아니라 자기 한 몸의 욕심을 생각할 겨를도 없는 것이니 천하가 다스려지지 못하는 것을 깊이 근심하여 자기 한 몸의 욕심을 생각할 겨를이 없는 사람은 반드시 배우기를 싫어하지 않고 가르치기를 게을리하지 않는다. 배우기를 싫어하지 않고 가르치기를 게을리하지 않는 것이 곧 성인에게 사욕이 없다는 것이다. 추호라도 자기 한 몸에 대한 욕심이 있으면 요순의 마음이 아니요, 잠시라도 천하를 근심하는 마음이 없으면 공맹孔孟의 마음이 아니다."라고 하여, 노불老佛과 유학儒學을 다르게 평가하고 있다.

이상에서 동무의 학문이 그 사승師承 관계가 분명함에도 사상의학에 대한 학문 연원에 대하여 다양한 주장이 있는 것은 의학적 소견에 머물러 있는 결과라고 하겠다.

사상인의 마음작용(心氣)과 몸 기운(生氣)

사상인의 장리藏理와 애哀 · 노怒 · 희喜 · 락樂

『동의수세보원』에서는 폐肺·비脾·간肝·신腎의 대大와 소小에 따라 사상인을 나누고 있다. 『동의수세보원』 제1권 「사단론」 첫 문장에서는 사상인의 폐·비·간·신 대소大小를 다음과 같이 밝히고 있다.

> 사람이 하늘로부터 품부 받은 장부의 이치는 네 가지 같지 않음이 있는데, 폐가 크고 간이 작은 사람을 태양인이라 하고, 간이 크고 폐가 작은 사람을 태음인이라 하고, 비가 크고 신이 작은 사람을 소양인이라 하고, 신이 크고 비가 작은 사람을 소음인이라고 한다.
>
> 人稟臟理, 有四不同, 肺大而肝小者, 名曰太陽人, 肝大而肺小者, 名曰太陰人, 脾大而腎小者, 名曰少陽人, 腎大而脾小者, 名曰少陰人.

태양인·태음인·소양인·소음인은 폐·비·간·신의 기운이 크고 작음에 있다. 태양인은 폐대간소肺大肝小, 태음인은 간대폐소肝大肺小, 소양인은 비대신소脾大腎小, 소음인은 신대비소腎大脾小의 장리臟理를 가지고 있다.
「사단론」에서는 폐·비·간·신을 직접 '폐기肺氣·비기脾氣·간기肝氣·신기腎氣'라 하여, 폐·비·간·신 대소는 인체 장부의 대소를 말한 것이 아니고, 기운이 크고 작다는 것으로 형태적 크기를 말하는 것이 아님을 알 수 있다.
또한 「사단론」에서는 사상인 장국의 대소 형성의 이치를 다음과 같이 밝히고 있다.

> 태양인은 애성哀性이 멀리 흩어지고 노정怒情이 몹시 급하여, 애성이 멀리 흩어지면 기운이 폐에 흘러들어 폐가 더욱 성하게 되고, 노정이 몹시 급하면 기운이 간에 부딪쳐 흘러서 간이 더욱 깎이는 것으로, 태

양인의 장국이 폐가 크고 간이 작게 형성된 까닭이다.

소양인은 노성怒性이 크게 감싸고 애정哀情이 몹시 급하여, 노성이 크게 감싸면 기운이 비에 흘러들어 비가 더욱 성해지고, 애정哀情이 몹시 급하면 기운이 신에 부딪쳐 흘러서 신이 더욱 깎이는 것으로, 소양인의 장국이 비가 크고 신이 작게 형성된 까닭이다.

태음인은 희성喜性이 널리 베풀고 락정樂情이 몹시 급하여, 희성이 널리 베풀면 기운이 간에 흘러들어 간이 더욱 성해지고, 락정이 몹시 급하면 기운이 폐에 부딪쳐 흘러서 폐가 더욱 깎이는 것으로, 태음인의 장국이 간이 크고 폐가 작게 형성된 까닭이다.

소음인은 락성樂性이 깊이 확고하고 희정喜情이 몹시 급하여, 락성이 깊이 확고하면 기운이 신에 흘러들어 신이 더욱 성해지고, 희정이 몹시 급하니 기운이 비에 부딪쳐 흘러서 비가 더욱 깎이는 것으로, 소음인의 장국이 신이 크고 비가 작게 형성된 까닭이다.

太陽人, 哀性, 遠散而怒情, 促急, 哀性, 遠散則氣注肺而肺益盛, 怒情, 促急則氣激肝而肝益削, 太陽之臟局, 所以成形於肺大肝小也.

少陽人, 怒性, 宏抱而哀情, 促急, 怒性, 宏抱則氣注脾而脾益盛, 哀情, 促急則氣激腎而腎益削, 少陽之臟局, 所以成形於脾大腎小也.

太陰人, 喜性, 廣張而樂情, 促急, 喜性, 廣張則氣注肝而肝益盛, 樂情, 促急則氣激肺而肺益削, 太陰之臟局, 所以成形於肝大肺小也.

少陰人, 樂性, 深確而喜情, 促急, 樂性, 深確則氣注腎而腎益盛, 喜情, 促急則氣激脾而脾益削, 少陰之臟局, 所以成形於腎大脾小也.

태양인은 애성노정哀性怒情이기 때문에 폐대간소肺大肝小의 장국이 형성되며, 태음인은 희성락정喜性樂情이기 때문에 간대폐소肝大肺小의 장국이 형성되며, 소양이은 노성애정怒性哀情이기 때문에 비대신소脾大腎小의 장국이 형성되며, 소음인은 락성희정樂性喜情이기 때문에 신대비소腎大脾小의 장국이 형성된 것이다.

다음은 사상인의 애哀·노怒·희喜·락樂과 성性·정情을 다음과 같이 밝히고 있다.

애哀와 노怒는 서로 이루고, 희喜와 락樂은 서로 돕는다.

애성이 극하면 노정이 일어나고, 노성이 극하면 애정이 일어난다.

락성이 극하면 희정이 일어나고, 희성이 극하면 락정이 일어난다.

태양인은 슬픔이 극하여 제지하지 못하면 분노가 밖으로 격동하고,

소양인은 분노가 극하여 이기지 못하면 비애가 마음 가운데에서 일어나고,

소음인은 즐거움이 극하여 이루지 못하게 되면 기뻐하게 되고 좋아하는 것이 일정하지 못하고,

태음인은 기쁨이 극하여 다스리지 못하면 사치하고 즐거워하는 것이 싫어함이 없다.

哀怒, 相成, 喜樂, 相資,

哀性, 極則怒情, 動, 怒性, 極則哀情, 動,

樂性, 極則喜情, 動, 喜性, 極則樂情, 動,

太陽人, 哀極不濟則忿怒, 激外,

少陽人, 怒極不勝則悲哀, 動中,

少陰人, 樂極不成則喜好, 不定,

太陰人, 喜極不服則侈樂, 無厭.

애기哀氣와 노기怒氣는 서로 이루고, 희기喜氣와 락기樂氣는 서로 돕는다는 것이다. 즉, 양인陽人인 태양인과 소양인의 애哀와 노怒의 성기性氣·정기情氣는 서로 소통하여 이루는 작용을 하고, 음인陰人인 태음인과 소음인의 희와 락의 성기·정기는 소통하여 서로 돕는 작용을 한다.

또 사상인의 성기·정기에서는 성기性氣가 지극하면 정기情氣가 움직인다고 하여, 성기와 정기가 체용의 관계로, 성기의 작용이 밖으로 드러나는 것이 정기임을 논하고 있다.

태양인은 애성노정哀性怒情으로 슬픔을 극복하지 못하면 노의 성품이 밖으로 격동하고, 소양인은 노성애정怒性哀情으로 분노의 마음을 극복하지 못하면 슬픔이 마음 가운데 일어나고, 소음인은 락성희정樂性喜情으로 즐거운 마음을 절제하지 못하면 기쁘고 좋아함이 일정하지 못하고, 태음인은 희성락정喜性樂情으로 기쁨을 다스리지 못하면 사치하게 되고 즐거움을 싫어하지 않는 것이다.

이상에서 사상인의 기본 성·정을 정리하면, 태양인은 애성노정에 의해 폐대간소, 소양인은 노성애정에 의해 비대신소, 소음인은 락성희정에 의해 신대비소, 태음인은 희성락정에 의해 간대폐소의 장국이 형성되는 것이다. 이를 도표로 정리하면 다음과 같다.

사상인의 장리臟理와 애·노·희·락 성기·정기

	장리(장국)	애노희락 성·정
태양인	폐대간소肺大肝小	애성노정哀性怒情
소양인	비대신소脾大腎小	노성애정怒性哀情
태음인	간대폐소肝大肺小	희성락정喜性樂情
소음인	신내비소腎大脾小	락성희정樂性喜情

폐기肺氣 · 비기脾氣 · 간기肝氣 · 신기腎氣와 사상인

「사단론」에서는 폐肺·비脾·간肝·신腎을 다음과 같이 밝히고 있다.

> 폐기는 곧으면서 펴지고, 비기는 엄숙하면서 감싸며, 간기는 너그럽고 느슨하고, 신기는 온화하면서 쌓인다.
>
> 肺氣, 直而伸, 脾氣, 栗而包, 肝氣, 寬而緩, 腎氣, 溫而畜.

폐기·비기·간기·신기와 사상인의 마음작용을 이해할 수 있는 핵심적 문장이다. 이를 통해 폐·비·간·신을 폐기·비기·간기·신기로 이해할 수 있을 뿐 아니라, 이에 의한 마음작용까지도 논할 수가 있다.

폐기·비기·간기·신기의 작용을 '곧으면서 잘 펴지며, 엄숙하면서 잘 감싸며, 너그럽고 느슨하며, 온화하면서 잘 쌓인다.'라고 하는 것은, 바로 폐·비·간·신의 단순한 생리적 기능을 말하고 있는 것이 아니라 마음작용을 논한 것이다.

먼저 폐기·비기·간기·신기와 애哀·노怒·희喜·락樂의 성성性·정기情氣 관계를 통해 사상인의 마음작용을 이야기하면, 폐기는 애기, 비기는 노기, 간기는 희기, 신기는 락기와 각각 연결된다.

따라서 폐기肺氣의 펼쳐지는 작용은 애성기의 멀리 흩어지는 원산遠散, 비기脾氣의 감싸는 작용은 노성기의 크게 감싸는 굉포宏抱, 간기肝氣의 느슨한 작용은 희성기의 널리 베푸는 광장廣張, 신기腎氣의 쌓는 작용은 락성기의 깊고 확고한 심확深確과 서로 연결된다.

또 폐기에서 펼쳐지는 작용의 의미인 신伸은 애성기에 배치되고, 사람에게 정직하고 일에 올곧은 마음인 직直은 애정기에 배치되며, 비기에서 감싸는 작용의 의미인 포包는 노성기에 배치되고, 사람과 일에 엄숙한 마음인 율栗은 노정기에 배치된다. 간기에서 느슨한 작용의 의미인 완緩은 희성기에 배치되고, 너그럽게 포용하는 마음인 관寬은 희정기에 배치되며, 신기에서 쌓는 작용의 의미인 축畜은 락성기에 배치되고, 따뜻하게 감싸주는 마음인 온溫은 락정기에 각각 배치된다.

한편 폐기·비기·간기·신기와 사상인의 마음작용을 논하기 위해서는 「확충론」에서 논한 사상인의 잘함과 잘하지 못함에 근거해야 한다. 「확충론」의 사상인의 잘함과 잘하지 못함을 통해 사상인의 마음작용을 종합하면 다음과 같다.

태양인은 애성노정으로 펴는 것과 엄숙한 것은 잘하지만, 소한 장부의 느슨하고 관대한 것은 잘하지 못한다.

태음인은 희성락정으로 느슨하고 온화한 것은 잘하지만, 소한 장부의 올곧게 펴는 것과 정직한 것은 잘하지 못한다.

소양인은 애성노정으로 감싸는 것과 정직한 것은 잘하지만, 소한 장부의 쌓는 것과 온화한 것은 잘하지 못한다.

소음인은 락성희정으로 쌓는 것과 관대한 것은 잘하지만, 소한 장부의 감싸는 것과 엄숙한 것은 잘하지 못한다.

또 사상인이 확충해야 하는 마음을 논하면 다음과 같다.

태양인은 멀리 펼치지만 느긋한 마음이 요청되고, 엄숙하지만 너그러움을 가져야 한다.

소양인은 다른 사람들을 크게 감싸지만 자신의 것을 쌓아가는 노력이 요청되고, 정직하지만 온화한 마음을 놓치지 말아야 한다.

태음인은 느긋하지만 마음을 널리 확산시켜 베풀어야 하고, 온화하게 포용하면서 정직한 마음을 잃지 말아야 한다.

소음인은 자기 것을 쌓아가면서도 사람들을 크게 감싸는 것이 요청되고, 너그럽게 하면서도 엄숙함을 잃어서는 안 되는 것이다.

이상에서 고찰한 폐기·비기·간기·신기와 사상인 마음작용을 종합 정리하면 다음과 같다.

태양인은 곧게 펴고 엄숙하게 하는 것은 잘하지만, 느슨하고 관대한 것은 못하기 때문에 느슨하고 관대함을 갖도록 노력해야 한다.

소양인은 감싸는 것과 정직한 것은 잘하지만, 온화하고 쌓는 것은 못하기 때문에 항상 온화한 마음과 내실이 있는 삶이 되도록 노력해야 한다.

태음인은 느슨하고 온화한 것은 잘하지만, 정직하고 올 곧게 펴는 것은 못하기 때문에 정지이라는 화두를 가지고 뜻을 올바르게 펼칠 수 있도록 노력해야 한다.

소음인은 쌓는 것과 관대한 것은 잘하지만, 감싸는 것과 엄숙한 것은 못하기 때문에 항상 엄숙하면서도 사람들을 잘 감싸줄 수 있도록 노력해야 된다.

이상의 내용을 도표로 정리하면 다음과 같다.

사상인	잘하는 마음	잘하지 못하는 마음	확충해야 하는 마음
태양인	애성기 伸(遠散)	희성기 緩	느슨한 마음으로 펴라
	노정기 栗	희정기 寬	너그럽고 엄숙하라
소양인	노성기 包(宏包)	락성기 畜	쌓아서 감싸라
	애정기 直	락정기 溫	온화하게 정직하라
태음인	희성기 緩(廣張)	애성기 伸	확산하고 느슨하라
	락정기 溫	애정기 直	정직하고 온화하라
소음인	락성기 畜(深確)	노성기 包	크게 감싸고 쌓아라
	희정기 寬	노정기 栗	엄숙하고 관대하라

한편 폐·비·간·신이 심관心官에만 머무르는 것이 아니라 생리적 장국의 역할도 하는 것임을 다음과 같이 밝히고 있다.

폐로 내쉬고 간으로 들어 마시는 것이니 간과 폐라는 것은 기액氣液을 호흡하는 문호이며, 비장으로 받아들이고 신장으로 내보내는 것이니 신과 비라는 것은 수곡水穀을 출납하는 창고이다.

肺以呼, 肝以吸, 肝肺者, 呼吸氣液之門戶也. 脾以納, 腎以出, 腎脾者, 出納水穀之府庫也.

폐기·비기·간기·신기는 인체의 생리 작용을 주관하는 기氣이면서, 동시에 인체의 장국이 가진 기본적인 기로 설명한 것이다.

태양인은 폐대간소肺大肝小의 장국으로 폐의 내쉬는 숨은 크고 간의 들이 쉬는 숨이 작으며, 반대로 태음인은 간대폐소肝大肺小의 장국으로 간의 들이 쉬는 숨은 크고 폐의 내쉬는 숨은 작다. 소양인은 비대신소脾大腎小의 장국으로 비장의 받아들이는 것은 크고 신장의 내보내는 것은 작으며, 반대로 소음인은 신대비소腎大脾小의 장국으로 신장의 내보내는 것은 크고 비장의 받아들이는 것은 작다.

따라서 사상인의 폐·비·간·신의 대소는 장부의 성리性理나 장부의 형국에 있어서 기본이 된다. 또한 사상인의 마음을 헤아려보는데 있어서도 폐기·비기·간기·신기의 상호작용 관계를 이해하는 것은 매우 중요하다.

수곡의 온기溫氣·열기熱氣·량기凉氣·한기寒氣와 사상인

『동의수세보원』제1권 「장부론」에서는 수곡의 온기溫氣·열기熱氣·량기凉氣·한기寒氣가 생성되는 것에 대해서 다음과 같이 밝히고 있다.

수곡이 위완으로부터 위에 들어가고 위로부터 소장에 들어가고 소장으로부터 대장으로 들어가고 대장으로부터 항문으로 나가는데, 수곡의 모든 수가 위에 머물러 쌓여서 훈증하여 열기가 되고 소장에서 소화되고 인도되어 평담하게 되어서 량기가 된다. 열기의 가볍고 맑은 것은 위완에 올라가 온기가 되고, 량기의 탁하고 무거운 것은 대장에 내려가 한기가 된다.

水穀, 自胃脘而入于胃, 自胃而入于小腸, 自小腸而入于大腸, 自大腸而出于肛門者, 水穀之都數, 停畜於胃而薰蒸爲熱氣, 消導於小腸而平淡爲凉氣, 熱氣之輕淸者, 上升於胃脘而爲溫氣, 凉氣之質重者, 下降於大腸而爲寒氣.

수곡의 온기는 폐·위완의 상초上焦에 흐르는 기이고, 열기는 비·위의 중상초中上焦에 흐르는 기이고, 량기는 간·소장의 중하초中下焦에 흐르는 기이고, 한기는 신·대장의 하초下焦에 흐르는 기이다. 「장부론」에서 밝힌 사초四焦는 다음과 같다.

사초四焦	수곡의 기운	부위
상초上焦	수곡온기(폐·위완)	목덜미 이레, 등 위에 있고, 위완 부위는 턱 아래, 가슴 위에 있으므로 등 위와 가슴 위 이상을 상초라 한다.
중상초中上焦	수곡열기(비·위)	비의 부위는 등에 있고, 위의 부위는 흉격에 있으므로 등과 흉격의 사이를 중상초라 한다.
중하초中下焦	수곡량기(간·소장)	간의 부위는 허리에 있고, 소장의 부위는 배꼽에 있으므로 허리와 배꼽 사이를 중하초라 한다.
하초下焦	수곡한기(신·대장)	신의 부위는 허리 아래 있고, 대장 부위는 배꼽 아래 있으므로 허리 아래와 배꼽 아래 이하를 하초라 한다.

사상의학의 생리와 병리에서는 기 흐름이 가장 중요한 문제인데, 「사단론」에서는 폐·비·간·신을 직접 폐기肺氣·비기脾氣·간기肝氣·신기腎氣라 하고, 또 "폐로 내쉬고 간으로 들이쉬니 간과 폐라는 것은 기액을 호흡하는 문호이며, 비장으로 받아들이고 신장으로 내보내니 신과 비라는 것은 수곡을 출납하는 창고이다."라고 하여, 기액氣液과 수곡水穀을 주관하는 기로 논하고 있다면, 「장부론」에서는 인체의 생리적 생명성과 직접 관련된 수곡의 온기·열기·량기·한기를 밝히고 있다.

「사단론」의 폐기·비기·간기·신기와 「장부론」에서 논한 수곡의 온기·열기·량기·한기의 상관성을 고찰해보면, 수곡의 온기는 상초上焦인 폐당肺黨에 해당되기 때문에 폐기肺氣와 결부되고, 같은 논리로 열기는 중상초中上焦의 비기脾氣, 량기涼氣는 중하초中下焦의 간기肝氣, 한기寒氣는 하초下焦의 신기腎氣와 각각 결부된다.

따라서 폐기肺氣는 수곡의 온기와 결부되는데 폐기가 곧게 펴지는 것은, 수곡의 열기에서 가볍고 맑은 것이 위로 올라가 온기가 된 것과 서로 통하며, 비기脾氣는 열기와 결부되는 것으로 비기가 엄숙하고 감싸는 것은 열기가 확산되어 감싸는 것과 서로 통한다. 간기肝氣는 수곡의 량기와 결부되는 것으로 간기가 너그럽고 느슨한 것은 량기가 소장에서 소화되고 인도되어 이루지는 것과 서로 통하며, 신기腎氣는 수곡의 한기와 결부되는 것으로, 신기가 온화하고 쌓이는 것은 량기에서 무겁고 탁한 것이 내려가서 한기가 되는 것과 서로 통하는 것이다.

또한 사상인의 애·노·희·락과 장국 대소의 관계를 통해 온기·열기·량기·한기를 고찰해보면 다음과 같다.

태음인은 희성락정喜性樂情이니 량기와 한기가 기본 작용이 되며, 장국은 간대폐소肝大肺小니 량기가 크고 온기가 작은 것이다.

소음인은 락성희정樂性喜情이니 한기와 량기가 기본 작용이 되며, 장국은 신대비소腎大脾小니 한기가 크고 열기가 작은 것이다.

소양인은 노성애정怒性哀情이니 열기와 온기가 기본 작용이 되며, 장국은 비대신소脾大腎小니 열기가 크고 한기가 작은 것이다.

태양인은 애성노정哀性怒情이니 온기와 열기가 기본 작용이 되며, 장국은 폐대간소肺大肝小니 온기가 크고 량기가 작은 것이다.

이를 통해 사상인의 약재는 태음인은 온기, 소음인은 열기, 소양인은 한기, 태양인은 량기를 북돋우는 것임을 알 수 있다. 『동무유고』에서 태음인 약재는 폐약肺藥, 소음인 약재는 비약脾藥, 소양인 약재는 신약腎藥, 태양인 약재는 간약肝藥이라 하였다.

「장부론」에서는 온기·열기·량기·한기의 생성 및 장부와의 작용성을 논한 것 이외에도 기 흐름에 대해서도 구체적으로 밝히고 있다. 수곡의 온기에 대해서는 다음과 같이 밝히고 있다.

수곡의 온기가 위완으로부터 진津으로 변화하여 혀의 아래(舌下)로 들어가 진해가 되니, 진해는 진이 있는 곳이다. 진해의 청기가 이에서 나와 신神이 되고 두뇌에 들어가 니해가 되니, 니해는 신이 있는 곳이다. 니해의 니즙이 맑은 것은 안으로 폐에 돌아가고 흐린 찌꺼기(濁滓)는 밖으로 피부와 털(皮毛)에 돌아감으로 위완·혀 아래·귀·두뇌·비피와 털은 모두 폐의 무리(肺黨)이다.

水穀溫氣, 自胃脘而化津, 入于舌下, 爲津海, 津海者, 津之所舍也, 津海之淸氣, 出于耳而爲神, 入于頭腦而爲膩海, 膩海者, 神之所舍也, 膩海之膩汁淸者, 內歸于肺, 濁滓, 外歸于皮毛故, 胃脘與舌耳頭腦皮毛, 皆肺之黨也.

폐는 사무를 단련하고 통달하는 애哀의 힘으로 니해의 맑은 즙을 빨아내어 폐에 들어가 폐의 원기를 더해주고, 안으로는 진해를 옹호하여 수곡의 온기를 고동시킴으로써 그 진을 엉겨 모이게 한다.

肺, 以鍊達事務之哀力, 吸得膩海之淸汁, 入于肺, 以滋肺元而內以擁護津海, 鼓動其氣, 凝聚其津.

수곡의 온기는 위완胃脘에서 시작하여 설하(舌下, 津海) → 귀(耳) → 두뇌(頭腦, 膩海) → 폐의 순서로 진행됨을 설명하고 있다. 또 폐에서 다시 진해津海를 담고 있는 설하舌下로 돌아간다는 것이다. 따라서 수곡의 온기는 위완胃脘에서 시작하여 설하(津海) → 귀 → 두뇌(膩海) → 폐 → 설하舌下로 순환하는 기 흐름도가 그려지게 된다.(옆 그림 1-❶)

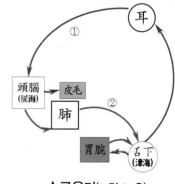

수곡온기(그림 1-❶)

다음 수곡의 열기에 대해서 다음과 같이 밝히고 있다.

수곡의 열기가 위로부터 고膏로 변화하여 두 젖(兩乳) 사이로 들어가 고해膏海가 되니, 고해는 고가 있는 곳이다. 고해의 청기가 목目에서 나와 기氣가 되고 배려에 들어가 막해가 되니, 막해는 기가 있는 곳이다. 막해의 막즙이 맑은 것은 안으로 비脾에 들어가고 탁재는 밖으로 근육(筋)에 돌아감으로 위·양 젖가슴·눈·등허리·근육은 모두 비장의 무리(脾黨)이다.

水穀熱氣, 自胃而化膏, 入于膻間兩乳, 爲膏海, 膏海者, 膏之所舍也, 膏海之淸氣, 出于目而爲氣, 入于背膂而爲膜海, 膜海者, 氣之所舍也, 膜海之膜汁淸者, 內歸于脾, 濁滓, 外歸于筋故, 胃與兩乳目背膂筋, 皆脾之黨也.

비장은 교우를 단련하고 통달하는 노怒의 힘으로 막해의 맑은 즙을 빨아내어 비에 들어가 비장의 원기를 더해주고, 안으로는 고해를 옹호하여 수곡의 열기를 고동시킴으로써 그 고를 엉겨 모이게 한다.

脾, 以鍊達交遇之怒力, 吸得膜海之淸汁, 入于脾, 以滋脾元而內以擁護膏海, 鼓動其氣, 凝聚其膏.

수곡의 열기는 위胃에서 시작하여 양유(兩乳, 膏海) → 눈(目) → 배려(背膂, 膜海) → 비脾의 순서로 진행됨을 설명하고 있다. 또 비에서 다시 고해를 담고 있는 양유兩乳로 돌아간다는 것이다. 따라서 수곡의 열기는 위胃에서 시작하여 양유(膏海) → 눈 → 배려(膜海) → 비 → 양유로 순환하는 기 흐름도가 그려지게 된다.(옆 그림 1-❷)

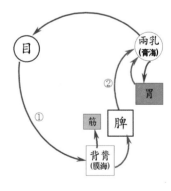

수곡열기(그림 1-❷)

다음 수곡의 량기에 대해서 다음과 같이 밝히고 있다.

> 수곡의 량기가 소장으로부터 유油로 변화하여 배꼽(臍)에 들어가 유해가 되니, 유해는 유가 있는 곳이다. 유해의 청기가 비鼻로 나와 혈이 되고 요척에 들어가 혈해가 되니, 혈해는 혈이 있는 곳이다. 혈해의 혈 즙이 맑은 것은 안으로 간肝에 들어가고 탁재는 밖으로 살(肉)에 돌아감으로 소장·배꼽·코·허리·살은 모두 간의 무리(肝黨)이다.
>
> 水穀涼氣, 自小腸而化油, 入于臍, 爲油海, 油海者, 油之所舍也, 油海之淸氣, 出于鼻而爲血, 入于腰脊而爲血海, 血海者, 血之 所舍也, 血海之血汁淸者, 內歸于肝, 濁滓, 外歸于肉故, 小腸與臍鼻腰脊肉, 皆肝之黨也.

> 간은 당여를 단련하고 통달하는 희흡의 힘으로 혈해의 맑은 즙을 빨아내어 간에 들어가 간의 원기를 더 해주고, 안으로는 유해를 옹호하여 수곡의 량기를 고동시킴으로써 그 유를 엉겨 모이게 한다.
>
> 肝, 以鍊達黨與之喜力, 吸得血海之淸汁, 入于肝, 以滋肝元而內以擁護油海, 鼓動其氣, 凝聚其油.

수곡의 량기는 소장小腸에서 시작하여 제(臍, 油海) → 코(鼻) → 요척(腰脊, 血 海) → 간肝의 순서로 진행됨을 설명하고 있다. 또 간에서 다시 유해油海를 담 고 있는 배꼽(臍)으로 돌아간다는 것이다. 따라서 수곡의 량기는 소장小腸에 서 시작하여 제(油海) → 코 → 요척(血海) → 간 → 제로 순환하는 기 흐름도 가 그려지게 된다.(옆 그림 1-❸)

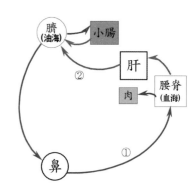

수곡량기(그림 1-❸)

마지막으로 수곡의 한기에 대해서 다음과 같이 밝히고 있다.

> 수곡의 한기가 대장으로부터 액液으로 변화하여 전음前陰의 털 사이 속으로 들어가서 액해가 되니, 액해
> 란 것은 액이 있는 곳이다. 액해의 청기가 구口로 나와 정精이 되고 방광에 들어가 정해가 되니, 정해는
> 정이 있는 곳이다. 정해의 정즙이 맑은 것은 안으로 신腎에 들어가고 탁재는 밖으로 뼈(骨)에 돌아감으로
> 대장·생식기 앞·입·오줌보·뼈는 모두 신장의 무리(腎黨)다.
>
> 水穀寒氣, 自大腸而化液, 入于前陰毛際之內, 爲液海, 液海者, 液之所舍也, 液海之淸氣, 出于口而爲精, 入于膀胱而爲精海, 精
> 海者, 精之所舍也, 精海之精汁淸者, 內歸于腎, 濁滓, 外歸于骨故, 大腸與前陰口膀胱骨, 皆腎之黨也.

> 신장은 거처를 단련하고 통달하는 락樂의 힘으로, 정해의 맑은 즙을 빨아내어 신에 들어가 신장의 원기
> 를 더해주고, 안으로는 액해를 옹호하여 수곡의 한기를 고동시킴으로써 그 액을 엉겨 모이게 한다.
>
> 腎, 以鍊達居處之樂力, 吸得精海之淸汁, 入于腎, 以滋腎元而內以擁護液海, 鼓動其氣, 凝聚其液.

수곡의 한기는 대장大腸에서 시작하여 전음(前陰, 液海) → 입(口) → 방광(膀胱, 精海) → 신腎의 순서로 진행됨을 설명하고 있다. 또 신에서 다시 액해液海를 담고 있는 생식기 앞(前陰)으로 돌아간다는 것이다. 따라서 수곡의 한기는 대장大腸에서 시작하여 전음(液海) → 구 → 방광(精海) → 신장 → 전음으로 순환하는 기 흐름도가 그려지게 된다.(옆 그림 1-❹)

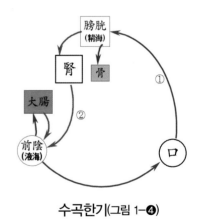

수곡한기(그림 1-❹)

이상의 수곡의 온기溫氣·열기熱氣·량기凉氣·한기寒氣의 기 흐름을 하나로 그리면 아래와 같다. 이것은 사상철학 원리에 근거를 둔 것으로 자세한 것은 『동의수세보원, 주역으로 풀다』(임병학, 골든북스, 2018)를 참고 바란다.

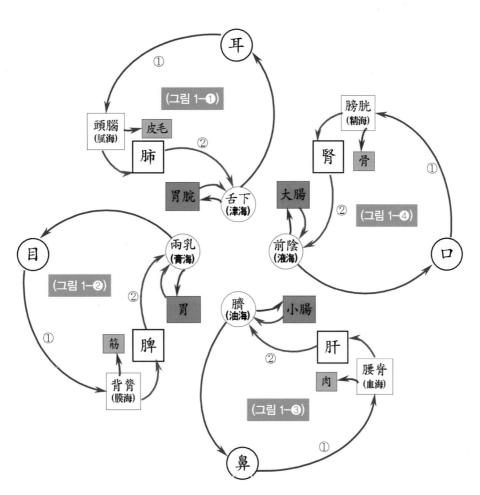

「장부론」의 온기·열기·량기·한기의 기 흐름

앞의 그림에 대하여 설명하면, 먼저 기본적으로 이耳·목目·비鼻·구口와 설하(頷)·양유(臆)·배꼽(臍)·전음(腹)은 네 정방에 배치되고, 폐·비·간·신과 두뇌(頭)·배려(肩)·요척(腰)·방광(臀)은 네 모퉁이(維方)에 배치되고 있다.

네 정방에 배치되는 이·목·비·구와 설하·양유·제·전음은 서로 체용의 관계로 이·목·비·구가 천기天機를 청청·시視·후嗅·미味하는 근원적인 존재이기 때문에 가장 밖에서 모든 것을 포괄하는 의미를 가지고 있으며, 설하·양유·제·전음은 인체의 전면에 위치하여 몸을 앞으로 구부릴 때 한 곳으로 보이는 굴신작용에 따라 가운데로 모았다.

네 모퉁이에 배치되는 폐·비·간·신과 두뇌·배려·요척·방광의 위치는 「장부론」에서 논하고 있는 수곡의 온기·열기·량기·한기의 기 흐름의 순서를 기본으로 하여, 안과 밖으로 구분한 것이다.

또 위완·위·소장·대장과 피모·근·육·골의 배치는 폐·비·간·신과 같이 현상적 생명성의 주체이기 때문에 모퉁이에 배치하였으며, 설하·양유·제·전음에서 위완·위·소장·대장으로 돌아가는 방향과 두뇌·배려·요척·방광에서 피모·근·육·골로 가는 것은 탁재의 흐름이다.

또한 앞의 그림에서 정방은 하늘에 근원을 두고 있다는 의미에서 원(◎)으로 표시하였고, 그 작용은 음양작용이기 때문에 이목비구와 설하(頷)·양유(臆)·배꼽(臍)·전음(腹)을 배치하였다. 모퉁이는 땅에 근원을 두고 있다는 의미에서 방(▢)으로 표시하였고, 그 작용은 사상작용이기 때문에 폐·비·간·신, 두뇌(頭)·배려(肩)·요척(腰)·방광(臀), 위완·위·소장·대장, 피모·근·육·골을 배치하였다.

앞에서 논의된 인체 기 흐름의 생리적 기능을 담당하는 유동체이자 생명성生命性인 니해膩海·막해膜海·혈해血海·정해精海와 진해津海·고해膏海·유해油海·액해液海의 청기淸氣(淸汁)를 사상인의 특징과 결부시켜 그 관계성을 살펴보고자 한다. 먼저 「장부론」에서는 이耳·목目·비鼻·구口와 청기淸氣에 대해서 다음과 같이 밝히고 있다.

이耳는 천시를 널리 듣는 힘으로 진해의 맑은 기운을 끌어내어 상초에 가득 차게 하여 신神이 되게 하고, 두뇌에 쏟아 넣어서 니膩가 되게 하는 것이니, 이것이 쌓이고 쌓여서 니해가 된다. 목目은 세회를 널리 보는 힘으로 고해의 맑은 기운을 끌어내어 중상초에 가득 차게 하여 기氣가 되게 하고, 배려에 쏟아 넣어서 막膜이 되게 하는 것이니, 이것이 쌓이고 쌓여서 막해가 된다. 비鼻는 인륜을 널리 냄새 맡는 힘으로 유해의 맑은 기운을 끌어내어 중하초에 가득 차게 하여 혈血이 되게 하고, 허리에 쏟아 넣어서 혈이 엉기게 하는 것이니, 이것이 쌓이고 쌓여서 혈해가 된다. 구口는 지방을 널리 맛보는 힘으로 액해의 맑은 기운을 끌어내어 하초에 가득 차게 하여 정精이 되게 하고, 방광에 쏟아 넣어서 정이 엉기게 하는 것이니 이것이 쌓이고 쌓여서 정해가 된다.

耳, 以廣博天時之聽力, 提出津海之淸氣, 充滿於上焦, 爲神而注之頭腦, 爲膩, 積累爲膩海, 目, 以廣博世會之視力, 提出膏海之淸氣, 充滿於中上焦, 爲氣而注之背膂, 爲膜, 積累爲膜海, 鼻, 以廣博人倫之嗅力, 提出油海之淸氣, 充滿於中下焦, 爲血而注之腰脊, 爲凝血, 積累爲血海, 口, 以廣博地方之味力, 提出液海之淸氣, 充滿於下焦, 爲精而注之膀胱, 爲凝精, 積累爲精海.

천기 유사를 널리 하는 이耳·목目·비鼻·구口의 청聽·시視·후嗅·미味하는 힘에 의해 진해·고해·유해·액해에서 청기를 끌어내고, 이것을 사초에 가득 차게 하여 신神·기氣·혈精·정精을 생성하고, 신·기·혈·정이 두뇌·배려·요척·방광으로 주입되어 니해·막해·혈해·정해의 사해가 됨을 논하고 있다.

사상인과 니해·막해·혈해·정해의 관계를 이해하기 위해서는 「확충론」에서 논한 사상인의 이목비구의 잘함(能)과 잘하지 못함(不能)을 근거로 해야 한다. 「확충론」을 근거로 보면, 태양인은 니膩는 잘 되게 하지만 혈血은 잘 엉기게 하지 못하고, 태음인은 혈은 잘 엉기게 하지만 니는 잘 되지 못하고, 소양인은 막膜은 잘 되게 하지만 정精은 잘 엉기게 하지 못하고, 소음인은 정은 잘 엉기게 하지만 막은 잘 되게 하지 못하는 것이다.

따라서 태양인은 폐대간소로 니해는 크지만 혈해는 작고, 태음인은 간대폐소로 혈해는 크지만 니해는 작고, 소양인은 비대신수로 막해는 크지만 정해는 작고, 소음인은 신대비소로 정해는 크지만 막해는 작다고 하겠다.

또 「장부론」에서는 '이耳·목目·비鼻·구口의 청聽·시視·후嗅·미味하는 작용이 깊고·멀고·넓고·크면 인체의 정·신·기·혈이 생성하지만, 만일 너무 가깝고·낮고·좁고·적으면 인체의 정신기혈이 소모된다.'고 하여, 이·목·비·구에 의해 생성되는 정精·신神·기氣·혈血이 수곡의 기운을 순환시키는 근원이 됨을 밝히고 있다.

이어서 「장부론」에서는 폐·비·간·신과 청즙에 대해 다음과 같이 밝히고 있다.

폐는 사무를 단련하고 통달하는 애哀의 힘으로 니해의 맑은 즙을 빨아내어 폐에 들어가 폐의 근원을 더해주고, 안으로는 진해를 옹호하여 수곡의 온기를 고동시킴으로써 그 진津을 엉겨 모이게 한다. 비는 교우를 단련하고 통달하는 노怒의 힘으로 막해의 맑은 즙을 빨아내어 비에 들어가 비의 근원을 더해주고, 안으로는 고해를 옹호하여 수곡의 열기를 고동시킴으로써 그 고膏를 엉겨 모이게 한다. 간은 당여를 단련하고 통달하는 희喜의 힘으로 혈해의 맑은 즙을 빨아내어 간에 들어가 간의 근원을 더해주고, 안으로는 유해를 옹호하여 수곡의 량기를 고동시킴으로써 그 유油를 엉겨 모이게 한다. 신은 거처를 단련하고 통달하는 락樂의 힘으로 정해의 맑은 즙을 빨아내어 신에 들어가 신의 근원을 더해주고, 안으로는 액해를 옹호하여 수곡의 한기를 고동시킴으로써 그 액을 엉겨 모이게 한다.

肺, 以鍊達事務之哀力, 吸得膩海之淸汁, 入于肺, 以滋肺元而內以擁護津海, 鼓動其氣, 凝聚其津, 脾, 以鍊達交遇之怒力, 吸得膜海之淸汁, 入于脾, 以滋脾元而內以擁護膏海, 鼓動其氣, 凝聚其膏, 肝, 以鍊達黨與之喜力, 吸得血海之淸汁, 入于肝, 以滋肝元而內以擁護油海, 鼓動其氣, 凝聚其油, 腎, 以鍊達居處之樂力, 吸得精海之淸汁, 入于腎, 以滋腎元而內以擁護液海, 鼓動其氣, 凝聚其液.

인사 유사를 단련하고 통달하는 폐·비·간·신의 애·노·희·락하는 힘이 니해·막해·혈해·정해의 청즙을 빨아내어 폐·비·간·신의 근원을 더해 주고, 진해·고해·유해·액해가 엉겨 모이게 됨을 논하고 있다.

또 사상인과 진해·고해·유해·액해의 관계를 이해하기 위해서는「확충론」에서 논한 사상인의 폐비간신의 잘함과 잘하지 못함을 근거로 해야 한다.「확충론」을 근거로 보면, 태양인은 고해는 잘 엉겨 모으지만 유해는 잘 엉겨 모으지 못하고, 태음인은 액해는 잘 엉겨 모으지만 진해는 잘 엉겨 모으지 못하고, 소양인은 진해는 잘 엉겨 모으지만 액해는 잘 엉겨 모으지 못하고, 소음인은 유해는 잘 엉겨 모으지만 고해는 잘 엉겨 모으지 못하는 것이다.

또한「장부론」에서는 인체를 구성하는 피부와 터럭·힘줄·살·뼈가 니해·막해·혈해·정해의 탁재에 의해서 이루어짐을 다음과 같이 밝히고 있다.

진해의 탁한 찌꺼기는 위완이 위로 올라가는 힘으로 그 탁한 찌꺼기를 취하여 위완을 보익해주고, 고해의 탁한 찌꺼기는 위가 머물러 쌓는 힘으로 그 탁한 찌꺼기를 취하여 위를 보익해주고, 유해의 탁한 찌꺼기는 소장이 소화시켜 내려 보내는 힘으로 그 탁한 찌꺼기를 취하여 소장을 보익해주고, 액해의 탁한 찌꺼기는 대장이 아래로 내려 보내는 힘으로 그 탁한 찌꺼기를 취하여 대장을 보익해준다.

津海之濁滓則胃脘, 以上升之力, 取其濁滓而以補益胃脘, 膏海之濁滓則胃, 以停畜之力, 取其濁滓而以補益胃, 油海之濁滓則小腸, 以消導之力, 取其濁滓而以補益小腸, 液海之濁滓則大腸, 以下降之力, 取其濁滓而以補益大腸.

진해·고해·유해·액해의 탁재가 위완·위·소장·대장을 보익한다고 하였다. 즉, 설하·양유·제·전음의 탁재를 위완·위·소장·대장이 스스로 취해서 자기를 보익함을 알 수 있다.

설하·양유·제·전음에 있는 진해·고해·유해·액해의 청기는 이·목·비·구의 근본이 되고, 탁재는 위완·위·소장·대장을 보익한다.

또한 사상인의 이·목·비·구를 중심으로 천기 유사의 잘함과 잘하지 못함을 논한 「확충론」을 근거로 사상인의 탁재에 대하여 고찰하면, 태양인은 진해는 잘 끌어내지만 유해는 잘 끌어내지 못하기 때문에 위완은 잘 보익하지만 소장은 잘 보익하지 못하고, 태음인은 유해는 잘 끌어내지만 진해는 잘 끌어내지 못하기 때문에 소장은 잘 보익하지만 위완은 잘 보익하지 못하는 것이다.

소양인은 고해는 잘 끌어내지만 액해는 잘 끌어내지 못하기 때문에 위는 잘 보익하지만 대장은 잘 보익하지 못하고, 소음인은 액해는 잘 끌어내지만 고해는 잘 끌어내지 못하기 때문에 대장은 잘 보익하지만 위는 잘 보익하지 못하는 것이다.

이어서 니해·막해·혈해·정해의 탁재에 대해 다음과 같이 밝히고 있다.

니해의 탁한 찌꺼기는 머리가 곧게 펴는 힘으로 단련하여 피부와 털을 이루게 하고, 막해의 탁한 찌꺼기는 손이 능히 거두는 힘으로 단련하여 힘줄(筋)을 이루게 하고, 혈해의 탁한 찌꺼기는 허리가 너그럽게 놓아주는 힘으로 단련하여 살(肉)을 이루게 하고, 정해의 탁한 찌꺼기는 발이 구부리는 강한 힘으로 단련하여 뼈(骨)를 이루게 한다.

膩海之濁滓則頭, 以直伸之力, 鍛鍊之而成皮毛, 膜海之濁滓則手, 以能收之力, 鍛鍊之而成筋, 血海之濁滓則腰, 以寬放之力, 鍛鍊之而成肉, 精海之濁滓則足, 以屈强之力, 鍛鍊之而成骨.

인체를 구성하는 피부와 터럭·힘줄·살·뼈가 니해·막해·혈해·정해의 탁재에 의해서 이루어진다고 하였다.

두뇌·배려·요척·방광에 있는 니해·막해·혈해·정해의 청즙은 폐·비·간·신의 근본이 되고, 탁재는 두·수·요·족에 의해 피모·근·육·골이 된다.

또한 사상인의 폐·비·간·신을 중심으로 인사 유사의 잘함과 잘하지 못함을 논한 「확충론」을 근거로 사상인의 탁재를 고찰하면, 먼저 태양인은 막해는 잘 빨아내지만 혈해는 잘 빨아내지 못하기 때문에 손이 능히 거두는 힘은 잘 단련하지만 허리가 너그럽게 놓아주는 힘은 잘 단련하지 못하고, 태음인은 정해는 잘 빨아내지만 니해는 잘 빨아내지 못하기 때문에 발이 구부리는 강한 힘은 잘 단련하지만 머리가 곧게 펴는 힘은 잘 단련하지 못하는 것이다.

소양인은 니해는 잘 빨아내지만 정해는 잘 빨아내지 못하기 때문에 머리가 곧게 펴는 힘은 잘 단련하지만 발이 구부리는 강한 힘은 잘 단련하지 못하고, 소음인은 혈해는 잘 빨아내지만 막해는 잘 빨아내지 못하기 때문에 허리가 너그럽게 놓아주는 힘은 잘 단련하지만 손이 능히 거두는 힘은 잘 단련하지 못하는 것이다.

여기서 인체를 구성하는 피모皮毛·근筋·육肉·골骨과 사상인의 직접적인 상관성을 생각해보면, 피부와 터럭·힘줄·살·뼈는 현상적으로 드러나는 것이기 때문에 그것으로 사상인의 체형을 이해할 수도 있지만, 실제적으로는 그 사람의 생활 습관이나 운동 등 다양한 요인에 의해서 다르게 나타날 수 있다. 예를 들면, 태음인은 발이 구부리는 강한 힘은 잘 단련하지만 머리가 곧게 펴는 힘은 잘 단련하지 못하기 때문에 뼈는 잘 이루지만 피부와 털은 잘 이루지 못한다고 할 수 있다.

사상인의 표기表氣와 리기裡氣

사상인의 표기表氣와 리기裡氣는 사상인의 병증과 직접적으로 관계된 것으로 인간의 마음 작용이 어떻게 생리적 기 흐름으로 드러나고 왜곡되는지를 이해할 수 있다.

『동의수세보원』 제2권 이하의 사상인 병리病理에서는 표기와 리기의 왜곡이 병증으로 드러남을 여러 곳에서 밝히고 있다. 특히 「장부론」의 기 흐름을 통해 사상인의 표기와 리기를 이해할 수 있는 핵심적 내용은 제4권 태양인에서 찾을 수 있다.

「태양인내촉소장병론太陽人內觸小腸病論」에서는 다음과 같이 사상인 애哀·노怒·희喜·락樂의 성기와 정기에 따른 표기와 리기에 대하여 밝히고 있다.

> 태양인의 애심哀心(哀性)이 깊어지면 표기表氣가 상하고 노심怒心(怒情)이 폭발하면 리기裡氣가 상하는 까닭으로 해역표증에 슬픔을 경계하고 성냄을 멀리하는 것으로 겸해서 말한 것이다. 그러면 소양인의 노성怒性이 구口와 방광膀胱의 기를 상하게 하고 애정哀情이 신腎과 대장大腸의 기를 상하게 하며, 소음인의 락성樂性이 목目과 배려背膂의 기를 상하게 하고, 희정喜情이 비脾와 위胃의 기를 상하게 하며, 태음인의 희성喜性이 이耳와 뇌추腦顀의 기를 상하게 하고 락정樂情이 폐肺와 위완胃脘의 기氣를 상하게 하는 것입니까? 그렇다.
>
> 太陽人哀心, 深着則傷表氣, 怒心, 暴發則傷裡氣, 故, 解㑊表證, 以戒哀, 遠怒, 兼言之也. 日然則少陽人, 怒性, 傷口膀胱氣, 哀情, 傷腎大腸氣, 少陰人, 樂性, 傷目膂氣, 喜情, 傷脾胃氣, 太陰人, 喜性, 傷耳腦顀氣, 樂情, 傷肺胃脘氣乎, 日然.

또 「태양인외감요척병론」에서는 "태양인이 만약 큰 오한과 발열과 신체가 쑤시고 아픈 증상이 있다면 요척腰脊의 표기表氣가 충실한(哀心이 가득 차 있음) 것이고, 태양인이 만약 배가 아프고 장에서 소리가 나고 설사와 이질의 증상이 있으면 소장小腸의 리기裡氣가 충실한(怒心이 가득 차 있음) 것이다."라고 하여, 태양인의 표기는 요척, 리기는 소장으로 논하고 있다.

위 인용문을 통해 사상인의 병리를 이해할 수 있는 표기와 리기를 정리할 수 있다. 즉, 사상인의 애·노·희·락에서 성기性氣는 표기表氣, 정기情氣는 리기裡氣와 각각 결부된다.

따라서 태음인의 이耳와 두뇌腦䪼는 표기(喜性)이고 폐肺와 위완胃脘은 리기(樂情)이며, 소음인의 목目과 배려背膂는 표기(樂性)이고 비脾와 위胃는 리기(喜情)이며, 태양인의 비鼻와 요척腰脊은 표기(哀性)이고 간肝과 소장小腸은 리기(怒情)이며, 소양인의 구口와 방광膀胱은 표기(怒性)이고 신腎과 대장大腸은 리기(哀情)이다.

이에 앞의 「장부론」의 온기·열기·량기·한기의 기 흐름'에서 ①은 표기表氣, ②는 리기裡氣를 표시한 것이다. 위 인용문을 「사단론」에서 밝힌 사상인의 애·노·희·락에 대응하여 분석해 보면, 태양인은 애성노정哀性怒情이기 때문에 애심哀心의 집착으로 비鼻와 요척腰脊의 표기가 상하는 것이고, 노심怒心의 폭발로 간肝과 소장小腸의 리기가 상하는 것임을 알 수 있다.

또 애·노·희·락에 따른 표기·리기가 상하는 곳이 사상인의 소한 장국이다. 태음인은 희성락정喜性樂情인 까닭에 간대폐소肝大肺小의 장국으로 폐당肺黨의 기 흐름에 해당되고(그림 1-❶), 소음인은 락성희정樂性喜情인 까닭에 신대비소腎大脾小의 장국으로 비당脾黨의 기 흐름에 해당되고(그림 1-❷), 태양인은 애성노정哀性怒情인 까닭에 폐대간소肺大肝小의 장국으로 간당肝黨의 기 흐름에 해당되고(그림 1-❸), 소양인은 노성애정怒性哀情인 까닭에 비대신소脾大腎小의 장국으로 신당腎黨의 기 흐름에 해당된다.(그림 1-❹) 즉, 소小한 장국의 표기와 리기의 정상적인 기 흐름의 왜곡이 사상인의 네 가지(대大·소小·평平·촉급促急) 장국에서 병증으로 드러나는 것이다.

앞의 「사단론」에서는 애·노·희·락의 과다나 폭발·낭발이 폐·비·간·신을 상하게 한다고 하여, 포괄적인 입장에서 사상인의 병리를 논하고 있다면, 「태양인내촉소장병론」에서는 애·노·희·락의 성기와 정기를 표기와 리기로 구분하여 논하고 있는 것이다.

특히 다음의 그림 「장부론」의 온기·열기·량기·한기의 기 흐름' 통해 사상인 애·노·희·락의 성기와 정기에서 성기는 표기와 연계되고, 정기는 리기와 연계되는 것을 분명하게 알 수 있으며, 또 표기·리기와 사상인의 관계가 분명하게 드러난다.

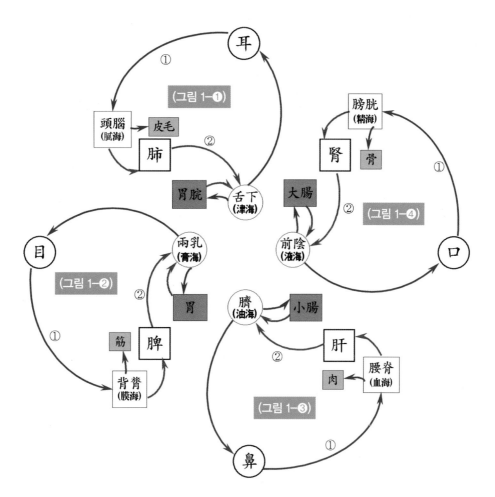

「장부론」의 온기·열기·량기·한기의 기 흐름

「사상인 변증론」과 사상인의 변별

「사상인 변증론」은 제목 그대로 태양인·태음인·소양인·소음인을 증상에 따라 변별하는 내용을 밝히고 있다. 「사상인 변증론」을 이해함에 있어서도 『동의수세보원』 제1권의 철학적 원리를 근거로 해야 한다.

사상인의 변별이 단지 표면적인 관찰이나 설문지 작성만으로는 정확히 이루어지기 어려운 것은 바로 사상의학의 근본이 마음에 있기 때문이다. 사상인의 변별은 마음 구조와 작용하는 현상까지 면밀하게 관찰하고, 또 정량적 방법과 정성적 방법이 조화를 이룰 때 가능하게 될 것이다.

사상의학이 본래적 모습을 찾기 위해서는 외부적 판단을 신뢰하는 현대의 의료 방식에서 한 걸음 더 나아가 스스로 철학적 입장에서 깊이 연구해야 한다. 사상의학은 마음학으로 먼저 내 마음을 알고, 다른 사상인의 마음을 알고, 나아가 하나의 마음인 하늘의 마음을 아는데 근본이 있다.

「사상인 변증론」에서는 그 첫머리에서 태음인은 50%, 소양인은 30%, 소음인은 20%이고, 태양인은 거의 없어서 1만명 가운데 3~4인이나 10여 명에 불과하다는 사상인의 비율을 논하고, 이어서 사상인의 변별을 다음과 같이 밝히고 있다.

> 태양인의 체형기상은 뇌추의 기세가 장성하고 허리둘레의 서 있는 자세가 외롭고 약하고, 소양인의 체형기상은 흉금의 감싸는 자세가 장성하고 방광의 앉은 자세가 외롭고 약하고, 태음인의 체형기상은 허리둘레의 서 있는 자세가 장성하고 뇌추의 기세가 외롭고 약하고, 소음인의 체형기상은 방광의 앉은 자세가 장성하고 흉금의 감싸는 자세가 외롭고 약한 것이다.
>
> 太陽人體形氣像, 腦顀之起勢, 盛壯而腰圍之立勢, 孤弱, 少陽人體形氣像, 胸襟之包勢, 盛壯而膀胱之坐勢, 孤弱, 太陰人體形氣像, 腰圍之立勢, 盛壯而腦顀之起勢, 孤弱, 少陰人體形氣像, 膀胱之坐勢, 盛壯而胸襟之包勢, 孤弱.

즉, 사상인의 체형기상體形氣像을 논하고 있는데, 체형기상體形氣像의 뜻을 분석하면 체형體形은 본체의 형상이고, 기상氣像은 사람의 타고난 마음 작용이 밖으로 드러나는 것으로 볼 수 있다. 체體는 '몸 체'이지만 뼈가 위주인 것이고, 형形은 형이상·하를 일관하는 것으로, 단순히 눈에 보이는 형상形狀의 세계를 말하는 것이 아니다. 기氣는 그대로 기운으로 눈에 보이는 것이 아니며, 상像은 사람(亻)이 뜻을 상징象徵한다는 의미를 가지고 있다. 따라서 체형기상을 사람의 외형外形으로만 이해하는 것은 잘못이라 하겠다.

이 문장을 근거로 '사상인'을 '사상체질'이나 '체질'·'체질의학'이라는 용어를 사용하고 있는데, 이제마는 이러한 표현을 하고 있지 않다는 것에 유의해야 한다. 일반적으로 체질이라고 하면 형상적形狀的인 몸의 구분으로 생각하기 때문에 사상의학의 근본인 마음 작용에 대한 부분을 망각하는 결과를 가져오고 있다. 따라서 우리는 체질을 감별하는 것이 아니라 「사상인 변증론」의 제목에 맞게 사상인四象人을 변별하는 것이다.

「사상인 변증론」에서는 사상인의 체형과 마음을 다음과 같이 밝히고 있다.

> 태양인의 체형은 원래 변별하기가 어렵지 않으나 사람의 수가 드물기 때문에 최고로 변별하기가 어려운 것이다. 그 체형이 뇌추의 기세가 강하고 왕성하며 성질은 소통하며 또 과감한 결단이 있고,
> 소양인의 체형은 위가 성하고 아래가 허하니 가슴이 실하고 발이 가벼워서 재빠르고 날카로워 용기를 좋아하고, 사람의 수가 또한 많아서 사상인 가운데 최고로 변별하기가 쉬운 것이다.
> 태음인의 용모와 말하는 기운은 기거함에 위의가 있고 고쳐서 정돈하고 정대하고, 소음인의 용모와 말하는 기운은 사람을 대하는 태도가 자연스럽고 간단하고 편리하면서 작은 기교가 있다. 소음인의 체형은 왜소하고 짧지만 또한 다수가 길고 큰 사람이 있어서 혹 8~9척이 되는 사람도 있다. 태음인의 체형은 길고 크지만 또 혹 6척의 왜소하고 짧은 사람도 있다.
>
> 太陽人體形, 元不難辨而人數稀罕故, 最爲難辨也, 其體形, 腦顀之起勢, 强旺, 性質, 疏通, 又有果斷,
>
> 少陽人體形, 上盛下虛, 胸實足輕, 剽銳好勇而人數, 亦多, 四象人中, 最爲易辨.
>
> 太陰人容貌詞氣, 起居有儀而修整正大, 少陰人容貌詞氣, 體任自然而簡易小巧, 少陰人體形, 矮短而亦多有長大者, 或有八九尺長大者, 太陰人體形, 長大而亦或有六尺矮短者.

태양인의 그 수가 적기 때문에 변별하기가 어렵지만, 성질은 소통과 과감한 결단력에 장점이 있다고 하였고, 소양인은 '표예호용剽銳好勇'으로 날래고 용맹을 좋아한다고 하였다. 태음인과 소음인의 변별에서는 용모容貌와 사기詞氣와 관련하여 태음인은 말솜씨와 몸가짐에 위의가 있고 무슨 일에도 잘 가다듬어서 공명정대하게 일을 처리하고, 소음인은 말과 행동이 자연스럽고 간단한 작은 재주가 있다고 하였다.

또 용모容貌는 마음을 담고 있는 그릇으로서 얼굴 모습이고, 사기詞氣는 말하는 속에 담겨진 그 사람의 기운을 말하는 것으로, 사상인의 변별에 있어서 사람의 얼굴 모습 속에 담겨진 참된 마음을 헤아려 보는 것과 사람들의 말하는 기운 속에서 느껴지는 진실한 마음을 잘 살펴야 한다.

다음으로 「사상인 변증론」에서는 사상인의 항상 있는 마음을 다음과 같이 밝히고 있다.

> 태음인은 항상 겁내는 마음이 있으니 겁내는 마음이 편안하고 고요하면 거처가 편안하고 바탕이 깊어져서 도를 짓고, 겁내는 마음이 더욱 많으면 방심·질곡하고 물질로 변화하는 것이다. 만약 겁내는 마음이 두려운 마음에 이르면 큰 병이 일어나 정충증怔忡症이 되니 정충증은 태음인병의 무거운 병증인 것이다.
>
> 소양인은 항상 두려운 마음이 있으니 두려운 마음이 안정되고 고요하면 거처가 편안하며 바탕이 깊어져서 도를 짓고, 두려운 마음이 더욱 많으면 몸이 자유스럽지 못하여 물질로 변화하는 것이다. 만약 두려운 마음이 공포심에 이르게 되면 큰 병이 일어나 건망증이 될 것이니, 건망증은 소양인병의 험한 증상인 것이다.
>
> 소음인은 항상 불안정한 마음이 있으니 불안정한 마음이 안정되고 고요하면 비장의 기[脾氣]가 곧 활발할 것이고, 태양인은 항상 급박한 마음이 있으니 급박한 마음이 안정되고 고요하면 간장의 혈[肝血]이 곧 조화될 것이다.
>
> 太陰人, 恒有怯心, 怯心, 寧靜則居之安 資之深而造於道也, 怯心, 益多則放心桎梏而物化之也, 若怯心, 至於怕心則大病, 作而怔忡也, 怔忡者, 太陰人病之重證也.
>
> 少陽人, 恒有懼心, 懼心, 寧靜則居之安 資之深而造於道也, 懼心, 益多則放心桎梏而物化之也, 若懼心, 至於恐心則大病, 作而

健忘也, 健忘者, 少陽人病之險證也.

少陰人, 恒有不安定之心, 不安定之心, 寧靜則脾氣, 卽活也. 太陽人, 恒有急迫之心, 急迫之心, 寧靜則肝血, 卽和也.

사상인의 항상 있는 마음을 밝히고 있다. 태음인은 겁심怯心·소양인은 구심懼心·소음인은 불안정지심不安定之心·태양인은 급박지심急迫之心을 항상 가지고 있다. 태음인의 겁내는 마음이 심해지면 두려운 마음이 되어 정충의 큰 병이 되고, 소양인은 두려운 마음이 심해지면 공포심이 되어 건망증의 큰 병이 되며, 소음인의 항상 불안한 마음은 비장의 기운을 막히게 하고, 태양인의 항상 급박한 마음은 간혈肝血이 조화롭지 못하게 한다.

사상인의 겁심·구심·불안정지심 급박지심을 구체적으로 논하면, 태음인의 겁심怯心은 심忄과 갈 거去로, 마음이 대상 세계의 호랑이나 귀신 등에 끌려서 생기는 겁이다. 소양인의 구심懼心은 심忄과 목目 2개 그리고 추隹로, 하늘을 나는 새를 두 눈으로 보는 마음으로, 하늘의 뜻을 헤아려서 알지 못할 것 같은 마음에서 생기는 것이다. 소음인의 불안정지심은 현실적인 상황에서 어떠한 일이나 사람의 관계에 있어서 대처할 수 있는 재간이 없으면 어떡하지?라는 불안함이고, 태양인의 급박한 마음은 사람이나 일에 대해서 성급하게 하고자 하는 마음으로 이해할 수 있다.

사상인의 항상 있는 마음을 전체적으로 설명하면, 태음인은 항상 겁내는 마음을 가지고 있는 반면에 두려운 마음(懼心)에 대해서는 민감하지 못하고, 급박한 마음은 지나치게 위의威儀를 부리려는 욕심에서 생기게 된다. 반대로 소양인은 항상 구심懼心을 가지고 있는 반면에 겁심에 대해서는 인지가 약하고, 불안정한 마음이 생기는 것은 지나치게 잔재주를 부리려는 욕심에서 발동되는 것이다.

소음인은 항상 불안정한 마음을 가지고 있는 반면에 급박한 마음에는 민감하지 못하고, 두려운 마음은 현실 속에서 지나치게 생각하여 알려는 소심함과 집착에서 생기게 된다. 반대로 태양인은 항상 급박한 마음을 가지고 있는 반면에 불안정한 마음에는 민감하지 못하고, 겁내는 마음은 지나치게 넓은 마음으로 깊게 생각하려는 욕심에서 생기게 되는 것이다.

또한 「사상인 변증론」에서는 건강한 사상인을 통해 변별을 논하고 있다.

태양인은 소변이 많으면 완실하고 병이 없고, 태음인은 땀이 잘 나면 완실하고 병이 없고, 소양인은 대변이 잘 통하면 완실하고 병이 없고, 소음인은 음식이 잘 소화되면 완실하고 병이 없는 것이다.

太陽人, 小便, 旺多則完實而無病, 太陰人, 汗液, 通暢則完實而無病, 少陽人, 大便, 善通則完實而無病, 少陰人, 飮食, 善化則完實而無病.

태양인은 폐대간소肺大肝小로 소한 장부인 간당肝黨에 속한 소장小腸이 역할을 잘하면 건강하고, 태음인은 간대폐소肝大肺小로 소한 장부인 폐당肺黨에 속한 위완胃脘과 피모皮毛가 역할을 잘하면 건강하고, 소양인은 비대신소脾大腎小로 소한 장부인 신당腎黨에 속한 대장大腸이 역할을 잘하면 건강하고, 소음인은 신대비소腎大脾小로 소한 장부인 비당脾黨에 속한 위胃가 역할을 잘하면 건강한 것이다. 이를 도표로 그리면 아래와 같다.

사상인	장국 대소	건 강	소한 장부
태양인	폐대간소	소변 왕다旺多	간肝·소장小腸
태음인	간대폐소	한액 통창通暢	폐肺·위완胃脘
소양인	비대신소	대변 선통善通	신腎·대장大腸
소음인	신대비소	음식 선화善化	비脾·위胃

이상으로 「사상인 변증론」에서 밝힌 내용을 살펴보았다. 사상인의 변별은 사상의학의 기본이지만, 가장 어려운 문제이다. 마지막으로 사상인 변별의 핵심적 문제를 살펴보고자 한다.

『동의수세보원』 제1권 「사단론」에서 논한 사상인의 장리臟理와 장국臟局에 대한 이해는 사상인의 변별의 포인트이다. 제2권 「의원론」에서는 "내의 의약 경험은 5천 년 뒤에 나와서 앞 사람들이 저술한 것으로 인하여 우연히 사상인의 장부 성리를 얻어서 책 한권을 지으니 이름하여 『동의수세보원』이라 말한다."라고 하여, 사상인의 장부 성리 즉 장리臟理를 얻음을 밝히고 있다.

또 제4권 「사상인변증론」에서는 "『황제내경』 「영추」의 책에서는 태음·태양·소양·소음·음양화평지인의 오행인론이 있어서 대략 외형을 얻었고 장리臟理를 얻지 못하였으니, 대개 태음·태양·소양·소음은 일찍이 옛날부터 보았지만 정밀하게 연구하는 것을 다하지 못한 것이다."라고 하여, 『황제내경』의 오행인론은 현상적인 몸의 외형을 중심으로 구분한 것이라면, 사상의학의 장리는 마음에 대한 깊은 연구를 통해 얻었다는 것이다.

따라서 사상의학에서 장부의 이치[臟理]와 장부의 형국[臟局]을 구분해서 이해해야 한다. 사상의학에서 장리臟理와 장국臟局은 사상인의 변별에서 매우 중요함에도 불구하고, 그 동안 구별해서 이해하지 못하였다. 사상인을 변별할 때 그 사람의 장리와 장국이 일치할 수도 있고, 장리와 장국이 다를 수도 있다.

장리와 장국이 다른 경우는 두 가지로 설명할 수 있는데, 하나는 장리와 장국이 완전히 다른 경우가 있고, 다른 하나는 품부 받은 장리는 분명하지만 마음의 욕심이나 성장 환경 등에 따라 가면(페르소나)을 쓰게 되는 것이다. 즉, 태음인의 장리를 가지고 태어났지만 소양인화 되어 장국에서는 태음인·소양인을 함께 가지고 있거나, 혹은 소음인의 장리를 가지고 태어났지만 태음인화 되어 장국에서는 수음인·태음인을 함께 가지고 있는 것이다.

기존의 연구자들은 이것을 알지 못하고, 장국의 입장에서만 사상인을 보았기 때문에 한 사람을 두고도 보는 사람마다 다르게 판단한 것이다. 결국 장국을 통해 장리를 읽어야 하는데, 장국을 통해 장국을 보기 때문에 자기가 인식하고 있는 범위에서 변별하게 되는 것이다. 「사단론」에서 논한 바와 같이 장리臟理는 하늘이 품부해 준 것으로 네 가지이지만, 장국臟局은 사람들의 심욕心慾에 따라 만 가지로 드러나기 때문에 장국을 통해서 사상인을 변별하는 것은 많은 한계를 가지고 있다.

따라서 사상인을 변별하기 위해서는 장리와 장국을 분리해서 볼 수 있어야 하고, 그 사람의 장리를 보는 안목이 열려야 가능하다는 것이다. 사상인의 장리를 보는 안목을 얻기 위해서는 첫째로 사상의학의 원전인『격치고』와『동의수세보원』을 통해 동무가 논한 사상인의 마음에 대한 통찰적 지혜를 얻어야 하고, 둘째로 자신의 마음을 헤아리고 다른 사람의 마음을 읽을 수 있는 마음 닦음이 필요하다고 하겠다.

사상인의 장리와 장국은『주역』의 학문체계와 일치하고 있다. 네 가지로 논의되는 장리는 천도天道의 작용인 사상四象에 근거한 것으로 사람에게 있어서는 마음의 작용이라 하겠고, 다섯 가지로 논의되는 장국臟局은 현상적 세계의 이치인 오행五行과 결부되어 사람에게 있어서는 현상으로 드러나는 행동이나 외형의 모습으로 이해된다. 사상의학이 어려운 것은 주역周易철학을 근거로 하기 때문이다. 한 사람의 향기를 맡고, 그 사람의 사상인을 변별하는 것은 신중慎重하고 신중해야 한다.

찾아보기

꽃차,
사상의학으로 만나다

2021년 4월 28일 초판 인쇄
2021년 4월 28일 초판 발행

지 은 이 김형기·임병학
편집디자인 신은경
펴 낸 이 신원식
펴 낸 곳 도서출판 중도
　　　　　서울 종로구 삼봉로81 두산위브파빌리온 431호
등　　록 2007. 2. 7. 제2-4556호
전　　화 02-2278-2240
© 2021 임병학

값 : 38,000원

ISBN 979-11-85175-47-8 03590